高等学校电子与通信类专业"十二五"规划教材

信息论、编码及应用

禹思敏 编

西安电子科技大学出版社

内 容 简 介

本书内容共七章，主要包括：绪论、离散信源及其信息测度、离散信道及其信道容量、连续信源与连续信道、无失真信源编码和有噪信道编码简介、保密通信的基本概念与方法、数字图像加密。书中附有一定数量的习题。本书压缩了一部分偏深偏难的内容和一些偏重于理论证明方面的内容，重点突出对信息论、编码理论及保密通信的基本原理和基本概念的分析与叙述，便于教学与自学。

本书可作为高等学校电子信息科学与技术、信息工程、网络工程等信息类专业的本科生教材，也可作为电路与系统专业研究生的教学参考书。

图书在版编目(CIP)数据

信息论、编码及应用/禹思敏编. —西安：西安电子科技大学出版社，2012.3
高等学校电子与通信类专业"十二五"规划教材
ISBN 978 - 7 - 5606 - 2754 - 0

Ⅰ. ① 信…　Ⅱ. ① 禹…　Ⅲ. ① 信息论－高等学校－教材　② 信源编码－高等学校－教材
Ⅳ. ① TN911.2

中国版本图书馆 CIP 数据核字(2012)第 017140 号

策　　划	毛红兵
责任编辑	毛红兵　雷鸿俊
出版发行	西安电子科技大学出版社(西安市太白南路 2 号)
电　　话	(029)88242885　88201467　　邮　编　710071
网　　址	www. xduph. com　　　电子邮箱　xdupfxb001@163.com
经　　销	新华书店
印刷单位	陕西华沐印刷科技有限责任公司
版　　次	2012 年 3 月第 1 版　2012 年 3 月第 1 次印刷
开　　本	787 毫米×1092 毫米　1/16　印张 12
字　　数	278 千字
印　　数	1～3000 册
定　　价	20.00 元

ISBN 978 - 7 - 5606 - 2754 - 0/TN • 0643

XDUP　3046001－1

* * * 如有印装问题可调换 * * *

前　言

本书以香农的狭义信息论为基础，介绍信息论与编码及其在保密通信中应用的基本理论与方法。主要内容安排如下：

第1章首先从一般意义上阐述信息的基本含义，然后把视野集中到信息论特定的研究范畴中，并指明信息论的假设前提和解决问题的基本思路。这样有利于帮助读者在学习这门课程之前，提供一个正确的思路，以便更好地理解和掌握本书各章中的具体内容。

第2章介绍各种离散信源及其信息测度的内容。重点介绍了信源的统计特性、数学模型和各类离散信源的信息测度——熵及其性质，从而引入信息理论的一些基本概念和重要结论。主要包括单符号离散信源的数学模型、自信息和信息函数、信息熵、信息熵的基本性质、联合熵和条件熵的分解与计算、信息熵的解析性质、离散信源的最大熵值、多符号离散平稳信源、多符号离散平稳无记忆信源及其信息熵、多符号离散平稳有记忆信源及其信息熵、信源的相关性与冗余度等内容。

第3章介绍离散信道及其信道容量。在第2章中讨论了如何定量计算离散信源提供的平均信息量，这是信源的一个基本问题。但对于通信系统来说，最根本的问题是定量计算接收者收到信号后从中所获取的信息量。本章介绍单符号和多符号离散信道及其信道容量的主要内容，其中包括：单符号离散信道的数学模型、单符号的互信息量、后验概率与单符号互信息量的关系、平均互信息、损失熵（疑义度）和噪声熵、平均互信息的特性、单符号离散信道的信道容量、多符号离散信道的数学模型、单符号离散无记忆的 N 次扩展信道、扩展信道的信息传输特性、平均互信息量的不增性与数据处理定理、信源与信道的匹配。

第4章介绍连续信源与连续信道。前面几章讨论了各种离散信源和离散信道的信息熵、平均互信息及信道容量等问题。在实际情况当中，有些信源的输出是时间和取值都是连续的消息。对于一个信道来说，如果输入和输出均是一个取值连续的随机变量，则这个信道称为一维连续信道。但如果输入是一个随机过程 $\{x(t)\}$，输出也是一个随机过程 $\{y(t)\}$，则称这个信道为 N 维连续信道。在这一章里，我们将在离散信源、离散信道有关理论的基础上，讨论连续信源和连续信道的信息特性。

第5章简要介绍无失真信源编码和有噪信道编码的基本概念与方法。通信的根本任务是有效而可靠地传输信息。要达到这个目的，一般要通过信源编码和信道编码来完成。信源编码的主要作用是用信道能传输的符号来代表信源发出的消息，使信源适合于信道的传输。并且，在不失真或允许一定失真的条件下，用尽可能少的符号来传送信源消息，提高信息传输率。信道编码的作用主要是在信道受到干扰的情况下，增加信号的抗干扰能力，同时又保持尽可能大的信息传输率。一般而言，提高抗干扰能力往往是以降低信息传输率为代价的；反之，要提高信息传输率又常常会使得抗干扰能力减弱，二者是有矛盾的，不可兼得。然而，在信息论的编码定理中，理论上证明了至少存在某种最佳的编码或信息处理方法，使之达到最优化。

第 6 章简要介绍保密通信的基本概念与方法。本章对密码体制的分类、现代密码体制的数学理论、密码破译以及 *Shannon* 保密理论等进行了初步介绍。

第 7 章介绍数字图像加密。经典密码学一般将密码分为分组密码和序列密码。本章介绍分组密码的设计及其在图像加密中的应用，主要介绍混沌映射与密码学之间的联系与区别，研究一些分组密码的设计方法等内容，并给出了能直接运行的数字图像加密的程序。

本书编写的特点主要体现在以下四个方面：

（1）本书压缩了一部分偏深、偏难的内容和一些定理的繁琐证明，重点突出了对信息论和编码理论基本原理和基本概念的分析与叙述。在信息论中，对互信息概念的理解是读者学习这门课程的一个难点，在对该问题的叙述中，分别站在信道输出端的立场、信道输入端的立场和通信系统的总体立场，从不同的角度来详细叙述互信息的物理含义，并指出我们无论采用哪种方法都是"殊途同归"的。另外，本书从记忆性、不确定性和信息熵这三者的本质联系方面分析和解释了定理 3-5 的物理意义。

（2）对于一些需要加以证明的定理或公式，给出了十分详尽的证明思路、证明过程和分析步骤，便于读者能看懂、能自学。此外，为了避免每一章中过多的公式推导和证明，以致于分散读者学习主体内容的精力，有些定理的证明以附录的形式给出。

（3）在信息论中，信息熵的定义是建立在完备集或概率守恒（即归一化）的基础之上的，这也是定义信息熵的一个前提和出发点。在本书中，我们在信息熵的基础之上，进一步引入了另外两种"熵"的概念，即完备的"自熵"和"互熵"以及不完备的"自熵"和"互熵"，从而将信息熵看做一种完备的"自熵"，并将"自熵"和"互熵"看做联合熵或条件熵的一种"局部熵"，这一方面解决了联合熵和条件熵的分解与计算问题，另一方面，信息熵的极值性问题还可以进一步通过"自熵"和"互熵"相互联系起来。

（4）理论与应用相结合，在第 7 章中给出了数字图像加密的可直接运行的程序，以供读者在编程时参考。

限于编者的水平，本书难免存在疏漏与不足之处，敬请广大读者批评指正。

编　者

2011 年 12 月于广州

目　　录

第 1 章 绪 论

信息论是人们在长期的通信工程实践中，将通信技术、概率论、随机过程和数理统计相结合而逐步发展起来的一门科学。信息论的奠基人是当代数学家、美国贝尔实验室杰出的科学家香农(C.E. Shannon)，他在 1948 年发表了著名的论文《通信的数学理论》，为信息论奠定了理论基础。近半个世纪以来，以通信理论为核心的经典信息论，正以信息技术为物化手段，把人类社会推进到了一个信息化时代。随着信息理论的发展和概念的不断深化，信息论所涉及的内容早已超越了狭义的通信工程范畴，进入了信息科学这一更广阔的领域。

在涉及这门课程的具体内容之前，有必要首先从一般意义上阐述信息的基本含义，然后，再把视野集中到信息论特定的研究范畴中，并指明信息论的假设前提和解决问题的基本思路。这样，才能帮助读者在学习这门课程之前有一个正确的思路，以便其更好地理解和掌握本书各章中的具体内容。

1.1 信息的一般含义

自古以来，人类就生活在信息的海洋之中。当今，人们越来越广泛地采用"信息"这一词语。那么，信息的含义到底是什么呢？从信息论的众多应用中，我们大致可以从以下几个方面来理解信息的含义。

1. 信息是作为通信的消息来理解的

从这个意义上讲，信息是人们在通信时所要告诉对方的"某种内容"。例如，你给朋友写一封信，你所告诉他的是关于你的学习、工作和生活等方面的信息；医生从听诊器中听到关于心脏病患者的信息；等等。总之，这些通信者要告诉对方的消息，或是想要得到的消息，就是人们常说的所谓信息。

一般而言，我们可以把任意两点间的通信或信息在其间的流通情况，归纳为图 1-1 所示的简化模型。发出信息的通信者称为"信源"，接收信息者称为"信宿"，信息流通的通道称为"信道"。只要发生了信息的流通过程，我们就说进行了某种形式的通信；反之，只要进行了通信，就必定有信息的流通与交换。

图 1-1 通信的简化模型

通过上述分析可知，信息流通的主要功能是，把本来相互离散的人类个体，连接成为紧密相关的社会整体。因此，信息不但是人与人之间，而且也是整个人类社会，以至于人类社会与自然界之间的"黏合剂"。没有信息的世界，必定是一个沉寂的世界。没有信息的流通与交换，对于人类社会来说，简直是不可思议的事情。

2. 信息是作为运算的内容而明确起来的

在这种情况下，信息是人们进行运算和处理所需要的条件、内容和结果，常常表现为数字、数据、图表、内容和结果，并以数字、数据、图表和曲线等形式出现。

例如，商品价格表上的数字是告诉顾客商品价格的信息，出租汽车的计程表上的数字是显示汽车行驶路程的信息，等等。

信息已广泛应用于计算机科学技术领域中。图1-2是计算机的一般功能示意图。用作计算用的计算机，根据计算的方法和条件(原始输入信息)，编制出计算程序，经过运算之后(一般称做处理)得到相应的解答，并以数字或图形的形式送至用户(输出信息)。稍为复杂的计算过程往往不是一次完成的，它需要把中间的运算结果作为补充的输入信息，反馈到适当的环节，再进行演算。作控制用的计算机，首先要将理想的控制目标和被控对象的实际原始状态(输入信息)送给计算机，经过处理得到相应的输出信息，并根据这个信息去控制被控对象，然后将理想控制目标与实际控制的误差作为补充信息反馈回去，修正和调整相应的控制程序，直至控制的误差在允许的范围内，达到控制的目的。

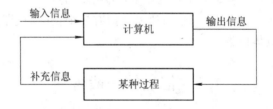

图1-2 计算机的一般功能示意图

无论用于运算或用于控制，计算机的作用都是对输入信息进行某种形式的处理，从而获得所需的输出信息。

3. 信息是作为人类感知的来源而存在的

信息也是人类自身进化的一个基本条件。人类在与外部世界的联系中产生了感知信息和利用信息的需求，因而逐渐形成和发展了自己的信息器官，如眼、耳、口、脑等。形成和发展这些器官，正是为了从自然界获取信息和利用信息来强化自己，战胜自然。

任何一种生物，如果完全不能从外部世界获得必要的信息，它就无法感知外部世界的变化，当然也就不可能实时地调整自己的状态，改善与外部环境的关系来适应这种变化。这样的生物必然受到自然的淘汰而无法生存，更无从谈到改造外部世界了。

今天能够存在的一切生物，不论它们多么简单和低级，都必然有它独特的从外界获取信息的本领。在这种意义上，我们可以说，具备从外部世界获取信息和利用信息的能力，是一切生物得以生存的必要条件。生物越高级，它获取和利用信息的本领也就越高强。

4. 国内外字、词典中有关信息的定义

我们可以在国内外字、词典中找到有关信息的定义。我国的《辞海》中对信息一词的注释是："信息是指对消息接受者来说预先不知道的报道。"美国的《韦伯字典》把信息解释为

"用来通信的事实，从观察中得到的数据、新闻和知识"。英国的《牛津字典》认为"信息就是谈论的事情、新闻和知识"。日本的《广辞苑》认为"信息是所观察事物的知识"。的确，消息、报道、事实、数据、新闻、知识，所有这些都是活跃在人类身边的信息。但仅仅列举这些注释，似乎还不能完全揭示信息的本质。

5. 从信息论与控制论的角度来定义信息

信息论与控制论的创始人之一、美国著名数学家维纳曾经说过："信息就是我们在适应外部世界和控制外部世界的过程中，同外部世界进行交换的内容的名称。"人类在与外部世界发生联系的过程中，交换的内容极其复杂多样。例如，人类可以把自然界的物质（如粮食）转化为自身的物质（如肌肉、体质），把自然界的能量（如食物中某种形式的能量）转化为自身的能量（力量、体力）。但是，维纳又说："信息就是信息，既不是物质，也不是能量。"于是人们注意到人类从外部世界所获取的另一类内容，而且是十分重要的内容，就是外部世界各种事物运动变化的"状态及其规律"，或者叫"知识"。这种关于事物的运动状态及规律的知识不是物质和能量本身，但和物质、能量有着密切的联系。因此，我们可以给信息下这样的定义："信息是关于事物运动的状态和规律，或者说，信息是关于事物运动的知识。"

显然，前面提到的消息、报道、事实、新闻、数据等等，确实都是关于某种事物运动的状态和规律，都是关于某种事物运动的知识。可见，这个定义概括了信息的一般含义。

这个定义给我们指明了信息是事物的运动状态及规律，而世界上万物都在不停地运动变化，生生不息。因此，信息的存在是普遍的，无所不有，无处不在。这个定义还明确告诉我们，信息是一种知识，因此，它对人类的生存和发展至关重要。

从这个定义，我们还可看到，没有物质和能量，就不存在事物的运动，也就谈不上什么运动状态、规律或知识，当然也就没有信息。这是信息对于物质和能量的依赖性。但是反过来看，事物在运动，这种运动本身相对独立存在，被人们获取、传递、加工处理。例如，转播一场"世界杯"足球赛，比赛场的进展和球员的运动状态就可以通过摄像机、广播和电视系统，传送给全世界的球迷们。显然，赛场和球员们不能同时既在美洲，又在欧洲和亚洲，但其运动状态（信息）却可以同时传送到全球。

由上述可知，物质、能量和信息是一切实际事物的三个基本方面，这三者之间形成了三位一体的关系，相互依赖、相互制约、相互支持，三者缺一不可。

1.2 信息论的基本思路

按照一般意义的信息定义来理解，信息是极为普遍地存在着的，既存在于自然界、人类社会，也存在于思维领域，哪里有运动的事物，哪里就有信息存在。关键在于要对信息有一个统一的测度方法和统一的度量标准。所以，在通信工程中，信息的度量是一个十分迫切需要解决的基本问题。只有正确地解决了这个问题，一切通信理论才能发挥真正的作用。

1948 年，美国数学家香农（C. E. Shannon）发表了一篇著名的论文，题目为《通信的数学理论》。与此同时，美国另一位数学家维纳（N. Wiener）也发表了题为《时间序列的内插、外推和平滑化》的论文以及题为《控制论》的专著。在这些论文和著作中，他们分别解决了按"通信的消息"来理解的信息(狭义信息)的度量问题,并得到了相同的结果。香农的论文还给出了信息传输问题的一系列重要结果,建立了比较完整而系统的信息理论,这就是香农的信息论,也称狭义信息论(简称信息论)。香农信息理论的基本思路,大致可归结为下面将要重点介绍的三个基本观点。

1. 非决定论观点

非决定论观点主要解决了用概率论和统计方法来研究信息论的问题。我们知道,在科学史上,直到 20 世纪初,拉普拉斯的决定论观点始终处于统治地位。这种观点认为,世界上一切事物的运动都严格地遵从一定的机械规律。因此,只要知道了它的原因,就可以唯一地决定它的结果;反过来,只要知道了它的结果,也就可以唯一地决定它的原因。或者,只要知道了某个事物的初始条件和运动规律,就可以唯一地确定它在各个时刻的运动状态。这种观点只承认必然性,排斥、否认偶然性。

非决定论的观点承认偶然性,同时也承认必然性,认为必然性寓于偶然性之中,大量的偶然事件中蕴含着某种必然的规律,这就是概率研究的统计规律。有了这种规律,我们就可以对大量随机实验统计特性做出估计。从统计上来说,这种估计可以做到十分准确。既然是一种统计规律,我们就不应当企图根据它来对每个个别的事件做出完全精确的预言。例如,你在一个水平面上抛掷一个均匀的硬币,一般来说,它有两种可能的结果:出现"正面"或出现"反面"。对于每次实验,只可能出现两种结果中的一种,二者必居其一。概率论告诉我们,当你在相同试验条件下重复抛掷的次数 N 足够大时,出现"正面"和"反面"的次数将各为 $N/2$,而且 N 越大,这个结果越精确。可是对于每次具体抛掷的结果,我们只能说以 $1/2$ 的可能性出现"正面",$1/2$ 的可能性出现"反面",而不可能对每次具体抛掷是出现"正面"或"反面"给出精确的结果。

经过对通信过程的详细观察,我们看到,一切信息的发生都带有偶然性和随机性。例如,某个通信者所要讲的话和所要写的文字,都是通信之前事先不知道而且也无法预料的。通信过程中出现的噪声和干扰的具体形式也是随机的、偶然的,是难以精确预料的。正因为如此,根据通信问题研究对象的特点,信息理论按照非决定论的观点,采用了概率统计的方法来作为分析通信问题的数学工具。

由于受决定论观点的影响和支配,在信息理论出现之前,人们往往将通信过程看做一个确定性的过程(即决定论的观点),尽管那时的通信技术已经比较发达,但在认识通信的本质问题上却存在着根本性的错误。信息论的建立,首先从根本上纠正了这种认识上的错误观点,这也是信息论的一个重大贡献。从信息理论的观点来看,通信过程是典型的随机过程,是一个从不知到知,或者从知之甚少到知之甚多的过程。假如说通信过程是一个确定性的过程,收信者也就不可能由它获得任何新的消息,这样也就失去了通信的意义。

2. 形式化假设

形式化假设主要指信息论研究的是狭义信息(形式化的信息),而不是广义信息(包括形式化、语义和语用,前者为"形式",后两者为"内容")。我们知道,作为事物运动状态表现的广义信息,既具有一定的形式,又具有一定的内容。数学是刻画运动形式的工具,但是如何从数学上定量地刻画内容,至今仍是一个巨大的难题。

通过对通信的观察,我们可以发现,通信只不过是信息的传输,在通信的一端精确地或近似地复制出另一端所传送的信息。也就是说，通信的任务只是单纯地复制消息，并不需要对消息的语义或语用做出任何处理和判断。只要在通信的接收端把接收到的消息从形式上复制出来，也就同时复现了它的语义内容。例如，我们传送这样一条消息："我国第一颗人造卫星今日发射成功。"从形式上看，这里没有什么严重的困难，我们可以把这条消息描写为"从汉字表中选出 15 个字的一种选择"。从工程上看，只要把这 15 个字的声音波形传送给对方就可以了。如果从语义方面来考虑这条消息的信息量，就变得十分复杂了。每一个词都有复杂的情形需要刻画。例如，是"我国"而不是其它 130 多个国家的任何一个；是"第一颗"而不是第 X（X 是不等于 1 而大于零的正整数）颗；是"人造卫星"而不是飞船、导弹等别的东西；是"今日"而不是其它什么时候；是"发射"而不是回收；是"成功"而不是失败；等等。如果要进一步考虑到这些语义对各种不同的接收者所引起的不同的反响，则更是千变万化，难以描述。例如，对"中国足球队出线"这条消息，球迷会很激动，而整日操劳的家庭主妇可能并不关心；相反，对"今日农贸市场的青菜大降价"这条消息，家庭主妇可能十分关注，但球迷可能漠不关心。所以要对信息的相对性和主观性加以统一度量，那将是十分困难的。

以上的分析可以给我们一个启示，既然信息传输并不需要考虑语义因素，只是在接收复制消息的形式，那么，我们在描述和度量信息时，完全可以只考虑形式的因素。

这样，我们就可提出如下假设。虽然信息的语义因素和语用因素对于广义信息来说并不是次要因素，但对于作为"通信的消息"理解的狭义信息来说是次要因素。因此，在描述和度量作为"通信的消息"来理解的狭义信息时，不必笼统地抓住语义、语用和形式等各个方面而陷入困境，完全可以先把语义和语用因素搁置起来，假定各种信息的语义信息量和语用信息量不变，且在数值上令它们等于 1（不在狭义信息量公式中出现），而只是单纯考虑信息的形式因素。狭义信息的形式化假设虽然丢掉了一些次要因素，但重要的是抓住了对于作为"通信的消息"来理解的狭义信息的最主要的因素，从而跨出了用数学方法来描述信息的关键的一步。

3. 不确定性

形式化假设给我们提供了用数学方法描述和度量信息的可能性，非决定论观点决定了采用概率统计的数学方法。但只有这两条还不足以完成信息的度量问题，还必须在此基础上，明确规定作为"通信的消息"来理解的狭义信息的具体含义，才有可能最后完成信息的度量问题。

对通信过程作进一步分析就可发现，人们要进行通信，不外有两种可能的情形：一是自己有某种形式的信息要告诉对方，同时也估计对方会对这种信息感兴趣，但又不知道这个信息，也就是说，对方在关于这个信息的知识上存在着不确定性；另一种情形是，自己有某种疑问要向对方询问，而且估计对方能够解答自己的疑问。在前一种情况下，如果估计对方已经了解了所欲告之的消息，自然就没有必要通信了；在后一种情况下，如果自己没有任何疑问，当然就不必询问了。这里所谓的"疑问"、"不知道"，就是一种知识上的不确定性，即对某个事情的若干种可能的结果，或对某个问题的若干种可能的答案，不能作出明确判断。

因为信息是事物运动状态的表现，它可以脱离实际事物而被传送和处理。那么，它当然就可以被传送给对方，作为一种消除接收者知识上的某种"不确定性"的东西。所以，我们可以把作为"通信的消息"来理解的"狭义信息"，看做一种用来消除通信对方知识上的"不确定性"的东西。由此，我们可以引申出一个十分重要的结论：接收者收到某一消息后所获得的信息，可以用接收者在前后"不确定性"的消除量来度量。简言之，接收者所得到的信息量，在数量上等于通信前后"不确定性"的消除量，这就是信息理论中度量信息的一个基本观点。

那么，很自然接着要问这样两个问题："不确定性"本身是否可以度量？是否可用数学方法来表示呢？我们知道，不确定性是与"多种结果的可能性"相联系的，而在数学上，这些"可能性"正好是以概率来度量的。概率大，即"可能性"大；概率小，则"可能性"小。显然，"可能性大"即意味着"不确定性小"，"可能性小"即意味着"不确定性大"。由此可见，"不确定性"应该是概率的某一函数。那么，"不确定性"的消除量也就是狭义信息量，也一定可由概率的某一函数来表示。这样就完全解决了作为"通信的消息"来理解的"狭义信息"的度量问题。

以上三个观点是信息论的三大理论支柱。信息论的建立，在很大程度上澄清了通信的基本问题。它以概率论为工具，刻画了信源产生信息的数学模型，导出了度量信息的数学公式，同时，它还描述了信道传输信息的过程，给出了表征信道传输能力的容量公式。此外，它还建立了一组信息传输的编码定理，论证了信息传输的一些基本界限。这些成果的取得，使得通信技术从经验走向科学，开辟了信息时代的新纪元。

1.3 信息论研究的对象和内容

从 1.2 节关于信息概念的讨论中可以看到，各种通信系统如电报、电话、电视、广播、遥测、遥控、雷达和导航等，虽然它们的形式和用途各不相同，但本质是相同的，都是信息的传输系统。为了便于研究信息传输和处理的共同规律，我们将各种通信系统中具有共同特性的部分抽取出来，概括成统一的理论模型，如图 1-3 所示。

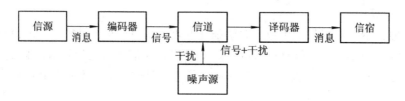

图 1-3 通信系统理论模型

这个通信系统基本模型也适用于其它的信息流通系统，如生物有机体的遗传系统、神经系统、视觉系统等，甚至人类社会的管理系统都可概括成这个模型。所以这个统一的理论模型又可统称为信息传输系统模型。信息论研究的对象正是这种统一的通信系统基本模型。该模型分为五个部分，人们通过这五个部分来研究信息传输和处理的共同规律。

1. 信源

顾名思义，信源是产生消息和消息序列的源。它可以是人、生物、机器或其他事物。它是事物各种运动状态或存在状态的集合。信源的输出是消息，消息是具体的，但它不是信息本身。消息携带着信息，消息是信息的表达者。

2. 编码器

编码是把消息变换成信号的措施，而译码就是编码的反变换。编码器输出的是适合信道传输的信号，信号携带着消息，它是消息的载荷者。

编码器可分为两种，即信源编码器和信道编码器。信源编码是对信源输出的消息进行适当的变换和处理，目的是提高信息传输的效率。而信道编码是为了提高信息传输的可靠性而对消息进行的变换和处理。当然，对于各种实际的通信系统，编码器还应包括换能、调制、发射等各种变换处理。

3. 信道

信道是指通信系统把载荷消息的信号从甲地传输到乙地的媒介。在狭义的通信系统中实际信道有明线、电缆、波导、光纤、无线电波传播空间等，这些都属于传输电磁波能量的信道。当然，对广义的通信系统来说，信道还可以是其他的传输媒介。

4. 译码器

译码就是把信道输出的编码信号(已叠加了干扰)进行反变换。通常要从受干扰的编码信号中最大限度地提取出有关信源输出的信息。译码器也可分成信源译码器和信道译码器。

5. 信宿

信宿是消息传送的对象，即接收消息的人或机器。信源和信宿可以处于不同地点或不同时刻。

在上述基础上，我们把图1-3所示的通信系统模型中的编码器分成信源编码和信道编码，把译码器分成信源译码和信道译码。这样就将信息传输系统的基本模型扩展成如图1-4所示的通信系统模型。

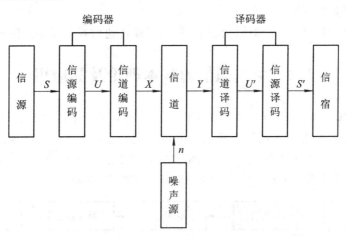

图1-4 通信系统的扩展模型

近年来，以计算机为核心的大规模信息网络，尤其是互联网的建立和发展，对信息传输的质量要求更高了。不但要求既快速有效又能可靠地传递信息，而且还要求信息传递过程中保证信息的安全保密，不被伪造和篡改。因此，在编码器这一环节中还需加入加密编码。与之相应，在译码器中加入解密译码。这样，一个完整的通信系统模型如图1-5所示。

研究这样一个概括性很强的信息传输系统，其目的就是要找到信息传输过程的共同规

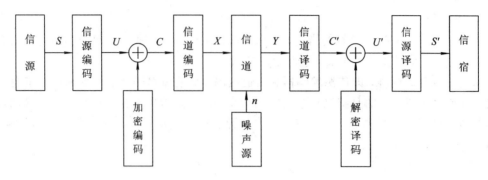

图 1 - 5　完整的通信系统模型

律,从而提高信息传输的可靠性、有效性、保密性和认证性,以达到信息传输系统的最优化。

6. 可靠性和有效性

所谓可靠性高,是指尽可能低的误码率,就是要使信源发出的消息经过信道传输以后,尽可能准确地、不失真地再现在接收端。而所谓有效性高,是指信号的传输速率尽可能快。提高可靠性和提高有效性常常会发生矛盾,两者不可兼得,这就需要统筹兼顾。例如,为了兼顾有效性,有时就不一定要求绝对准确地在接收端再现原来的消息,而是可以允许一定的误差或一定的失真,或者说允许近似地再现原来的消息。

7. 保密性和认证性

所谓保密性,是指隐蔽和保护通信系统中传送的消息,使它只能被授权接收者获取,而不能被未授权者接收和理解。

所谓认证性,是指接收者能正确判断所接收的消息的正确性,验证消息的完整性,而不是伪造的和被篡改的。

有效性、可靠性、保密性和认证性四者体现了现代通信系统对信息传输的全面要求。

1.4　保密通信的基本理论及其应用

保密通信的研究起源于 20 世纪 50 年代。1949 年,Shannon 发表了划时代的论文《保密体制的通信理论》,奠定了现代保密通信的数学理论基础,使现代保密通信理论的研究走上了科学的轨道。将信息论应用于密码学研究,产生了许多新的概念,其中主要有多余度、熵和唯一解距离等。保密通信系统的一般模型如图 1 - 6 所示。

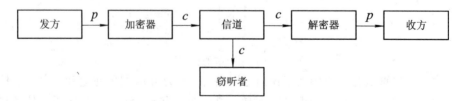

图 1 - 6　保密通信系统的一般模型

Shannon 通过对保密性理论的研究,提出了理论上不可破译的密码体制有完全保密与理想保密两种体制,即无论密码分析者有多少时间和人力,无论其能截获多大的密文量,他都破译不了这两种密码体制，当然其前提条件是密码分析者仅有截获的密文。

所谓完全保密体制，是指在这种密码体制中明文数、密钥数和密文数相等，即将每个明文变换成每个密文都恰好有一个密钥，所有的密钥都是等可能的。在完全保密体制下，没有给密码分析任何额外的可用于破译的信息。因此，密码分析者无法破译这种体制。

所谓理想保密体制，是指唯一解距离 U 趋于无穷大的密码体制。此时，无论密码分析者截获了多少密文都无助于破译该密码体制。U 趋向于无穷大意味着语言的多余度趋向于零，事实上要消除语言中的全部多余度是不可能的，所以这种体制实际上是不存在的。但是，这一结论告诉我们，在设计密码体制时，应尽量减小多余度。

在理论保密体制思想的指导下，Shannon 提出了理论上安全的密码系统（即理论上不可破译的密码系统）是一次一密钥系统。其主要思想是，密钥是一个随机序列，密钥序列的长度要大于或等于明文序列的长度，每一个密钥仅使用一次。

一次一密钥系统在消息空间较小时还可以实现，当消息空间较大时，密钥管理就成了大问题。所以，在实际应用中，一次一密钥系统是不可能存在的。首先，分发和存放与明文等长的随机密钥是很困难的。其次，如何生成真正的随机序列也是一个问题，特别是在当前使用计算机传输大量信息的情况下，可能无法采用一次一密钥系统。尽管如此，这种设计思想仍然是当代密码算法设计者遵从的一个指导思想。

1.5　信息论的划分范畴

关于信息论研究的具体内容在国际上是有过争议的。某些数学家认为信息论只不过是概率论的一个分支。当然，这种看法是有一定根据的，因为香农信息论确实为概率论开拓了一个新的分支。但如果把信息论限制在数学范围内，就显得比较狭义了。也有些物理学家认为信息论只是熵的理论，当然，熵的概念确实是香农信息论的基本概念之一，但从本质上讲，信息论的全部内容要比熵的概念广泛得多。目前，对信息论研究的内容一般有狭义信息论、工程信息论和广义信息论三种不同的划分范畴，如图 1-7 所示。

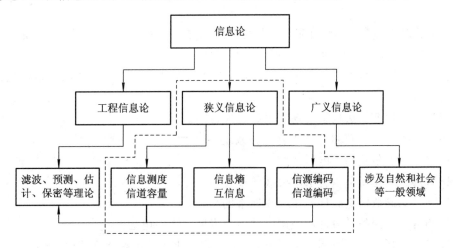

图 1-7　信息论的划分范畴

1. 狭义信息论

狭义信息论又称香农信息论或经典信息论，主要研究信息测度（即信息熵）、信道容量及信源和信道编码理论等问题。这部分内容是信息论的基础理论，又称香农基本理论，其中研究的内容可用图 1-7 虚框中的部分来描述。本书前面五章的内容属于香农狭义信息论的范畴，后面两章的内容则属于工程信息论的范畴。

2. 工程信息论

工程信息论又称为一般信息论，它主要也是研究信息传输和处理问题。它包括噪声理论、信号滤波和预测理论、统计检测与估计理论、调制理论、信息处理理论及保密理论等。这些内容是以美国科学家维纳为代表的，其中最有贡献的是维纳和苏联科学家柯尔莫哥洛夫等一批世界著名科学家。

虽然维纳和香农等人都是运用概率和统计数学的方法来研究准确地或近似地再现消息的问题，都是为了使消息传送和接收最优化，但他们之间却有一个重要的区别。维纳研究的重点是在接收端，即研究一个信号如果在传输过程中被某些因素（如噪声、非线性失真等）干扰后，在接收端怎样把它恢复、再现，从干扰中提取出来。在此基础上，他创立了最佳线性滤波理论（维纳滤波器）、统计检测与估计理论、噪声理论等。而香农研究的对象则是从信源到信宿之间的全过程，是收、发端联合最优化问题，其重点放在编码。他指出，只要在传输前后对消息进行适当的编码和译码，就能保证在干扰的存在下，最佳地传送和准确或近似地再现消息。为此发展了信息测度理论、信道容量理论和编码理论等。

3. 广义信息论

广义信息论是一门综合性的新兴学科，它包括所有与信息有关的自然和社会领域，如模式识别、计算机翻译、心理学、遗传学、生物学、神经生理学、语言学、语义学甚至包括社会学、人文学和经济学中有关信息的问题。它也就是新兴的信息科学理论。

1.6　信息论的发展简史

信息论从诞生到今天，已有半个多世纪。回顾它的发展历史，我们可以了解信息论是如何从实践中经过抽象、概括、提高而逐步形成的。

信息论是在长期的通信工程实践和理论研究的基础上发展起来的。以下是信息论具有里程碑意义的大事记。

- 1820—1830 年，法拉第发现了电磁感应定律。
- 1832—1835 年，莫尔斯建立起电报系统。
- 1876 年，贝尔发明了电话系统。
- 1864 年，麦克斯韦预言了电磁波的存在。
- 1888 年，赫兹用实验证明了麦克斯韦的预言。
- 1895 年，英国的马可尼和俄国的波波夫发明了无线电通信。
- 1907 年，福雷斯特发明了电子管，之后，很快出现了远距离无线电通信。
- 1925—1927 年，建立了电视系统。
- 1832 年，香农解决了莫尔斯电报系统中的高效率编码问题。

- 1885 年，凯尔文解决了电缆的极限传信率问题。
- 1922 年，卡逊对调幅信号的频谱结构进行了研究，并明确了边带的概念。
- 1924 年，奈奎斯特等人指出，如果以一个确定的速度来传输电报信号，那么，就需要一定的带宽，并证明了信号传输速率与信道带宽成正比。
- 1936 年，阿姆斯特朗提出增加信号带宽可以使抑制噪声干扰的能力增强，并给出了调制指数大的调频方式，出现了调频通信。
- 1939 年，达德利发明了声码器，他进一步提出通信所需的带宽至少应与所传送的消息的带宽相同。达德利和莫尔斯都是研究信源编码的先驱者。
- 20 世纪 40 年代初期，由于军事上的需要，维纳在研究防空火炮的控制问题时，发表了题为《平稳时间序列的外推、内插与平滑及其工程应用》的论文。他把随机过程和数理统计的观点引入通信和控制系统中，揭示了信息传输和处理过程的统计本质，从而使通信系统的理论研究面貌焕然一新，引起了质的飞跃。
- 1948 年，香农在贝尔实验室出版的《贝尔系统技术》杂志上发表了两篇有关通信的数学理论的文章。在这两篇论文中，他用概率测度和数理统计的方法系统地讨论了通信的基本问题，首先严格定义了信息的度量——熵的概念，又定义了信道容量的概念，得出了几个重要而带有普遍意义的结论，并由此奠定了现代信息论的基础。
- 从 1948 年开始，信息论的建立引起了一些世界著名的数学家，如柯尔莫哥洛夫、范恩斯坦、沃尔夫维兹等人的兴趣，他们将香农已得到的数学结论作了进一步的严格论证和推广，使这一理论具有更为坚实的数学基础。经过众多知名学者的努力，最终发展成为了现代的信息论。

习 题 1

1-1 从信息论与控制论的角度来看，信息是如何定义的？

1-2 创立信息论的三个基本思路是什么？

1-3 用信息论来研究信息传输系统的共同规律，目的何在？

1-4 按信息论的研究范畴，它可划分为哪几个部分？

第 2 章 离散信源及其信息测度

本章介绍各种离散信源及其信息测度，重点介绍信源的统计特性、数学模型和各类离散信源的信息测度——熵及其性质，从而引入信息理论的一些基本概念和重要结论。主要内容包括：单符号离散信源的数学模型、自信息和信息函数、信息熵、信息熵的基本性质、联合熵和条件熵的分解与计算、信息熵的解析性质、离散信源的最大熵值、多符号离散平稳信源、多符号离散平稳无记忆信源及其信息熵、多符号离散平稳有记忆信源及其信息熵、信源的相关性与冗余度等。

2.1 单符号离散信源的数学模型

单符号离散信源是最简单的一种离散信源。这种信源发出的消息是离散的、有限或无限可列的符号或数字。同时，这种信源发出的消息是由一个符号（或数字）组成的，即一个符号就代表一个完整的消息。比如，我们把掷骰子朝上一面的点数作为信源输出消息，就可把这种信源看做一个单符号的离散信源。

我们在第 1 章中已经指出，在通信系统中，收信者在未收到消息以前，对信源发出什么消息是不确定的。信源要含有一定的信息，必须具有随机性，以一定的概率发出各种不同的符号。所以，我们可以把信源看做具有一定概率分布的符号集合。基于对信源的这种认识，我们可以用离散随机变量的可能取值表示信源可能发出的不同符号，用离散随机变量的概率分布表示信源发出不同符号的可能性的大小。总之，我们可用一个离散型随机变量来代表一个单符号离散信源。这就是建立单符号离散信源数学模型的基本思想。

例如，掷一个六面均匀的骰子，每次出现朝上一面的点数是随机的，我们可把出现朝上一面的点数看做信源的输出消息。因此，这种信源可能输出的各种不同消息，都是离散的数字。而且，不同消息的数量是有限的，即组成数字集合为 $\{1, 2, 3, 4, 5, 6\}$，这种信源是一个单符号离散信源。根据上述建立数学模型的基本思想，可用一个离散型随机变量 X 来表示这个信源。X 的可能取值，就是信源可能输出的各种不同符号。那么，X 的状态空间就是信源可能输出的数字集合 $X : \{1, 2, 3, 4, 5, 6\}$，X 的概率分布就是信源输出各种不同数字的先验概率 $P(X)$。显然，X 的概率空间可测定为

$$P\{X = 1\} = P\{X = 2\} = \cdots P\{X = 6\} = \frac{1}{6}$$

该单符号离散信源的数学模型可表示为

$$\begin{bmatrix} X \\ P(X) \end{bmatrix} = \begin{bmatrix} 1 & 2 & 3 & 4 & 5 & 6 \\ \dfrac{1}{6} & \dfrac{1}{6} & \dfrac{1}{6} & \dfrac{1}{6} & \dfrac{1}{6} & \dfrac{1}{6} \end{bmatrix}$$

上式也称为信源空间，是描述信源的数学模型，它是由状态空间和概率空间所组成的。注意到信源输出的消息，只可能是数字集合 X：$\{1, 2, 3, 4, 5, 6\}$ 中的任何一个，不可能是这个集合以外的符号，所以信源的概率空间必定是一个完备集，即满足

$$P\{X = 1\} + P\{X = 2\} + \cdots + P\{X = 6\} = 1$$

对于一般的信源来说，信源可能发出不同符号，组成符号集 X：$\{a_1, a_2, \cdots, a_r\}$，即信源可能发出 r 种不同的符号 $a_i(i=1, 2, \cdots, r)$。信源发符号 $a_i(i=1, 2, \cdots, r)$ 的先验概率测定为 $P(a_i)(i=1, 2, \cdots, r)$。那么，该信源可用信源空间这样的数学模型表示，即

$$\begin{bmatrix} X \\ P(X) \end{bmatrix} = \begin{bmatrix} a_1 & a_2 & \cdots & a_r \\ P(a_1) & P(a_2) & \cdots & P(a_r) \end{bmatrix} \tag{2-1}$$

其中 $P(a_i)(i=1, 2, \cdots, r)$ 满足

$$\sum_{i=1}^{r} P(a_i) = 1 \tag{2-2}$$

可以看出，不同的信源，对应不同的数学模型，即不同的信源空间。如果一个信源已经给定，则相应的信源空间就唯一确定了；反之，如果一个信源空间已经给定，则相应的信源也就唯一确定了。

从以上的分析可以看出，用信源空间来表示信源的数学模型有一个必要的前提，即信源可能发出的各种不同符号的概率必须是先验可知的，或是事先可测定的，这也是香农信息论的一个基本假设前提。

2.2　自信息和信息函数

在讨论了信源的数学模型之后，很自然接着会提出这样一个问题，即信源发出某一符号 $a_i(i=1, 2, \cdots, r)$ 后，它提供多少信息量？这就是要解决信息的度量问题。

在第 1 章中已经指出，在通信的一般情况下，收信者所获取的信息量，在数量上等于通信前后不确定性的消除的量。具体而言，如信源发某一符号 $a_i(i=1, 2, \cdots, r)$，由于信道中噪声的随机干扰，收信者收到的一般是 a_i 的某种变型 b_j。收信者收到 b_j 后，从 b_j 中获取关于 a_i 的信息量用 $I(a_i; b_j)$ 表示，则有

| 信宿收到信道输出的某一符号 b_j 后，从 b_j 中获取关于信道某输入符号 a_i 的信息量 $I(a_i; b_j)$ | = | 信宿收到 b_j 前，对于信道输入符号 a_i 中的先验不定度 $I(a_i)$ | − | 信宿收到 b_j 之后，对符号 a_i 仍然存在的后验不定度 $I(a_i \mid b_j)$ | = | 通信前后对信道输入 a_i 不定度的消除 |

上述对应的数学表达式为

$$I(a_i; b_j) = I(a_i) - I(a_i \mid b_j) \tag{2-3}$$

例如，一位教授作报告，由于扩音设备不好，在报告中声音中夹杂着噪音，听众听到的是报告声音的一种变型。听了这个报告后，虽然知道了报告的大致内容，但一些具体的细节没有听清，仍然存在一定的不确定性。听众从这场报告中所获取的信息量，应该是听报告前对报告内容的不确定性减去听报告后仍然存在的不确定性之差，即不确定性的消除。

为了便于引出一个重要的结果，我们不妨假定信道中没有噪声的随机干扰，这时，显然有 $b_j = a_i$ 本身，收信者确切无误地收到信源发出的消息。那么，收到 b_j 后，对 a_i 仍然存在的不确定性等于 0，即 $I(a_i|b_j) = 0$。这样，根据式(2-3)，收到 b_j 后，从 b_j 中获取关于 a_i 的信息量为 $I(a_i; b_j) = I(a_i) - I(a_i|b_j) = I(a_i)$，这个 $I(a_i)$ 也就是 a_i 本身所含有的信息量，即信源能提供的全部信息量，我们称 $I(a_i)$ 为 a_i 的自信息量。

我们知道，不确定性是与可能性相联系的，而可能性又是由概率的大小来表示的，故自信息量 $I(a_i)$ 一定是信源发符号 a_i 的先验概率 $P(a_i)(i=1, 2, \cdots, r)$ 的函数，即

$$I(a_i) = f[P(a_i)] (i = 1, 2, \cdots, r) \tag{2-4}$$

下面，我们根据式(2-4)必须遵循的公理条件，直接导出 $f[P(a_i)]$ 的数学表达式。关于 $f[P(a_i)]$，有以下四个公理条件：

(1) 若 $P(a_1) > P(a_2)$，则 $I(a_1) < I(a_2)$，即 $f[P(a_i)]$ 是 $P(a_i)$ 的单调递减函数；

(2) 若 $P(a_i) = 0$，则 $f[P(a_i)] \to \infty$；

(3) 若 $P(a_i) = 1$，则 $f[P(a_i)] = 0$；

(4) 若两个事件 a_i 和 b_j 统计独立，则 a_i 和 b_j 的联合信息量应等于它们各自的信息量之和，即 $I(a_i b_j) = I(a_i) + I(b_j)$。如有两个统计独立的信源 X 和 Y，它们的信源空间分别是

$$\begin{cases} \begin{bmatrix} X \\ P(X) \end{bmatrix} = \begin{bmatrix} a_1 & a_2 & \cdots & a_r \\ P(a_1) & P(a_2) & \cdots & P(a_r) \end{bmatrix} \\ \begin{bmatrix} Y \\ P(Y) \end{bmatrix} = \begin{bmatrix} b_1 & b_2 & \cdots & b_s \\ P(b_1) & P(b_2) & \cdots & P(b_s) \end{bmatrix} \end{cases} \tag{2-5}$$

它们均为完备集，即满足

$$\sum_{i=1}^{r} P(a_i) = 1, \sum_{j=1}^{s} P(b_j) = 1 \tag{2-6}$$

收信者同时收到来自 X 和 Y 两个信源的符号 a_i 和 b_j，则所获得的联合信息量等于符号 a_i 和 b_j 各自的信息量之和，即 $I(a_i b_j) = I(a_i) + I(b_j)(i=1, 2, \cdots, r; j=1, 2, \cdots, s)$。

在数学上可证明，同时满足以上四个公理条件的函数形式为

$$I(a_i) = f[P(a_i)] = \text{lb} \frac{1}{P(a_i)} = -\text{lb} P(a_i) \tag{2-7}$$

在式(2-7)和后面的章节中，采用以 2 为底的对数，所得信息量的单位为比特。

2.3 信 息 熵

上面我们根据四个公理条件，导出了信息函数 $I(a_i)$ 的具体表达式，即式(2-7)，使信息的度量成为可能，但 $I(a_i)$ 只能表示信源发出的某一特定符号 a_i 的自信息量。一方面，不同的符号有不同的自信息量，由此可知，式(2-7)不足以作为整个信源的总体信息测度。另一方面，信源是以 $P(a_i)$ 为概率的随机事件，这样，信源发符号 a_i 所提供的自信息量 $I(a_i)$ 显然也是一个随机量。用一个具有随机性的量作为信息的度量函数，显然是不方便的。因此，我们有必要求出整个信源所提供的平均信息量。

2.3.1 信息熵的数学表达式

为了求得整个信源所提供的平均信息量，首先，我们应当了解数学中有关三种不同类

型的平均方法以及它们各自的计算公式。这三种平均方法分别是算术平均、统计平均和几何平均，它们的数学定义分别如下：

$$
\begin{cases}
\overline{x}_{算术平均} = \dfrac{x_1 + x_2 + \cdots + x_N}{N} \\[2mm]
\overline{x}_{统计平均} = \dfrac{N_1 x_1 + N_2 x_2 + \cdots + N_r x_r}{N} = P_1 x_1 + P_2 x_2 + \cdots + P_r x_r \\[2mm]
\overline{x}_{几何平均} = (x_1 x_2 \cdots x_N)^{\frac{1}{N}}
\end{cases}
\tag{2-8}
$$

式中，$P_i = N_i / N (i = 1, 2, \cdots, r)$ 为对应的随机变量 x_i 出现的概率（或称为频数）。即

$$
\begin{cases}
P_1 = \dfrac{N_1}{N}, \ P_2 = \dfrac{N_2}{N}, \ \cdots, \ P_r = \dfrac{N_r}{N} \\[2mm]
\displaystyle\sum_{i=1}^{r} \dfrac{N_i}{N} = \sum_{i=1}^{r} P_i = 1
\end{cases}
\tag{2-9}
$$

根据式(2-8)中有关统计平均的定义，可求得信源 X 自信息量的统计平均值，我们把这个统计平均值记为 $H(X)$，即

$$
H(X) = \sum_{i=1}^{r} P(a_i) \cdot I(a_i) = \sum_{i=1}^{r} P(a_i) \log \frac{1}{P(a_i)} = -\sum_{i=1}^{r} P(a_i) \log P(a_i)
$$

$$
\tag{2-10}
$$

注意上式的概率空间是完备的，满足归一化条件。$H(X)$ 是信源每发一个符号所提供的平均信息量，称为信息熵。若选以 2 为底的对数，则 $H(X)$ 的单位为比特/符号。

2.3.2　信息熵的物理含义

有关信息熵的物理含义有以下三个方面：

（1）信息熵 $H(X)$ 表示信源 X 每发一个符号所提供的平均信息量。

（2）信息熵 $H(X)$ 表示信源 X 每发一个符号前，收信者对 X 存在的平均不确定性。例如有三个信源 X_1，X_2，X_3，它们的信源空间分别是：

$$
\begin{bmatrix} X_1 \\ P(X_1) \end{bmatrix} = \begin{bmatrix} a_1 & a_2 \\ 0.5 & 0.5 \end{bmatrix}, \ \begin{bmatrix} X_2 \\ P(X_2) \end{bmatrix} = \begin{bmatrix} a_1 & a_2 \\ 0.7 & 0.3 \end{bmatrix}, \ \begin{bmatrix} X_3 \\ P(X_3) \end{bmatrix} = \begin{bmatrix} a_1 & a_2 \\ 0.99 & 0.01 \end{bmatrix}
$$

我们把这三个信源作一番比较。对信源 X_1 来说，发符号 a_1 和 a_2 的概率相等，因此，对于收信者来说，要判断信源 X_1 是发 a_1 还是发 a_2，是最为捉摸不定的事。对 X_2 来说，发符号 a_1 的概率要大于发符号 a_2 的概率，对于收信者来说，要判断信源 X_2 是发 a_1 还是发 a_2，要比信源 X_1 容易一些。对信源 X_3 来说，由于发 a_1 的概率远远大于发 a_2 的概率，所以对于收信者来说，要判断 X_3 是发 a_1 还是发 a_2，是这三个信源中最容易的。事实上，根据式(2-10)，可计算出这三个信源的信息熵分别为 $H(X_1) = 1$ 比特/符号，$H(X_2) = 0.88$ 比特/符号和 $H(X_3) = 0.08$ 比特/符号，正好满足 $H(X_1) > H(X_2) > H(X_3)$。由此可见，信息熵正好反映了信源发出符号以前，收信者对信源存在的平均不确定性。

（3）用信息熵 $H(X)$ 来表示随机变量 X 的随机性。例如前面的例子，随机变量 X_1 取 a_1 和 a_2 是等概的，所以它的随机性最大。随机变量 X_2 取 a_1 和 a_2 的概率不等，而取 a_1 的概率比取 a_2 的概率大，这时随机变量 X_2 的随机性就比 X_1 变量的随机性小一些。随机变量 X_3 取 a_1 的概率要远大于取 a_2 的概率，因而 X_3 的随机性就成为了这三个随机变量中随机性最小

者。因此，$H(X)$反映了随机变量的随机性大小。

必须强调指出，信息熵是信源平均不确定性的描述。在一般情况下，它并不等于获得的平均信息量。只有在无噪的情况下，收信者确切无误地收到信源所发出的符号，全部消除了在收到符号以前对信源存在的平均不确定性，所获得的平均信息量在数量上才等于信源的信息熵 $H(X)$。

2.4　信息熵的基本性质

本节讨论信息熵的几个基本性质，其中包括对称性、非负性、确定性、连续性、扩展性、强可加性和可加性等。

2.4.1　信息熵及其熵函数表示

根据信息熵的定义

$$H(X) = \sum_{i=1}^{r} P(a_i) \cdot I(a_i) = \sum_{i=1}^{r} P(a_i) \log \frac{1}{P(a_i)} = - \sum_{i=1}^{r} P(a_i) \log P(a_i)$$

其中信源空间是完备的，满足概率归一化条件。因此，$H(X)$可以看做概率矢量 $\boldsymbol{P}$ 或它的分量$(P(a_1)，P(a_2)，\cdots，P(a_r))$的多元函数，这个函数可写成关于概率矢量 $\boldsymbol{P}$ 的一般形式：

$$\begin{aligned}
H(X) &= - \sum_{i=1}^{r} P(a_i) \log P(a_i) \\
&= H[P(a_1)，P(a_2)，\cdots，P(a_r)] \\
&= H(\boldsymbol{P})
\end{aligned} \tag{2-11}$$

我们称 $H(\boldsymbol{P}) = H[P(a_1)，P(a_2)，\cdots，P(a_r)]$为熵函数。

这样，信源 X 的信息熵有三种不同的表示方法：当要指明是信源 X 的熵时，可用 $H(X)$的形式；当要表示概率分布为$(P(a_1)，P(a_2)，\cdots，P(a_r))$的信源的熵时，可用 $H[P(a_1)，P(a_2)，\cdots，P(a_r)]$的形式；当要表示概率矢量为 $\boldsymbol{P}$ 的信源时，可用 $H(\boldsymbol{P})$的形式。注意对于二元信源来说，信息熵的形式为 $H(p，\bar{p})$，可以简单地表示为 $H(p)$ 或 $H(\bar{p})$。

2.4.2　对称性

根据式(2-11)，并根据加法交换律可知，当变量 $P_1，P_2，\cdots，P_r$的顺序任意互换时，熵函数的值保持不变，即

$$H(P_1，P_2，\cdots，P_r) = H(P_2，P_1，\cdots，P_r) = \cdots = H(P_r，P_{r-1}，\cdots，P_1)$$

$$\tag{2-12}$$

这就是熵函数的对称性。这种对称性的物理意义是，信源的熵只与概率空间的总体结构，即与信源的总体统计特性有关，而与信源空间中各概率分量所对应的符号无关。如果某些信源的统计特性相同，那么，这些信源的熵值就相同。例如，以下三个不同信源的信源空间为

$$\begin{bmatrix} X \\ P(X) \end{bmatrix} = \begin{bmatrix} a_1 & a_2 & a_3 \\ \dfrac{1}{3} & \dfrac{1}{6} & \dfrac{1}{2} \end{bmatrix}, \quad \begin{bmatrix} Y \\ P(Y) \end{bmatrix} = \begin{bmatrix} b_1 & b_2 & b_3 \\ \dfrac{1}{2} & \dfrac{1}{3} & \dfrac{1}{6} \end{bmatrix}, \quad \begin{bmatrix} Z \\ P(Z) \end{bmatrix} = \begin{bmatrix} c_1 & c_2 & c_3 \\ \dfrac{1}{6} & \dfrac{1}{3} & \dfrac{1}{2} \end{bmatrix}$$

则这三个信源信息熵的大小是相同的，即

$$H\left(\frac{1}{3}, \frac{1}{6}, \frac{1}{2}\right) = H\left(\frac{1}{2}, \frac{1}{3}, \frac{1}{6}\right) = H\left(\frac{1}{6}, \frac{1}{3}, \frac{1}{2}\right) = 1.4592 \text{ 比特／信源符号}$$

熵函数的这种对称性，充分表明了信息熵表征信源的总体统计特性，它是信源总体的信息测度。但它也有局限性，即它只能用于度量客观熵，不能用于描述事件本身的主观意义。

2.4.3　非负性

根据信息熵的定义 $H(X) = -\sum\limits_{i=1}^{r} P(a_i) \log P(a_i)$，因 $0 \leqslant P(a_i) \leqslant 1 (i=1, 2, \cdots, r)$，故 $H(X) \geqslant 0$。

2.4.4　确定性

所谓确定性，是指概率空间中只要有一个概率为 1，再根据概率空间的完备性，则其余概率均只能取 0，这就是确定性的一种具体表现。故得熵函数的一般形式为

$$H(1, 0, \cdots, 0) = H(0, 1, \cdots, 0) = \cdots = H(0, 0, \cdots, 1)$$
$$= 1 \log 1 + 0 \log 0 + \cdots + 0 \log 0$$

根据公式

$$\begin{cases} \lim\limits_{x \to 0} x \log x = 0 \to 0 \cdot \log 0 = 0 \\ \lim\limits_{x \to 1} x \log x = 0 \to 1 \cdot \log 1 = 0 \end{cases} \tag{2-13}$$

得 $H(1, 0, \cdots, 0) = H(0, 1, \cdots, 0) = \cdots = H(0, 0, \cdots, 1) = 0$。

2.4.5　连续性

连续性指的是熵函数 $H(P_1, P_2, \cdots, P_r)$ 随概率 $P_1, P_2, \cdots, P_r$ 的变化而连续变化，这与多元函数的连续性是一致的。熵函数 $H(P_1, P_2, \cdots, P_r)$ 的连续性指的是在概率归一化约束条件下关于自变量 $P_1, P_2, \cdots, P_r$ 的多元函数的连续性问题。设 X 的信源空间为

$$\begin{bmatrix} X \\ P(X) \end{bmatrix} = \begin{bmatrix} a_1 & a_2 & \cdots & a_r \\ P_1 & P_2 & \cdots & P_r \end{bmatrix}$$

其中 $P_i(i=1, 2, \cdots, r)$ 满足 $\sum\limits_{i=1}^{r} P_i = 1$。

当某一概率分量 $P_i(i=1, 2, \cdots, r)$ 发生微小波动 $\pm \varepsilon (\varepsilon > 0)$，而又要求总的符号数 r 保持不变时，其它概率分量 $P_j(j \neq i)$ 必然随之发生相应的微小变化，形成了另一个信源 $\widetilde{X}$

$$\begin{bmatrix} \widetilde{X} \\ P(\widetilde{X}) \end{bmatrix} = \begin{bmatrix} a_1 & a_2 & \cdots & a_i & \cdots & a_r \\ P_1 \mp \varepsilon_1 & P_2 \mp \varepsilon_2 & \cdots & P_i \pm \varepsilon & \cdots & P_r \mp \varepsilon_r \end{bmatrix}$$

其中，$\varepsilon_j (j \neq i) \geqslant 0$，$\sum\limits_{j \neq i} \varepsilon_j = \varepsilon$，$0 < (P_j \mp \varepsilon_j) < 1$，$0 < (P_i \pm \varepsilon) < 1$，$\sum\limits_{\widetilde{X}} P(\widetilde{X}) = 1$。于

是 $\widetilde{X}$ 的熵为

$$H(\widetilde{X}) = -\sum_{j\neq i}(P_j \mp \varepsilon_j)\log(P_j \mp \varepsilon_j) - (P_i \pm \varepsilon)\log(P_i \pm \varepsilon)$$

当微小波动 $\varepsilon \to 0$ 时，$\varepsilon_j(j\neq i) \to 0$，从而有

$$\lim_{\substack{\varepsilon\to 0 \\ \varepsilon_j\to 0}} H(\widetilde{X}) = -\lim_{\varepsilon_j\to 0}\sum_{j\neq i}(P_j \mp \varepsilon_j)\log(P_j \mp \varepsilon_j) - \lim_{\varepsilon\to 0}(P_i \pm \varepsilon)\log(P_i \pm \varepsilon)$$

$$= H(X) \tag{2-14}$$

这说明熵函数是自变量 $P_i(i=1,2,\cdots,r)$ 的连续函数，它表明当信源空间的概率分量发生微小变化时，不会引起熵的巨大变化，这就是信息熵连续性的物理含义。

2.4.6　扩展性

当信源 X 中的某一概率分量 $P_i(i=1,2,\cdots,r)$ 发生微小变化 $\varepsilon(\varepsilon>0)$，而又要求其它的分量 $P_j(j\neq i)$ 保持不变时，在概率归一化条件下，势必增加信源符号数，形成另一个信源 $\widetilde{X}$，即

$$\begin{bmatrix} \widetilde{X} \\ P(\widetilde{X}) \end{bmatrix} = \begin{bmatrix} a_1 & a_2 & \cdots & a_i & \cdots & a_r & a_{r+1} & a_{r+2} & \cdots & a_{r+k} \\ P_1 & P_2 & \cdots & P_i-\varepsilon & \cdots & P_r & \varepsilon_1 & \varepsilon_2 & \cdots & \varepsilon_k \end{bmatrix}$$

其中，$\varepsilon_l > 0(l=1,2,\cdots,k)$，$\sum_l \varepsilon_l = \varepsilon$，$0<(P_i-\varepsilon)<1$，满足 $\sum_{\widetilde{X}} P(\widetilde{X})=1$。于是 $\widetilde{X}$ 的熵为

$$H(\widetilde{X}) = -\sum_{j\neq i}P_j\log P_j - (P_i-\varepsilon)\log(P_i-\varepsilon) - \sum_l \varepsilon_l \log \varepsilon_l$$

当微小波动 $\varepsilon \to 0$ 时，$\varepsilon_l \to 0(l=1,2,\cdots,k)$，根据式(2-13)，得

$$\lim_{\substack{\varepsilon\to 0 \\ \varepsilon_l\to 0}} H(\widetilde{X}) = -\sum_{j\neq i}P_j\log P_j - \lim_{\varepsilon\to 0}(P_i-\varepsilon)\log(P_i-\varepsilon) - \lim_{\varepsilon_l\to 0}\sum_l \varepsilon_l \log \varepsilon_l = H(X)$$

$$\tag{2-15}$$

上述结果表明，信源空间中增加某些概率很小的符号，虽然当信源发出这些符号时，能提供很大的信息量，但终因其概率接近于零，在信息熵求统计平均中所占有的权重也很小，从而对信息熵的贡献也很小，使总的信源熵值也基本保持不变。

2.4.7　归一化联合概率和条件概率及其推广形式

1. 归一化联合概率和条件概率

设有两个相互关联的信源 X 和 Y，其信源空间为

$$\begin{bmatrix} X \\ P(X) \end{bmatrix} = \begin{bmatrix} a_1 & a_2 & \cdots & a_r \\ P(a_1) & P(a_2) & \cdots & P(a_r) \end{bmatrix}, \begin{bmatrix} Y \\ P(Y) \end{bmatrix} = \begin{bmatrix} b_1 & b_2 & \cdots & b_s \\ P(b_1) & P(b_2) & \cdots & P(b_s) \end{bmatrix}$$

式中，$\sum_{i=1}^{r} P(a_i)=1$，$\sum_{j=1}^{s} P(b_j)=1$。

"信源 X 和 Y 相互关联"的含意是，在信源 X 发某一符号 $a_i(i=1,2,\cdots,r)$ 的前提下，信源 Y 按一定的概率发某一符号 $b_j(j=1,2,\cdots,s)$，对各种不同的 i 和 j，都有相应的概率与之对应。在用条件概率 $P(b_j|a_i)$ 表示 X 发 $a_i(i=1,2,\cdots,r)$ 的前提下，Y 发 $b_j(j=1,2,\cdots,s)$ 的概率。所以，X 和 Y 的相互关联，可由 $r\times s$ 个条件概率 $P(b_j|a_i)(i=1,2,\cdots,$

$r; j=1, 2, \cdots, s)$ 来描述，显然满足 $0 \leqslant P(b_j \mid a_i) \leqslant 1$。又考虑到当信源 X 发符号 a_i 的前提下，信源 Y 只能发 $\{b_1, b_2, \cdots, b_s\}$ 中的任何一个符号，不可能是这个符号集以外的任何别的符号。故有

$$\sum_{j=1}^{s} P(b_j \mid a_i) = 1 (i = 1, 2, \cdots, r) \qquad (2-16)$$

而且这个结论对信源 X 发 $\{a_1, a_2, \cdots, a_r\}$ 中的任何一个符号都成立。

当 X 和 Y 同时出现时，形成了一个新的信源 (XY)。显然，信源 (XY) 共有 $r \times s$ 个不同的符号 $(a_i b_j)(i = 1, 2, \cdots, r; j = 1, 2, \cdots, s)$。信源 (XY) 发某一符号 $(a_i b_j)$ 的概率为

$$P\{X = a_i, Y = b_j\} = P(a_i b_j) = P(a_i)P(b_j \mid a_i)(i = 1, 2, \cdots, r; j = 1, 2, \cdots, s)$$

其中 $r \times s$ 个概率 $P(a_i b_j)$ 与 $r \times s$ 个不同的符号 $(a_i b_j)$ 相对应，同样也应满足归一化条件，即

$$\sum_{i=1}^{r} \sum_{j=1}^{s} P(a_i b_j) = \sum_{i=1}^{r} \sum_{j=1}^{s} P(a_i)P(b_j \mid a_i)$$

$$= \sum_{i=1}^{r} P(a_i) \sum_{j=1}^{s} P(b_j \mid a_i) = 1 \qquad (2-17)$$

2. 归一化联合概率和条件概率的推广形式

在信息论中，需要将上述归一化条件推广到多维联合概率和条件概率的情况，并通过增加或减少求和符号 $\sum$ 的方法得到所需的结果。

(1) 根据式 $(2-16)$ 和式 $(2-17)$，得归一化多维联合和条件概率公式的推广形式为

$$\begin{cases} \sum_{i=1}^{r} P(a_i) = 1, \sum_{i=1}^{r} \sum_{j=1}^{s} P(a_i b_j) = 1, \cdots, \sum_{i1=1}^{N} \sum_{i2=1}^{N} \cdots \sum_{iN=1}^{N} P(a_{i1} a_{i2} \cdots a_{iN}) = 1 \\ \sum_{i=1}^{r} P(a_i \mid b_j c_k) = 1, \cdots, \sum_{i1=1}^{N} \sum_{i2=1}^{N} \cdots \sum_{iN=1}^{N} P(a_{i1} a_{i2} \cdots a_{iN} \mid b_{j1} b_{j2} \cdots b_{jM}) = 1 \end{cases}$$

$$(2-18)$$

(2) 在归一化概率条件下，通过增加求和符号 $\sum$ 的方法获得所需结果。例如：

$$P(b_j) = \sum_{i=1}^{r} \sum_{k=1}^{l} P(a_i b_j c_k), P(a_{i1} a_{i2}) = \sum_{i3=1}^{N} \sum_{i4=1}^{N} \cdots \sum_{iN=1}^{N} P(a_{i1} a_{i2} a_{i3} \cdots a_{iN}) \quad (2-19)$$

$$\begin{cases} \sum_{i=1}^{r} P(a_i) \log P(a_i) = \sum_{i=1}^{r} \sum_{j=1}^{s} P(a_i b_j) \log P(a_i) \\ \sum_{i1=1}^{N} \sum_{i2=1}^{N} P(a_{i1} a_{i2}) \log P(a_{i1} a_{i2} \mid b_{j1} b_{j2} \cdots b_{jM}) \\ = \sum_{i1=1}^{N} \sum_{i2=1}^{N} \sum_{i3=1}^{N} \cdots \sum_{iN=1}^{N} P(a_{i1} a_{i2} a_{i3} \cdots a_{iN}) \log P(a_{i1} a_{i2} \mid b_{j1} b_{j2} \cdots b_{jM}) \end{cases}$$

$$(2-20)$$

(3) 在归一化概率条件下，通过消除求和符号 $\sum$ 的方法获得所需结果。例如：

$$\begin{cases} \sum_{i=1}^{r} \sum_{k=1}^{l} P(a_i b_j c_k) = P(b_j), \cdots, \sum_{i4=1}^{N} \sum_{i5=1}^{N} \cdots \sum_{iN=1}^{N} P(a_{i1} a_{i2} \cdots a_{iN}) = P(a_{i1} a_{i2} a_{i3}) \\ \sum_{i1=1}^{N} \sum_{i2=1}^{N} \cdots \sum_{iK=1}^{N} P(a_{i1} a_{i2} \cdots a_{iN} \mid b_{j1} b_{j2} \cdots b_{jM}) = P(a_{i, K+1} \cdots a_{iN} \mid b_{j1} b_{j2} \cdots b_{jM}) \end{cases}$$

$$(2-21)$$

（4）虽然上面仅列出了其中的几个公式，但这些形式可推广至一般情况，具有普适性。

（5）由归一化概率的条件，可验证上述公式的正确性。例如式（2-20）中第二式

$$\sum_{i1=1}^{N}\sum_{i2=1}^{N}\sum_{i3=1}^{N}\cdots\sum_{iN=1}^{N}P(a_{i1}a_{i2}a_{i3}\cdots a_{iN})\log P(a_{i1}a_{i2} \mid b_{j1}b_{j2}\cdots b_{jM})$$

$$= \sum_{i1=1}^{N}\sum_{i2=1}^{N}\left\{\log P(a_{i1}a_{i2} \mid b_{j1}b_{j2}\cdots b_{jM})\left(\sum_{i3=1}^{N}\cdots\sum_{iN=1}^{N}P(a_{i1}a_{i2}a_{i3}\cdots a_{iN})\right)\right\}$$

根据归一化概率条件，得

$$\sum_{i3=1}^{N}\cdots\sum_{iN=1}^{N}P(a_{i1}a_{i2}a_{i3}\cdots a_{iN}) = P(a_{i1}a_{i2})$$

将其代入上式，得

$$\sum_{i1=1}^{N}\sum_{i2=1}^{N}\sum_{i3=1}^{N}\cdots\sum_{iN=1}^{N}P(a_{i1}a_{i2}a_{i3}\cdots a_{iN})\log P(a_{i1}a_{i2} \mid b_{j1}b_{j2}\cdots b_{jM})$$

$$= \sum_{i1=1}^{N}\sum_{i2=1}^{N}P(a_{i1}a_{i2})\log P(a_{i1}a_{i2} \mid b_{j1}b_{j2}\cdots b_{jM})$$

从而证明了式（2-20）中第二式的结果成立。再如式（2-21）中的第二式

$$\sum_{i1=1}^{N}\sum_{i2=1}^{N}\cdots\sum_{iK=1}^{N}P(a_{i1}a_{i2}\cdots a_{iN} \mid b_{j1}b_{j2}\cdots b_{jM})$$

$$= \sum_{i1=1}^{N}\sum_{i2=1}^{N}\cdots\sum_{iK=1}^{N}P(a_{i1}a_{i2}\cdots a_{iN}b_{j1}b_{j2}\cdots b_{jM})/P(b_{j1}b_{j2}\cdots b_{jM})$$

$$= \frac{1}{P(b_{j1}b_{j2}\cdots b_{jM})}\sum_{i1=1}^{N}\sum_{i2=1}^{N}\cdots\sum_{iK=1}^{N}P(a_{i1}a_{i2}\cdots a_{iN}b_{j1}b_{j2}\cdots b_{jM})$$

$$= \frac{P(a_{i,K+1}a_{i,K+2}\cdots a_{iN}b_{j1}b_{j2}\cdots b_{jM})}{P(b_{j1}b_{j2}\cdots b_{jM})}$$

$$= P(a_{i,K+1}\cdots a_{iN} \mid b_{j1}b_{j2}\cdots b_{jM})$$

从而证明了式（2-21）中第二式的结果成立。

2.4.8 强可加性

对于信源(XY)，其信息熵为$-\log P(a_ib_j)$的统计平均值，即

$$H(XY) = -\sum_{i=1}^{r}\sum_{j=1}^{s}P(a_ib_j)\log P(a_ib_j)$$

$$= -\sum_{i=1}^{r}\sum_{j=1}^{s}P(a_ib_j)\log[P(a_i)P(b_j \mid a_i)]$$

$$= -\sum_{i=1}^{r}\sum_{j=1}^{s}P(a_ib_j)\log P(a_i) - \sum_{i=1}^{r}\sum_{j=1}^{s}P(a_ib_j)\log P(b_j \mid a_i)$$

$$= -\sum_{i=1}^{r}P(a_i)\log P(a_i) - \sum_{i=1}^{r}\sum_{j=1}^{s}P(a_ib_j)\log P(b_j \mid a_i)$$

$$= H(X) + H(Y \mid X) \tag{2-22}$$

另一方面，根据联合概率和条件概率的关系，得其另一种形式为

$$
\begin{aligned}
H(XY) &= -\sum_{i=1}^{r}\sum_{j=1}^{s}P(a_ib_j)\log P(a_ib_j) = -\sum_{i=1}^{r}\sum_{j=1}^{s}P(a_ib_j)\log[P(b_j)P(a_i\mid b_j)] \\
&= -\sum_{i=1}^{r}\sum_{j=1}^{s}P(a_ib_j)\log P(b_j) - \sum_{i=1}^{r}\sum_{j=1}^{s}P(a_ib_j)\log P(a_i\mid b_j) \\
&= -\sum_{j=1}^{s}P(b_j)\log P(b_j) - \sum_{i=1}^{r}\sum_{j=1}^{s}P(a_ib_j)\log P(a_i\mid b_j) \\
&= H(Y) + H(X\mid Y)
\end{aligned}
\tag{2-23}
$$

　　上面两式表示在 X 和 Y 相互关联的情况下，信源(XY)发某一个符号(a_ib_j)所提供的平均信息量 $H(XY)$，等于信源 X 每发一个符号 a_i 所提供的平均信息量 $H(X)$，再加上在 X 已发符号a_i的条件下，信源 Y 再发一个符号 b_j 所提供的平均信息量 $H(Y\mid X)$。或者说，信源(XY)发某一个符号(a_ib_j)所提供的平均信息量 $H(XY)$，等于信源 Y 每发一个符号 b_j 所提供的平均信息量 $H(Y)$，再加上在 Y 已发符号 b_j 的条件下，信源 X 再发一个符号 a_i 所提供的平均信息量 $H(X\mid Y)$。我们称 $H(XY)$ 为联合熵，$H(Y\mid X)$ 和 $H(X\mid Y)$ 为条件熵。

2.4.9　可加性

　　若 X 和 Y 统计独立，且满足 $P(b_j\mid a_i)=P(b_j)$，$P(a_ib_j)=P(a_i)P(b_j)$，则由式$(2-22)$得

$$
\begin{aligned}
H(XY) &= -\sum_{i=1}^{r}\sum_{j=1}^{s}P(a_ib_j)\log P(a_ib_j) \\
&= -\sum_{i=1}^{r}\sum_{j=1}^{s}P(a_ib_j)\log[P(a_i)P(b_j\mid a_i)] \\
&= -\sum_{i=1}^{r}\sum_{j=1}^{s}P(a_ib_j)\log[P(a_i)P(b_j)] \\
&= -\sum_{i=1}^{r}\sum_{j=1}^{s}P(a_ib_j)\log P(a_i) - \sum_{i=1}^{r}\sum_{j=1}^{s}P(a_ib_j)\log P(b_j) \\
&= -\sum_{i=1}^{r}P(a_i)\log P(a_i) - \sum_{j=1}^{s}P(b_j)\log P(b_j) \\
&= H(X) + H(Y)
\end{aligned}
\tag{2-24}
$$

　　这表明，当 X 和 Y 统计独立时，信源(XY)的熵 $H(XY)$等于信源 X 的熵 $H(X)$和信源 Y 的熵 $H(Y)$之和。

2.5　联合熵和条件熵的分解与计算

　　已知联合熵的定义为

$$
H(XY) = -\sum_{i=1}^{r}\sum_{j=1}^{s}P(a_ib_j)\log P(a_ib_j)
$$

将联合熵分别按行或列分解为 r 个行自熵之和或 s 个列自熵之和，得

$$
\begin{cases}
\begin{aligned}
H(XY) &= -\sum_{i=1}^{r}\sum_{j=1}^{s}P(a_ib_j)\log P(a_ib_j) \\
&= -\sum_{j=1}^{s}P(a_1b_j)\log P(a_1b_j) - \sum_{j=1}^{s}P(a_2b_j)\log P(a_2b_j) - \cdots - \sum_{j=1}^{s}P(a_rb_j)\log P(a_rb_j) \\
&= H_{行自熵}^{(1)} + H_{行自熵}^{(2)} + \cdots + H_{行自熵}^{(r)} = \sum_{i=1}^{r}H_{行自熵}^{(i)}
\end{aligned} \\
\begin{aligned}
H(XY) &= -\sum_{i=1}^{r}\sum_{j=1}^{s}P(a_ib_j)\log P(a_ib_j) \\
&= -\sum_{i=1}^{r}P(a_ib_1)\log P(a_ib_1) - \sum_{i=1}^{r}P(a_ib_2)\log P(a_ib_2) - \cdots - \sum_{i=1}^{r}P(a_ib_s)\log P(a_ib_s) \\
&= H_{列自熵}^{(1)} + H_{列自熵}^{(2)} + \cdots + H_{列自熵}^{(s)} = \sum_{j=1}^{s}H_{列自熵}^{(j)}
\end{aligned}
\end{cases} \tag{2-25}
$$

式中

$$
\begin{cases}
H_{行自熵}^{(i)} = -\sum_{j=1}^{s}P(a_ib_j)\log P(a_ib_j) \quad (i=1,2,\cdots,r) \\
H_{列自熵}^{(j)} = -\sum_{i=1}^{r}P(a_ib_j)\log P(a_ib_j) \quad (j=1,2,\cdots,s)
\end{cases} \tag{2-26}
$$

统称为自熵。另一方面，根据强可加性，得两个条件熵的定义为

$$
\begin{cases}
H(Y\mid X) = -\sum_{i=1}^{r}\sum_{j=1}^{s}P(a_ib_j)\log P(b_j\mid a_i) \\
H(X\mid Y) = -\sum_{i=1}^{r}\sum_{j=1}^{s}P(a_ib_j)\log P(a_i\mid b_j)
\end{cases} \tag{2-27}
$$

同理，将式(2-27)中的条件熵 $H(Y|X)$，分别按行或列分解为 r 个行互熵之和或 s 个列互熵之和，得

$$
\begin{cases}
\begin{aligned}
H(Y\mid X) &= -\sum_{i=1}^{r}\sum_{j=1}^{s}P(a_ib_j)\log P(b_j\mid a_i) \\
&= -\sum_{j=1}^{s}P(a_1b_j)\log P(b_j\mid a_1) - \sum_{j=1}^{s}P(a_2b_j)\log P(b_j\mid a_2) - \cdots \\
&\quad - \sum_{j=1}^{s}P(a_rb_j)\log P(b_j\mid a_r) \\
&= H_{行互熵}^{(1)} + H_{行互熵}^{(2)} + \cdots + H_{行互熵}^{(r)} = \sum_{i=1}^{r}H_{行互熵}^{(i)}
\end{aligned} \\
\begin{aligned}
H(Y\mid X) &= -\sum_{i=1}^{r}\sum_{j=1}^{s}P(a_ib_j)\log P(b_j\mid a_i) \\
&= -\sum_{i=1}^{r}P(a_ib_1)\log P(b_1\mid a_i) - \sum_{i=1}^{r}P(a_ib_2)\log P(b_2\mid a_i) - \cdots \\
&\quad - \sum_{i=1}^{r}P(a_ib_s)\log P(b_s\mid a_i) \\
&= H_{列互熵}^{(1)} + H_{列互熵}^{(2)} + \cdots + H_{列互熵}^{(s)} = \sum_{j=1}^{s}H_{列互熵}^{(j)}
\end{aligned}
\end{cases} \tag{2-28}
$$

式中

$$\begin{cases} H_{\text{行互熵}}^{(i)} = -\sum_{j=1}^{s} P(a_i b_j) \log P(b_j \mid a_i) (i = 1, 2, \cdots, r) \\ H_{\text{列互熵}}^{(j)} = -\sum_{i=1}^{r} P(a_i b_j) \log P(b_j \mid a_i) (j = 1, 2, \cdots, s) \end{cases} \qquad (2-29)$$

统称为互熵。

同理，将式(2-27)中的条件熵 $H(X|Y)$，分别按行或列分解为 r 个行互熵之和或 s 个列互熵之和，得

$$\begin{cases} \begin{aligned} H(X \mid Y) &= -\sum_{i=1}^{r} \sum_{j=1}^{s} P(a_i b_j) \log P(a_i \mid b_j) \\ &= -\sum_{j=1}^{s} P(a_1 b_j) \log P(a_1 \mid b_j) - \sum_{j=1}^{s} P(a_2 b_j) \log P(a_2 \mid b_j) - \cdots \\ &\quad - \sum_{j=1}^{s} P(a_r b_j) \log P(a_r \mid b_j) \\ &= H_{\text{行互熵}}^{(1)} + H_{\text{行互熵}}^{(2)} + \cdots + H_{\text{行互熵}}^{(r)} = \sum_{i=1}^{r} H_{\text{行互熵}}^{(i)} \end{aligned} \\ \\ \begin{aligned} H(X \mid Y) &= -\sum_{i=1}^{r} \sum_{j=1}^{s} P(a_i b_j) \log P(a_i \mid b_j) \\ &= -\sum_{i=1}^{r} P(a_i b_1) \log P(a_i \mid b_1) - \sum_{i=1}^{r} P(a_i b_2) \log P(a_i \mid b_2) - \cdots \\ &\quad - \sum_{i=1}^{r} P(a_i b_s) \log P(a_i \mid b_s) \\ &= H_{\text{列互熵}}^{(1)} + H_{\text{列互熵}}^{(2)} + \cdots + H_{\text{列互熵}}^{(s)} = \sum_{j=1}^{s} H_{\text{列互熵}}^{(j)} \end{aligned} \end{cases}$$

$$(2-30)$$

式中

$$\begin{cases} H_{\text{行互熵}}^{(i)} = -\sum_{j=1}^{s} P(a_i b_j) \log P(a_i \mid b_j) (i = 1, 2, \cdots, r) \\ H_{\text{列互熵}}^{(j)} = -\sum_{i=1}^{r} P(a_i b_j) \log P(a_i \mid b_j) (j = 1, 2, \cdots, s) \end{cases} \qquad (2-31)$$

同样统称为互熵。

此处引入自熵和互熵的目的，主要是为了采用一种"各个击破"的方法来简化联合熵和条件熵的复杂计算。由于将联合熵或条件熵分解为自熵或互熵之和，我们可将联合熵或条件熵的复杂计算问题转化为自熵或互熵的简单计算，原因是自熵和互熵的计算与我们在前面已熟悉的单个信源的信息熵的计算是完全类似的。

自熵和互熵的一般形式为

$$\begin{cases} H_{\text{自熵}} = -\sum P(\cdot) \log P(\cdot) \\ H_{\text{互熵}} = -\sum P(\cdot) \log Q(\cdot) \end{cases} \qquad (2-32)$$

式中 $P(\cdot)$ 和 $Q(\cdot)$ 表示各种形式的概率、条件概率和联合概率等。因此，前面介绍的信息熵显然属于自熵的一种形式。

根据式(2-32)，自熵的特点是函数 log 前后的两个概率均为 $P(\cdot)$，并且 $P(\cdot)$ 来自于同一个概率空间的集合 $\{P(\cdot)\}$；而互熵的特点是函数 log 前面的概率为 $P(\cdot)$，函数 log 后面的概率则为 $Q(\cdot)$，它们分别来自于两个不同的概率空间的集合 $\{P(\cdot)\}$ 或 $\{Q(\cdot)\}$。

根据信息熵的定义，我们知道，信息熵的概率空间的集合必须是完备的，或者说满足归一化条件。但对于自熵或互熵来说，概率空间的集合一般是不完备的。即

$$\begin{cases} \sum P(\cdot) < 1 \\ \sum Q(\cdot) \leqslant 1 \end{cases} \tag{2-33}$$

通过上述分析，我们可以认为自熵或互熵是关于联合熵或条件熵的两类不完备的局部熵，而这些不完备的局部熵之和就等于联合熵或条件熵。

需要指出的是，若概率空间的集合 $\{P(\cdot)\}$ 和 $\{Q(\cdot)\}$ 均为完备的条件下，则自熵和互熵也是完备的。根据凸函数不等式，可以证明完备的自熵和完备的互熵之间满足下列不等式，即

$$\begin{cases} -\sum P(\cdot)\log P(\cdot) \leqslant -\sum P(\cdot)\log Q(\cdot) \\ \sum P(\cdot)\log P(\cdot) \geqslant \sum P(\cdot)\log Q(\cdot) \\ \sum P(\cdot) = 1, \quad \sum Q(\cdot) = 1 \end{cases} \tag{2-34}$$

例 2-1 已知联合概率矩阵为

$$[P(XY)] = \begin{array}{c} \\ a_1 \\ a_2 \\ a_3 \end{array} \begin{array}{ccc} b_1 & b_2 & b_3 \\ \left[\begin{array}{ccc} 0.25 & 0 & 0 \\ 0.25 & 0.25 & 0 \\ 0 & 0 & 0.25 \end{array}\right] \end{array}$$

试求联合熵 $H(XY)$。

解 由于 $[H(XY)]$ 中的所有元素相加等于 1，故给出的联合概率矩阵是完备的。若按行自熵相加的方法计算联合熵，得

$$H(XY) = (H_{行自熵}^{(1)}) + (H_{行自熵}^{(2)}) + (H_{行自熵}^{(3)})$$

$$= (-0.25\log 0.25) + (-0.25\log 0.25 - 0.25\log 0.25) + (-0.25\log 0.25)$$

$$= 2 \text{ 比特 / 符号}$$

同理，也可按列自熵相加的方法计算联合熵，结果相同。

例 2-2 已知联合概率矩阵为

$$[P(XY)] = \begin{array}{c} \\ a_1 \\ a_2 \\ a_3 \\ a_4 \end{array} \begin{array}{cccc} b_1 & b_2 & b_3 & b_4 \\ \left[\begin{array}{cccc} 0 & 0 & 0 & 0.25 \\ 0 & 0 & 0 & 0.25 \\ 0.125 & 0.125 & 0 & 0 \\ 0 & 0 & 0.25 & 0 \end{array}\right] \end{array}$$

试求条件熵 $H(Y|X)$ 和 $H(X|Y)$。

解 由于 $[H(XY)]$ 中的所有元素相加等于 1，故给出的联合概率矩阵是完备的。注意到利用 $[P(XY)]$ 进一步求出 $P(a_i)$、$P(b_j)$、$P(b_j|a_i)$ 和 $P(a_i|b_j)$，因此，如果给出了

$[P(XY)]$就等于给出了全部所需的条件和信息。下面用各种方法进行计算，目的是熟悉这些方法。

(1) 利用$[P(XY)]$求$P(a_i)$，得

$$P(a_1) = \sum_{j=1}^{4} P(a_1 b_j) = 0.25, \quad P(a_2) = \sum_{j=1}^{4} P(a_2 b_j) = 0.25$$

$$P(a_3) = \sum_{j=1}^{4} P(a_3 b_j) = 0.25, \quad P(a_4) = \sum_{j=1}^{4} P(a_4 b_j) = 0.25$$

(2) 利用$[P(XY)]$求$P(b_j)$，得

$$P(b_1) = \sum_{i=1}^{4} P(a_i b_1) = 0.125, \quad P(b_2) = \sum_{i=1}^{4} P(a_i b_2) = 0.125$$

$$P(b_3) = \sum_{i=1}^{4} P(a_i b_3) = 0.25, \quad P(b_4) = \sum_{i=1}^{4} P(a_i b_4) = 0.5$$

(3) 利用$[P(XY)]$和$P(a_i)$求$[P(Y|X)]$，得

$$[P(Y \mid X)] = \begin{array}{c} \\ a_1 \\ a_2 \\ a_3 \\ a_4 \end{array} \begin{matrix} b_1 & b_2 & b_3 & b_4 \\ \left[\begin{matrix} P(a_1b_1)/P(a_1) & P(a_1b_2)/P(a_1) & P(a_1b_3)/P(a_1) & P(a_1b_4)/P(a_1) \\ P(a_2b_1)/P(a_2) & P(a_2b_2)/P(a_2) & P(a_2b_3)/P(a_2) & P(a_2b_4)/P(a_2) \\ P(a_3b_1)/P(a_3) & P(a_3b_2)/P(a_3) & P(a_3b_3)/P(a_3) & P(a_3b_4)/P(a_3) \\ P(a_4b_1)/P(a_4) & P(a_4b_2)/P(a_4) & P(a_4b_3)/P(a_4) & P(a_4b_4)/P(a_4) \end{matrix} \right] \end{matrix}$$

$$= \begin{array}{c} \\ a_1 \\ a_2 \\ a_3 \\ a_4 \end{array} \begin{matrix} b_1 & b_2 & b_3 & b_4 \\ \left[\begin{matrix} P(b_1 \mid a_1) & P(b_2 \mid a_1) & P(b_3 \mid a_1) & P(b_4 \mid a_1) \\ P(b_1 \mid a_2) & P(b_2 \mid a_2) & P(b_3 \mid a_2) & P(b_4 \mid a_2) \\ P(b_1 \mid a_3) & P(b_2 \mid a_3) & P(b_3 \mid a_3) & P(b_4 \mid a_3) \\ P(b_1 \mid a_4) & P(b_2 \mid a_4) & P(b_3 \mid a_4) & P(b_4 \mid a_4) \end{matrix} \right] \end{matrix} = \begin{array}{c} \\ a_1 \\ a_2 \\ a_3 \\ a_4 \end{array} \begin{matrix} b_1 \; b_2 \; b_3 \; b_4 \\ \left[\begin{matrix} 0 & 0 & 0 & 1 \\ 0 & 0 & 0 & 1 \\ 0.5 & 0.5 & 0 & 0 \\ 0 & 0 & 1 & 0 \end{matrix} \right] \end{matrix}$$

(4) 利用$[P(XY)]$和$P(b_j)$求$[P(X|Y)]$，得

$$[P(X \mid Y)] = \begin{array}{c} \\ a_1 \\ a_2 \\ a_3 \\ a_4 \end{array} \begin{matrix} b_1 & b_2 & b_3 & b_4 \\ \left[\begin{matrix} P(a_1b_1)/P(b_1) & P(a_1b_2)/P(b_2) & P(a_1b_3)/P(b_3) & P(a_1b_4)/P(b_4) \\ P(a_2b_1)/P(b_1) & P(a_2b_2)/P(b_2) & P(a_2b_3)/P(b_3) & P(a_2b_4)/P(b_4) \\ P(a_3b_1)/P(b_1) & P(a_3b_2)/P(b_2) & P(a_3b_3)/P(b_3) & P(a_3b_4)/P(b_4) \\ P(a_4b_1)/P(b_1) & P(a_4b_2)/P(b_2) & P(a_4b_3)/P(b_3) & P(a_4b_4)/P(b_4) \end{matrix} \right] \end{matrix}$$

$$= \begin{array}{c} \\ a_1 \\ a_2 \\ a_3 \\ a_4 \end{array} \begin{matrix} b_1 & b_2 & b_3 & b_4 \\ \left[\begin{matrix} P(a_1 \mid b_1) & P(a_1 \mid b_2) & P(a_1 \mid b_3) & P(a_1 \mid b_4) \\ P(a_2 \mid b_1) & P(a_2 \mid b_2) & P(a_2 \mid b_3) & P(a_2 \mid b_4) \\ P(a_3 \mid b_1) & P(a_3 \mid b_2) & P(a_3 \mid b_3) & P(a_3 \mid b_4) \\ P(a_4 \mid b_1) & P(a_4 \mid b_2) & P(a_4 \mid b_3) & P(a_4 \mid b_4) \end{matrix} \right] \end{matrix} = \begin{array}{c} \\ a_1 \\ a_2 \\ a_3 \\ a_4 \end{array} \begin{matrix} b_1 \; b_2 \; b_3 \; b_4 \\ \left[\begin{matrix} 0 & 0 & 0 & 0.5 \\ 0 & 0 & 0 & 0.5 \\ 1 & 1 & 0 & 0 \\ 0 & 0 & 1 & 0 \end{matrix} \right] \end{matrix}$$

(5) 利用$[P(XY)]$和$[P(Y|X)]$，根据行互熵的公式求条件熵$H(Y|X)$，得

$$H(Y \mid X) = (H_{行互熵}^{(1)}) + (H_{行互熵}^{(2)}) + (H_{行互熵}^{(3)}) + (H_{行互熵}^{(4)})$$

$$= (0) + (0) + (-0.125\log 0.5 - 0.125\log 0.5) + (0)$$

$$= 0.25 \text{ 比特／符号}$$

同理，也可以根据列互熵的公式求条件熵 $H(Y|X)$，结果是一致的。

（6）利用 $[P(XY)]$ 和 $[P(X|Y)]$，根据行互熵的公式求条件熵 $H(X|Y)$，得

$$H(X \mid Y) = (H_{\text{行互熵}}^{(1)}) + (H_{\text{行互熵}}^{(2)}) + (H_{\text{行互熵}}^{(3)}) + (H_{\text{行互熵}}^{(4)})$$

$$= (-0.25\log0.5) + (-0.25\log0.25) + (0) + (0)$$

$$= 0.5 \text{ 比特／符号}$$

同理，也可以根据列互熵的公式求条件熵 $H(X|Y)$，结果是一致的。

（7）验证上述结果的正确性。因 $H(X)=2$，$H(Y|X)=0.25$，$H(Y)=1.75$，$H(X|Y)=0.5$，$H(XY)=2.25$，故满足 $H(X)+H(Y|X)=H(Y)+H(X|Y)=H(XY)$。

（8）可用公式 $H(Y|X)=H(XY)-H(X)$ 和 $H(X|Y)=H(XY)-H(Y)$ 进行计算，从而避免了计算较为复杂的条件概率矩阵 $[P(Y|X)]$ 和 $[P(X|Y)]$，因而更为简单。

2.6 信息熵的解析性质

为了进一步分析信息熵的有关问题，本节将阐述熵函数的解析性质，并且可以导出离散信源的最大熵定理。为此，我们有必要回顾 $\bigcap$ 型和 $\bigcup$ 型凸函数的基本特性，在此基础上，导出熵函数的极值性和上凸性。本节中得到的不等式称为凸函数不等式，常称詹森不等式。

2.6.1 $\bigcap$ 型凸函数及其不等式

设 $f(x)$ 是实变量 x 的实值连续函数，如对定义域中的任何 x_1 和 x_2，满足不等式

$$\frac{f(x_1) + f(x_2)}{2} \leqslant f\left(\frac{x_1 + x_2}{2}\right) \tag{2-35}$$

则称 $f(x)$ 为 $\bigcap$ 型凸函数，其几何意义如图 2-1 所示。图中 A 点对应 $(x_1+x_2)/2$，D 点对应 $f((x_1+x_2)/2)$，B 点对应 $[f(x_1)+f(x_2)]/2$，显然上式成立。

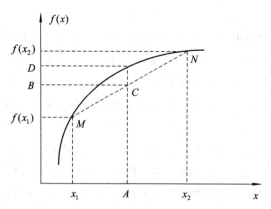

图 2-1 $\bigcap$ 型凸函数

将式（2-35）推而广之，得更为一般的形式为

$$\frac{\sum_{i=1}^{N} f(x_i)}{N} \leqslant f\left(\frac{\sum_{i=1}^{N} x_i}{N}\right) \tag{2-36}$$

进一步可将算术平均推广到统计平均的范畴，设 $N = \sum\limits_{i=1}^{k} N_1$，$P_i = N_i/N (i = 1, 2, \cdots, k)$，得

$$\frac{\sum\limits_{i=1}^{k} N_i f(x_i)}{N} \leqslant f\left(\frac{\sum\limits_{i=1}^{k} N_i x_i}{N}\right) \to \sum_{i=1}^{k} P_i f(x_i) \leqslant f\left(\sum_{i=1}^{k} P_i x_i\right) \qquad (2-37)$$

特别是当 $k = 2$ 时，得

$$P_1 f(x_1) + P_2 f(x_2) \leqslant f(P_1 x_1 + P_2 x_2) \qquad (2-38)$$

2.6.2 ∪型凸函数及其不等式

设 $f(x)$ 是实变量 x 的实值连续函数，如对定义域中的任何 x_1 和 x_2，满足不等式

$$\frac{f(x_1) + f(x_2)}{2} \geqslant f\left(\frac{x_1 + x_2}{2}\right) \qquad (2-39)$$

则称 $f(x)$ 为∪型凸函数，其几何意义如图 2-2 所示。图中 A 点对应 $(x_1 + x_2)/2$，D 点对应 $f((x_1 + x_2)/2)$，B 点对应 $[f(x_1) + f(x_2)]/2$，显然上式成立。

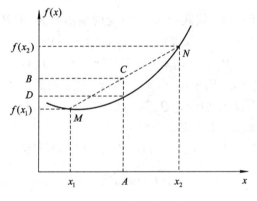

图 2-2 ∪型凸函数

同理可证明，若 $f(x)$ 是∪型凸函数，则对应不等式更一般的形式为

$$\sum_{i=1}^{k} P_i f(x_i) \geqslant f\left(\sum_{i=1}^{k} P_i x_i\right) \qquad (2-40)$$

特别是当 $k = 2$ 时，得

$$P_1 f(x_1) + P_2 f(x_2) \geqslant f(P_1 x_1 + P_2 x_2) \qquad (2-41)$$

2.6.3 熵函数的极值性

当 $x > 0$ 时，底数为 2 的对数 $\log x$ 是 x 的严格∩型凸函数。因此，我们取 $f(x) = \log x$ 来研究熵函数的极值性。

设信源 X 的概率空间为

$$\begin{cases} \boldsymbol{P}: \{P_1, P_2, \cdots, P_r\} \\ \sum\limits_{i=1}^{r} P_i = 1, 0 < P_i < 1 (i = 1, 2, \cdots, r) \end{cases} \qquad (2-42)$$

根据式(2-37)，得

$$\log\Big(\sum_{i=1}^{k} P_i x_i\Big) \geqslant \sum_{i=1}^{k} P_i \log x_i \qquad (2-43)$$

设另一概率空间为

$$\begin{cases} \boldsymbol{Q}: \{Q_1, Q_2, \cdots, Q_r\} \\ \displaystyle\sum_{i=1}^{r} Q_i = 1, \ 0 < Q_i < 1 (i = 1, 2, \cdots, r) \end{cases} \qquad (2-44)$$

令式(2-43)中的 $x_i = Q_i/P_i (i = 1, 2, \cdots, r)$，将其代入式(2-43)中，得

$$0 = \log\Big(\sum_{i=1}^{k} P_i \frac{Q_i}{P_i}\Big) \geqslant \sum_{i=1}^{k} P_i \log \frac{Q_i}{P_i} = \sum_{i=1}^{k} P_i \log Q_i - \sum_{i=1}^{k} P_i \log P_i \qquad (2-45)$$

从而得

$$\sum_{i=1}^{k} P_i \log P_i \geqslant \sum_{i=1}^{k} P_i \log Q_i \leftrightarrow -\sum_{i=1}^{k} P_i \log P_i \leqslant -\sum_{i=1}^{k} P_i \log Q_i \qquad (2-46)$$

上式体现了熵函数的极值性。它表明，熵函数一定不大于完备的互熵。

2.6.4　熵函数的上凸性

下面证明熵函数的上凸性。设式(2-42)对应的熵函数为 $H(\boldsymbol{P})$，式(2-44)对应的熵函数为 $H(\boldsymbol{Q})$，并设常数 $0 < \alpha < 1$，$0 < 1 - \alpha < 1$，$\alpha + (1 - \alpha) = 1$。由于上凸函数满足不等式

$$f(P_1 \boldsymbol{x}_1 + P_2 \boldsymbol{x}_2) \geqslant P_1 f(\boldsymbol{x}_1) + P_2 f(\boldsymbol{x}_2) \qquad (2-47)$$

选取 $f(\cdot) = H(\cdot)$，$P_1 = \alpha$，$P_2 = 1 - \alpha$，$\boldsymbol{x}_1 = \boldsymbol{P}$，$\boldsymbol{x}_2 = \boldsymbol{Q}$。对照式(2-47)，如果 $H(\cdot)$ 满足

$$H[\alpha \boldsymbol{P} + (1 - \alpha)\boldsymbol{Q}] \geqslant \alpha H(\boldsymbol{P}) + (1 - \alpha)H(\boldsymbol{Q}) \qquad (2-48)$$

则熵函数 $H(\cdot)$ 为上凸函数。事实上

$$H[\alpha \boldsymbol{P} + (1 - \alpha)\boldsymbol{Q}] - [\alpha H(\boldsymbol{P}) + (1 - \alpha)H(\boldsymbol{Q})]$$

$$= -\sum_{i=1}^{r} (\alpha P_i + (1 - \alpha)Q_i)\log(\alpha P_i + (1 - \alpha)Q_i)$$

$$+ \alpha \sum_{i=1}^{r} P_i \log P_i + (1 - \alpha)\sum_{i=1}^{r} Q_i \log Q_i$$

$$= \alpha\Big(\sum_{i=1}^{r} P_i \log P_i - \sum_{i=1}^{r} P_i \log(\alpha P_i + (1 - \alpha)Q_i)\Big)$$

$$+ (1 - \alpha)\Big(\sum_{i=1}^{r} Q_i \log Q_i - \sum_{i=1}^{r} Q_i \log(\alpha P_i + (1 - \alpha)Q_i)\Big) \qquad (2-49)$$

令 $\alpha P_i + (1 - \alpha)Q_i = \Omega_i$，并且所有的 Ω_i 之和满足归一化条件。将其代入上式，得

$$H[\alpha \boldsymbol{P} + (1 - \alpha)\boldsymbol{Q}] - [\alpha H(\boldsymbol{P}) + (1 - \alpha)H(\boldsymbol{Q})]$$

$$= \alpha\Big(\sum_{i=1}^{r} P_i \log P_i - \sum_{i=1}^{r} P_i \log \Omega_i\Big) + (1 - \alpha)\Big(\sum_{i=1}^{r} Q_i \log Q_i - \sum_{i=1}^{r} Q_i \log \Omega_i\Big) \geqslant 0$$

$$(2-50)$$

注意到上面的证明应用了式(2-46)，故 $H[\alpha \boldsymbol{P} + (1 - \alpha)\boldsymbol{Q}] \geqslant \alpha H(\boldsymbol{P}) + (1 - \alpha)H(\boldsymbol{Q})$ 成立。

由于熵函数既具有上凸性，又具有极值性，因此，我们可以得到这样的结论，即熵函数的极值就是熵函数的最大值，也就是说，熵函数存在最大值。

2.7　离散信源的最大熵值

通过对熵函数解析性质的讨论，我们知道离散信源的熵函数存在最大值，而且这个最大值就是熵函数的极值。下面进一步讨论熵函数的最大值问题。

1. 利用上凸函数不等式求熵函数的最大值

已知信息熵的一般表达式为

$$H(X) = \sum_{i=1}^{r} P(a_i) \log \frac{1}{P(a_i)} \tag{2-51}$$

选取 $f(x) = \log x$，当 $x > 0$ 时为上凸函数，故有

$$H(X) = \sum_{i=1}^{r} P(a_i) \log \frac{1}{P(a_i)} \leqslant \log \sum_{i=1}^{r} \left(P(a_i) \cdot \frac{1}{P(a_i)} \right) = \log r \tag{2-52}$$

另一方面，当 $P(a_i)$ 为等概分布时，得 $P(a_i) = 1/r$，将其代入信息熵的表达式中，得

$$H(X) = \sum_{i=1}^{r} P(a_i) \log \frac{1}{P(a_i)} = \frac{1}{r} \sum_{i=1}^{r} \log r = \log r \tag{2-53}$$

可知当信源为等概分布时，信息熵 $H(X)$ 达到最大，其最大值为 $\log r$。

2. 利用多元函数的条件极值求熵函数的最大值

根据多元函数中的条件极值法，作辅助函数

$$F(P(a_1), P(a_2), \cdots, P(a_R)) = -\sum_{i=1}^{r} P(a_i) \log P(a_i) + \lambda \cdot \left(\sum_{i=1}^{r} P(a_i) - 1 \right) \tag{2-54}$$

其中，$\sum_{i=1}^{r} P(a_i) = 1$，$\lambda$ 为待定常数。为简化运算，假定对数取 e 为底，根据条件极值法，得

$$\begin{cases} \dfrac{\partial F}{\partial P(a_1)} = -[1 + \log P(a_1)] + \lambda = 0 \\[2mm] \dfrac{\partial F}{\partial P(a_2)} = -[1 + \log P(a_2)] + \lambda = 0 \\[1mm] \cdots \\[1mm] \dfrac{\partial F}{\partial P(a_r)} = -[1 + \log P(a_r)] + \lambda = 0 \end{cases} \tag{2-55}$$

将上式表示成一个统一的形式，得

$$-[1 + \log P(a_i)] + \lambda = 0 \rightarrow P(a_i) = e^{\lambda - 1} \quad (i = 1, 2, \cdots, r) \tag{2-56}$$

再由约束方程 $\sum_{i=1}^{r} P(a_i) = 1$，得

$$\sum_{i=1}^{r} P(a_i) = r \cdot e^{\lambda - 1} = 1 \rightarrow e^{\lambda - 1} = \frac{1}{r} \tag{2-57}$$

将式(2-57)代入式(2-56)中，得

$$P(a_i) = e^{\lambda - 1} = \frac{1}{r} \quad (i = 1, 2, \cdots, r) \tag{2-58}$$

从而证明了当 $P(a_i)$ 为等概时，离散信源的信息熵 $H(X)$ 达到最大。

2.8 多符号离散平稳信源

前面我们讨论了单符号离散信源，但在实际情况中，信源发出的符号往往是时间或空间上的一系列离散符号所组成的符号序列。这种信源我们称为多符号离散信源。由于这种信源输出的序列中，每一位出现哪个符号是随机的，故这种信源可由离散随机序列即随机矢量来描述：

$$\boldsymbol{X} = X_1 X_2 X_3 \cdots \tag{2-59}$$

为便于分析，必须对多符号离散信源作一些假定，使问题得到简化。事实上，对于许多实际多符号离散信源来说，通常假定符合以下三个条件：

(1) 假定多符号离散信源是平稳信源。对于两个不同的离散时刻 $t_1 = i$ 和 $t_2 = j$，i 和 j 为正整数，则随机变量的概率分布不随时间的推移而变化，亦即与时间起点无关，满足

$$\begin{cases} P(X_i) = P(X_j) \\ P(X_i X_{i+1}) = P(X_j X_{j+1}) \\ \cdots \\ P(X_i X_{i+1} \cdots X_{i+N}) = P(X_j X_{j+1} \cdots X_{j+N}) \\ \cdots \\ P(X_{i+1} \mid X_i) = P(X_{j+1} \mid X_j) \\ \cdots \\ P(X_{i+N} \mid X_i X_{i+1} \cdots X_{i+N-1}) = P(X_{j+N} \mid X_j X_{j+1} \cdots X_{j+N-1}) \end{cases} \tag{2-60}$$

(2) 假定信源每次发出的符号数均相等，长度均为 N。

(3) 假定所有的 $X_i (i = 1, 2, \cdots, N, \cdots)$ 均取自于同一个信源 X：$\{a_1, a_2, \cdots, a_r\}$，即

$$X_i \in \{a_1, a_2, \cdots, a_r\} \quad (i = 1, 2, \cdots, N, \cdots) \tag{2-61}$$

得对应的一维概率分布为

$$\begin{cases} P\{X_i = a_1\} = P\{X_j = a_1\} = P(a_1) \\ P\{X_i = a_2\} = P\{X_j = a_2\} = P(a_2) \\ \cdots \\ P\{X_i = a_r\} = P\{X_j = a_r\} = P(a_r) \end{cases} \tag{2-62}$$

一维概率分布的一般形式为

$$P\{X_i = a_k\} = P\{X_j = a_k\} = P(a_k)(k = 1, 2, \cdots, r) \tag{2-63}$$

二维联合概率分布与条件概率分布的一般形式为

$$\begin{cases} P\{X_i = a_k, X_{i+1} = a_l\} = P\{X_j = a_k, X_{j+1} = a_l\} = P(a_k a_l)(k, l = 1, 2, \cdots, r) \\ P\{X_{i+1} = a_k \mid X_i = a_l\} = P\{X_{j+1} = a_k \mid X_j = a_l\} = P(a_k \mid a_l)(k, l = 1, 2, \cdots, r) \end{cases}$$
$$\tag{2-64}$$

同理，可得 $N(N \geqslant 3)$ 维联合概率分布与条件概率分布的一般形式，这些形式与二维的情况相类似，此处不再列出。

显然，根据式(2-60)～式(2-64)，当信源 X：$\{a_1, a_2, \cdots, a_r\}$ 为平稳信源时，多符号离散信源也为平稳信源。在下面的分析中，我们均假定多符号离散信源为平稳信源，并且

满足上述三个条件。

例 2-3　已知信源 X 的概率空间为

$$\begin{bmatrix} X \\ P(X) \end{bmatrix} = \begin{bmatrix} a_1 & a_2 & a_3 \\ P(a_1) & P(a_2) & P(a_3) \end{bmatrix}$$

设信源 $\boldsymbol{X} = X_1 X_2 X_3 \cdots$ 中所有的 $X_i (i=1, 2, \cdots, N, \cdots)$ 均取自于同一个信源 $X:\{a_1, a_2, a_3\}$，即

$$X_i \in \{a_1, a_2, a_3\} (i=1, 2, \cdots, N, \cdots)$$

则信源 $\boldsymbol{X} = X_1 X_2 X_3 \cdots$ 的二维联合概率分布为

$$P\{X_i = a_1, X_{i+1} = a_1\} = P\{X_j = a_1, X_{j+1} = a_1\} = P(a_1 a_1)$$
$$P\{X_i = a_1, X_{i+1} = a_2\} = P\{X_j = a_1, X_{j+1} = a_2\} = P(a_1 a_2)$$
$$P\{X_i = a_1, X_{i+1} = a_3\} = P\{X_j = a_1, X_{j+1} = a_3\} = P(a_1 a_3)$$
$$P\{X_i = a_2, X_{i+1} = a_1\} = P\{X_j = a_2, X_{j+1} = a_1\} = P(a_2 a_1)$$
$$P\{X_i = a_2, X_{i+1} = a_2\} = P\{X_j = a_2, X_{j+1} = a_2\} = P(a_2 a_2)$$
$$P\{X_i = a_2, X_{i+1} = a_3\} = P\{X_j = a_2, X_{j+1} = a_3\} = P(a_2 a_3)$$
$$P\{X_i = a_3, X_{i+1} = a_1\} = P\{X_j = a_3, X_{j+1} = a_1\} = P(a_3 a_1)$$
$$P\{X_i = a_3, X_{i+1} = a_2\} = P\{X_j = a_3, X_{j+1} = a_2\} = P(a_3 a_2)$$
$$P\{X_i = a_3, X_{i+1} = a_3\} = P\{X_j = a_3, X_{j+1} = a_3\} = P(a_3 a_3)$$

由此可以看出，若信源 $X:\{a_1, a_2, a_3\}$ 是平稳的，则信源 $\boldsymbol{X} = X_1 X_2 X_3 \cdots$ 的二维联合概率分布也是平稳的，与时间起点无关。

2.9　多符号离散平稳无记忆信源及其信息熵

设多符号离散平稳信源

$$\boldsymbol{X} = X_1 X_2 X_3 \cdots X_N \tag{2-65}$$

其中各个时刻的随机变量 $X_i (i=1, 2, \cdots, N)$ 都取值并且取遍于同一个平稳信源空间

$$\begin{bmatrix} X \\ P(X) \end{bmatrix} = \begin{bmatrix} a_1 & a_2 & \cdots & a_r \\ P(a_1) & P(a_2) & \cdots & P(a_r) \end{bmatrix}$$

的符号集 $X:\{a_1, a_2, \cdots, a_r\}$，满足

$$P\{X_i = a_k\} = P\{X_j = a_k\} = P(a_k) (k=1, 2, \cdots, r)$$

因此，离散信源 $\boldsymbol{X} = X_1 X_2 X_3 \cdots X_N$ 是平稳的。再假定 $\boldsymbol{X} = X_1 X_2 X_3 \cdots X_N$ 的各个符号统计独立

$$P(\boldsymbol{X}) = P(X_1 X_2 X_3 \cdots X_N) = P(X_1) \cdot P(X_2) \cdots P(X_N) \tag{2-66}$$

这种多符号离散平稳无记忆信源常称为离散无记忆信源的 N 次扩展信源，记为 X^N。

2.9.1　信源 X^N 的信源空间

因为信源 X^N 的每一个符号均由信源 X 的符号集 $X:\{a_1, a_2, \cdots, a_r\}$ 中的 N 个符号组成，故 X^N 发出的任一具体符号 a_i 可表示为

$$\begin{cases} \alpha_i = (a_{i1} a_{i2} \cdots a_{iN}); \ a_{i1}, a_{i2}, \cdots, a_{iN} \in X: \{a_1, a_2, \cdots, a_r\} \\ i1, i2, \cdots, iN = 1, 2, \cdots, r; \ i = 1, 2, \cdots, r^N \end{cases} \tag{2-67}$$

得 X^N 的信源空间为

$$\begin{bmatrix} X^N \\ P(X^N) \end{bmatrix} = \begin{bmatrix} \alpha_1 & \alpha_2 & \cdots & \alpha_{r^N} \\ P(\alpha_1) & P(\alpha_2) & \cdots & P(\alpha_{r^N}) \end{bmatrix} \tag{2-68}$$

可以证明，该信源是完备的。事实上，我们有

$$\sum_{i=1}^{r^N} P(\alpha_i) = \sum_{i1=1}^{r} \sum_{i2=1}^{r} \cdots \sum_{iN=1}^{r} P(a_{i1} a_{i2} \cdots a_{iN})$$

$$= \sum_{i1=1}^{r} \sum_{i2=1}^{r} \cdots \sum_{iN=1}^{r} P(a_{i1}) P(a_{i2}) \cdots P(a_{iN})$$

$$= \sum_{i1=1}^{r} P(a_{i1}) \sum_{i2=1}^{r} P(a_{i2}) \cdots \sum_{iN=1}^{r} P(a_{iN}) = 1 \tag{2-69}$$

故 X^N 的信源是完备的，信息熵一定存在。

2.9.2 信源 X^N 的联合熵

根据信息熵的定义，得 X^N 的联合熵为

$$H(X_1 X_2 \cdots X_N) = H(X^N)$$

$$= -\sum_{i=1}^{r^N} P(\alpha_i) \log P(\alpha_i)$$

$$= -\sum_{i1=1}^{r} \sum_{i2=1}^{r} \cdots \sum_{iN=1}^{r} P(a_{i1} a_{i2} \cdots a_{iN}) \log P(a_{i1} a_{i2} \cdots a_{iN})$$

$$= -\sum_{i1=1}^{r} \sum_{i2=1}^{r} \cdots \sum_{iN=1}^{r} P(a_{i1}) P(a_{i2}) \cdots P(a_{iN}) \log [P(a_{i1}) P(a_{i2}) \cdots P(a_{iN})]$$

$$= -\sum_{i1=1}^{r} \sum_{i2=1}^{r} \cdots \sum_{iN=1}^{r} P(a_{i1}) P(a_{i2}) \cdots P(a_{iN}) \log P(a_{i1})$$

$$\quad - \sum_{i1=1}^{r} \sum_{i2=1}^{r} \cdots \sum_{iN=1}^{r} P(a_{i1}) P(a_{i2}) \cdots P(a_{iN}) \log P(a_{i2})$$

$$\quad - \cdots - \sum_{i1=1}^{r} \sum_{i2=1}^{r} \cdots \sum_{iN=1}^{r} P(a_{i1}) P(a_{i2}) \cdots P(a_{iN}) \log P(a_{iN})$$

$$= -\sum_{i1=1}^{r} P(a_{i1}) \log P(a_{i1}) - \sum_{i2=1}^{r} P(a_{i2}) \log P(a_{i2}) - \cdots - \sum_{iN=1}^{r} P(a_{iN}) \log P(a_{iN})$$

$$= H(X_1) + H(X_2) + \cdots + H(X_N) \tag{2-70}$$

再考虑到各个时刻的随机变量 $X_i (i=1, 2, \cdots, N)$ 都取值并且取遍于同一个信源空间的符号集 $X: \{a_1, a_2, \cdots, a_r\}$，我们有

$$H(X) = H(X_1) = H(X_2) = \cdots = H(X_N)$$

因此，X^N 的信息熵为

$$H(X^N) = NH(X) \qquad (2-71)$$

为了便于比较，我们总是希望用一个共同的标准来衡量各种信源的信息特性，这个共同标准就是每发一个符号信源所提供的平均信息量，用符号 H_N 表示，即

$$H_N = \frac{1}{N}H(X_1 X_2 \cdots X_N) = \frac{1}{N}\big[H(X_1) + H(X_2) + \cdots + H(X_N)\big] \qquad (2-72)$$

不妨将 H_N 称为 $H(X_1 X_2 \cdots X_N)$ 的平均符号熵（即算术平均值）。

对于 N 次扩展信源来说，平均符号熵为

$$H_N = \frac{1}{N}H(X_1 X_2 \cdots X_N) = \frac{1}{N}H(X^N) = H(X) \qquad (2-73)$$

故信源 X^N 的平均符号熵 H_N 等于 $H(X)$。

例 2-4　设有一离散无记忆信源

$$\begin{bmatrix} X \\ P(X) \end{bmatrix} = \begin{bmatrix} a_1 & a_2 & a_3 \\ \dfrac{1}{2} & \dfrac{1}{4} & \dfrac{1}{4} \end{bmatrix}$$

试求二次扩展信源空间、联合熵 $H(X^N)$ 和平均符号熵 H_N。

解　二次扩展信源共有 $r^N = 3^2 = 9$ 个不同的符号。又因为信源 X 是无记忆的，则有

$$P(a_i a_j) = P(a_i)P(a_j)$$

经计算，得二次扩展信源空间中的 9 个符号如下：

$$
\left\{
\begin{array}{l}
a_1\left\{\begin{array}{l} a_1 \\ a_2 \\ a_3 \end{array}\right. \\[2mm]
a_2\left\{\begin{array}{l} a_1 \\ a_2 \\ a_3 \end{array}\right. \\[2mm]
a_3\left\{\begin{array}{l} a_1 \\ a_2 \\ a_3 \end{array}\right.
\end{array}
\right.
\xrightarrow{\text{共 } 3^2 = 9 \text{ 种排列}}
\left\{
\begin{array}{l}
\alpha_1 = a_1 a_1 \\
\alpha_2 = a_1 a_2 \\
\alpha_3 = a_1 a_3 \\
\alpha_4 = a_2 a_1 \\
\alpha_5 = a_2 a_2 \\
\alpha_6 = a_2 a_3 \\
\alpha_7 = a_3 a_1 \\
\alpha_8 = a_3 a_2 \\
\alpha_9 = a_3 a_3
\end{array}
\right.
\xrightarrow{\text{信源无记忆}}
\left\{
\begin{array}{l}
P(\alpha_1) = P(a_1 a_1) = P(a_1)P(a_1) = \dfrac{1}{4} \\[2mm]
P(\alpha_2) = P(a_1 a_2) = P(a_1)P(a_2) = \dfrac{1}{8} \\[2mm]
P(\alpha_3) = P(a_1 a_3) = P(a_1)P(a_3) = \dfrac{1}{8} \\[2mm]
P(\alpha_4) = P(a_2 a_1) = P(a_2)P(a_1) = \dfrac{1}{8} \\[2mm]
P(\alpha_5) = P(a_2 a_2) = P(a_2)P(a_2) = \dfrac{1}{16} \\[2mm]
P(\alpha_6) = P(a_2 a_3) = P(a_2)P(a_3) = \dfrac{1}{16} \\[2mm]
P(\alpha_7) = P(a_3 a_1) = P(a_3)P(a_1) = \dfrac{1}{8} \\[2mm]
P(\alpha_8) = P(a_3 a_2) = P(a_3)P(a_2) = \dfrac{1}{16} \\[2mm]
P(\alpha_9) = P(a_3 a_3) = P(a_3)P(a_3) = \dfrac{1}{16}
\end{array}
\right.
$$

二次扩展信源空间为

$$\begin{bmatrix} X^2 \\ P(X^2) \end{bmatrix} = \begin{bmatrix} \alpha_1 & \alpha_2 & \alpha_3 & \alpha_4 & \alpha_5 & \alpha_6 & \alpha_7 & \alpha_8 & \alpha_9 \\ \dfrac{1}{4} & \dfrac{1}{8} & \dfrac{1}{8} & \dfrac{1}{8} & \dfrac{1}{16} & \dfrac{1}{16} & \dfrac{1}{8} & \dfrac{1}{16} & \dfrac{1}{16} \end{bmatrix}$$

显然满足 $\displaystyle\sum_{i=1}^{q^N} P(\alpha_i) = \sum_{i=1}^{3^2} P(\alpha_i) = 1$，式中 $q=3$，$N=2$。因 $H\left(\dfrac{1}{2}, \dfrac{1}{4}, \dfrac{1}{4}\right) = 1.5$ 比特/符号，

得联合熵 $H(X^2) = 2H(X) = 3$ 比特/2 符号，平均符号熵 $H_2 = \dfrac{1}{2}H(X^2) = H\left(\dfrac{1}{2}, \dfrac{1}{4}, \dfrac{1}{4}\right) = 1.5$ 比特/符号。

2.10 多符号离散平稳有记忆信源及其信息熵

上一节中，我们假定多符号离散平稳信源 $\boldsymbol{X} = X_1 X_2 X_3 \cdots X_N$ 的各个符号之间为统计独立的情况，求得了多符号离散平稳无记忆的熵 $H(X^N) = NH(X)$，平均符号熵 $H_N = H(X)$，并且由于各个符号之间统计独立，条件熵 $H(X_N \mid X_1 X_2 \cdots X_{N-1}) = H(X_N) = H(X)$。但在实际情况中，$\boldsymbol{X} = X_1 X_2 X_3 \cdots X_N$ 的各个符号之间并不是统计独立的，而是有记忆的，这就涉及求解更为一般的多符号离散平稳信源的联合熵、条件熵、平均符号熵和极限熵等问题。

2.10.1 多符号离散平稳有记忆信源及其完备性

对于多符号离散平稳有记忆信源来说，$\boldsymbol{X} = X_1 X_2 X_3 \cdots X_N$ 的信源空间为

$$\begin{bmatrix} X^N \\ P(X^N) \end{bmatrix} = \begin{bmatrix} \alpha_1 & \alpha_2 & \cdots & \alpha_{r^N} \\ P(\alpha_1) & P(\alpha_2) & \cdots & P(\alpha_{r^N}) \end{bmatrix} \qquad (2-74)$$

可以证明，该信源是完备的。事实上，根据上式，我们有

$$\sum_{i=1}^{r^N} P(\alpha_i) = \sum_{i1=1}^{r} \sum_{i2=1}^{r} \cdots \sum_{iN=1}^{r} P(a_{i1} a_{i2} \cdots a_{iN})$$

$$= \sum_{i1=1}^{r} \sum_{i2=1}^{r} \cdots \sum_{iN=1}^{r} P(a_{i1}) P(a_{i2} \mid a_{i1}) P(a_{i3} \mid a_{i1} a_{i2}) \cdots P(a_{iN} \mid a_{i1} a_{i2} \cdots a_{iN-1})$$

$$= \sum_{i1=1}^{r} P(a_{i1}) \sum_{i2=1}^{r} P(a_{i2} \mid a_{i1}) \sum_{i3=1}^{r} P(a_{i3} \mid a_{i1} a_{i2}) \cdots \sum_{iN=1}^{r} P(a_{iN} \mid a_{i1} a_{i2} \cdots a_{iN-1}) = 1$$

$$(2-75)$$

故信源 $\boldsymbol{X} = X_1 X_2 X_3 \cdots X_N$ 是完备的，$H(\boldsymbol{X}) = H(X_1 X_2 \cdots X_N)$ 一定存在。

2.10.2 多符号离散平稳有记忆信源的联合熵

在各个符号均为相关的一般情况下，N 维平稳信源联合熵的一般形式为

$$H(X) = H(X_1 X_2 \cdots X_N) = -\sum_{i=1}^{r^N} P(\alpha_i) \log P(\alpha_i)$$

$$= -\sum_{i1=1}^{r} \sum_{i2=1}^{r} \cdots \sum_{iN=1}^{r} P(a_{i1} a_{i2} \cdots a_{iN}) \log P(a_{i1} a_{i2} \cdots a_{iN}) \qquad (2-76)$$

由条件概率和联合概率之间的关系，得

$$P(a_{i1} a_{i2} \cdots a_{iN}) = P(a_{i1}) P(a_{i2} \mid a_{i1}) P(a_{i3} \mid a_{i1} a_{i2}) P(a_{i4} \mid a_{i1} a_{i2} a_{i3}) \cdots P(a_{iN} \mid a_{i1} a_{i2} \cdots a_{iN-1})$$

将其代入式(2-76)中，得

$$H(\boldsymbol{X}) = -\sum_{i1=1}^{r} \sum_{i2=1}^{r} \cdots \sum_{iN=1}^{r} P(a_{i1} a_{i2} \cdots a_{iN}) \log \left[P(a_{i1}) P(a_{i2} \mid a_{i1}) \cdots P(a_{iN} \mid a_{i1} a_{i2} \cdots a_{iN-1}) \right]$$

$$(2-77)$$

进一步展开上式，得

$$H(X_1 X_2 \cdots X_N)$$

$$= -\sum_{i1=1}^{r}\sum_{i2=1}^{r}\cdots\sum_{iN=1}^{r}P(a_{i1}a_{i2}\cdots a_{iN})\log P(a_{i1}) - \sum_{i1=1}^{r}\sum_{i2=1}^{r}\cdots\sum_{iN=1}^{r}P(a_{i1}a_{i2}\cdots a_{iN})\log P(a_{i2}\mid a_{i1})$$

$$-\sum_{i1=1}^{r}\sum_{i2=1}^{r}\cdots\sum_{iN=1}^{r}P(a_{i1}a_{i2}\cdots a_{iN})\log P(a_{i3}\mid a_{i1}a_{i2}) - \cdots$$

$$-\sum_{i1=1}^{r}\sum_{i2=1}^{r}\cdots\sum_{iN=1}^{r}P(a_{i1}a_{i2}\cdots a_{iN})\log P(a_{iN}\mid a_{i1}a_{i2}\cdots a_{iN-1}) \qquad (2-78)$$

式中

$$\begin{cases} -\sum_{i1=1}^{r}\sum_{i2=1}^{r}\cdots\sum_{iN=1}^{r}P(a_{i1}a_{i2}\cdots a_{iN})\log P(a_{i1}) = -\sum_{i1=1}^{r}P(a_{i1})\log P(a_{i1}) = H(X_1) \\[3mm] -\sum_{i1=1}^{r}\sum_{i2=1}^{r}\cdots\sum_{iN=1}^{r}P(a_{i1}a_{i2}\cdots a_{iN})\log P(a_{i2}\mid a_{i1}) = -\sum_{i1=1}^{r}\sum_{i2=1}^{r}P(a_{i1}a_{i2})\log P(a_{i2}\mid a_{i1}) = H(X_2\mid X_1) \\[3mm] \cdots \\[3mm] -\sum_{i1=1}^{r}\sum_{i2=1}^{r}\cdots\sum_{iN=1}^{r}P(a_{i1}a_{i2}\cdots a_{iN})\log P(a_{iN}\mid a_{i1}a_{i2}\cdots a_{iN-1}) = H(X_N\mid X_1 X_2\cdots X_{N-1}) \end{cases}$$

因此有

$$H(X_1 X_2 \cdots X_N) = H(X_1) + H(X_2\mid X_1) + H(X_3\mid X_1 X_2) + \cdots + H(X_N\mid X_1 X_2\cdots X_{N-1})$$

$$(2-79)$$

2.10.3 多符号离散平稳有记忆信源的条件熵

在式(2-79)中，条件熵的一般形式为

$$H(X_K\mid X_1 X_2\cdots X_{K-1})(K = 3, 4, \cdots, N)$$

式中的 $X_1 X_2 \cdots X_{K-1}$ 称为条件熵相关长度，其物理意义是在随机变量 $X_1 X_2 \cdots X_{K-1}$ 均出现的条件下，关于随机变量 X_K 的熵。

定理 2-1 相关长度大的条件熵不大于相关长度小的条件熵。例如 $H(X_5\mid X_1 X_2 X_3 X_4)$ $\leqslant H(X_5\mid X_2 X_4)$。

证明 方法一：事实上，根据凸函数不等式

$$\sum_i P_i f(x_i) \leqslant f\left(\sum_i P_i x_i\right)$$

选取凸函数 $f(x_i) = -x_i \log x_i (x_i > 0)$，得

$$-\sum_i P_i x_i \log(x_i) \leqslant -\sum_i P_i x_i \log\left(\sum_i P_i x_i\right) \qquad (2-80)$$

令 $x_i = P(x_5\mid x_1 x_2 x_3 x_4)$，$P_i = P(x_1 x_3\mid x_2 x_4)$，得

$$\sum_i P_i x_i = \sum_{X_1}\sum_{X_3} P(x_1 x_3\mid x_2 x_4)P(x_5\mid x_1 x_2 x_3 x_4)$$

$$= \sum_{X_1}\sum_{X_3} P(x_1 x_3\mid x_2 x_4)P(x_1 x_2 x_3 x_4 x_5)/P(x_1 x_2 x_3 x_4)$$

$$= \sum_{X_1}\sum_{X_3} P(x_1 x_2 x_3 x_4 x_5)/P(x_2 x_4) = P(x_2 x_4 x_5)/P(x_2 x_4) = P(x_5\mid x_2 x_4)$$

将其代入式(2-80)中，得

$$-\sum_{X_1}\sum_{X_3}P(x_1x_2x_3x_4x_5)/P(x_2x_4)\log P(x_5\mid x_1x_2x_3x_4)\leqslant -P(x_5\mid x_2x_4)\log P(x_5\mid x_2x_4)\rightarrow$$

$$-\sum_{X_1}\sum_{X_3}P(x_1x_2x_3x_4x_5)\log P(x_5\mid x_1x_2x_3x_4)\leqslant -P(x_5\mid x_2x_4)P(x_2x_4)\log P(x_5\mid x_2x_4)\rightarrow$$

$$-\sum_{X_1}\sum_{X_3}P(x_1x_2x_3x_4x_5)\log P(x_5\mid x_1x_2x_3x_4)\leqslant -P(x_2x_4x_5)\log P(x_5\mid x_2x_4)\rightarrow$$

$$-\sum_{X_1}\sum_{X_2}\sum_{X_3}\sum_{X_4}\sum_{X_5}P(x_1x_2x_3x_4x_5)\log P(x_5\mid x_1x_2x_3x_4)\leqslant -\sum_{X_2}\sum_{X_4}\sum_{X_5}P(x_2x_4x_5)\log P(x_5\mid x_2x_4)$$

从而证明了 $H(X_5\mid X_1X_2X_3X_4)\leqslant H(X_5\mid X_2X_4)$ 成立。

上述证明的关键是如何选取 P_i 和 x_i 的问题。其中 x_i 是条件概率的形式，这个条件概率括号中的"分子/分母"形式与左边熵函数的"分子/分母"形式完全相同。P_i 也是条件概率的形式，将左边熵函数相关长度的所有变量减去右边熵函数相关长度的所有变量后，剩下的变量作为这个条件概率括号中的"分子"，而括号中的"分母"加上"分子"的所有变量应等于左边熵函数相关长度中的所有变量，由此可确定"分母"中的所有变量。

方法二：选取凸函数 $f(x_i)=\log x_i(x_i>0)$，得

$$\sum_i P_i\log(x_i)\leqslant\log\left(\sum_i P_ix_i\right)\tag{2-81}$$

将两个熵函数相减，并利用式(2-81)，得

$$H(X_5\mid X_1X_2X_3X_4)-H(X_5\mid X_2X_4)$$

$$=-\sum_{X_1}\sum_{X_2}\sum_{X_3}\sum_{X_4}\sum_{X_5}P(x_1x_2x_3x_4x_5)\log P(x_5\mid x_1x_2x_3x_4)$$

$$+\sum_{X_2}\sum_{X_4}\sum_{X_5}P(x_2x_4x_5)\log P(x_5\mid x_2x_4)$$

$$=\sum_{X_1}\sum_{X_2}\sum_{X_3}\sum_{X_4}\sum_{X_5}P(x_1x_2x_3x_4x_5)\log\frac{P(x_5\mid x_2x_4)}{P(x_5\mid x_1x_2x_3x_4)}$$

$$\leqslant\log\left(\sum_{X_1}\sum_{X_2}\sum_{X_3}\sum_{X_4}\sum_{X_5}P(x_1x_2x_3x_4x_5)\frac{P(x_5\mid x_2x_4)}{P(x_5\mid x_1x_2x_3x_4)}\right)$$

$$=\log\left(\sum_{X_1}\sum_{X_2}\sum_{X_3}\sum_{X_4}\sum_{X_5}P(x_1x_2x_3x_4)P(x_5\mid x_2x_4)\right)$$

$$=\log\left(\sum_{X_2}\sum_{X_4}\sum_{X_5}P(x_2x_4)P(x_5\mid x_2x_4)\right)$$

$$=\log\left(\sum_{X_2}\sum_{X_4}\sum_{X_5}P(x_2x_4x_5)\right)$$

$$=\log 1=0$$

从而证明了 $H(X_5\mid X_1X_2X_3X_4)\leqslant H(X_5\mid X_2X_4)$ 成立。

定理 2-2　条件熵不大于无条件熵。例如 $H(X_2\mid X_1)\leqslant H(X_2)=H(X_1)=H(X)$。

证明　方法一：根据式(2-80)，令 $x_i=P(x_2\mid x_1)$，$P_i=P(x_1)$，得

$$\sum_i P_ix_i=\sum_{X_1}P(x_1)P(x_2\mid x_1)=\sum_{X_1}P(x_1x_2)=P(x_2)$$

将上式代入式(2-80)中，得

$$- \sum_{X_1} P(x_1 x_2) \log P(x_2 \mid x_1) \leqslant - P(x_2) \log P(x_2) \rightarrow$$

$$- \sum_{X_1} \sum_{X_2} P(x_1 x_2) \log P(x_2 \mid x_1) \leqslant - \sum_{X_2} P(x_2) \log P(x_2)$$

从而证明了不等式 $H(X_2 \mid X_1) \leqslant H(X_2)$ 成立。

又因为 $X_i (i = 1, 2, \cdots)$ 均取自于同一个信源 X, 故 $H(X_2 \mid X_1) \leqslant H(X_2) = H(X_1) = H(X)$ 成立。

方法二：将两个熵函数相减，并利用式(2-81)，得

$$\begin{aligned}
H(X_2 \mid X_1) - H(X_2) &= - \sum_{X_1} \sum_{X_2} P(x_1 x_2) \log P(x_2 \mid x_1) + \sum_{X_2} P(x_2) \log P(x_2) \\
&= - \sum_{X_1} \sum_{X_2} P(x_1 x_2) \log P(x_2 \mid x_1) + \sum_{X_1} \sum_{X_2} P(x_1 x_2) \log P(x_2) \\
&= \sum_{X_1} \sum_{X_2} P(x_1 x_2) \log \frac{P(x_2)}{P(x_2 \mid x_1)} \\
&\leqslant \log \left(\sum_{X_1} \sum_{X_2} P(x_1 x_2) \frac{P(x_2)}{P(x_2 \mid x_1)} \right) \\
&= \log \left(\sum_{X_1} \sum_{X_2} P(x_1) P(x_2) \right) \\
&= \log 1 = 0
\end{aligned}$$

从而证明了不等式 $H(X_2 \mid X_1) \leqslant H(X_2)$ 成立。

定理 2 - 3 条件熵 $H(X_K \mid X_1 X_2 \cdots X_{K-1}) \leqslant H(X_K \mid X_2 \cdots X_{K-1})(K = 3, 4, \cdots, N)$。

证明 方法一：令 $x_i = P(x_K \mid x_1 x_2 \cdots x_{K-1})$, $P_i = P(x_1 \mid x_2 \cdots x_{K-1})$, 得

$$\begin{aligned}
\sum_i P_i x_i &= \sum_{X_1} P(x_1 \mid x_2 \cdots x_{K-1}) P(x_K \mid x_1 x_2 \cdots x_{K-1}) \\
&= \sum_{X_1} P(x_1 x_2 \cdots x_{K-1} x_K) / P(x_2 \cdots x_{K-1}) \\
&= P(x_2 \cdots x_{K-1} x_K) / P(x_2 \cdots x_{K-1}) \\
&= P(x_K \mid x_2 \cdots x_{K-1})
\end{aligned}$$

将上式代入式(2-80)，得

$$- \sum_{X_1} \frac{P(x_1 x_2 \cdots x_{K-1} x_K)}{P(x_2 \cdots x_{K-1})} \log P(x_K \mid x_1 x_2 \cdots x_{K-1})$$

$$\leqslant - P(x_K \mid x_2 \cdots x_{K-1}) \log P(x_K \mid x_2 \cdots x_{K-1}) \rightarrow$$

$$- \sum_{X_1} P(x_1 x_2 \cdots x_{K-1} x_K) \log P(x_K \mid x_1 x_2 \cdots x_{K-1})$$

$$\leqslant - P(x_2 \cdots x_{K-1} x_K) \log P(x_K \mid x_2 \cdots x_{K-1}) \rightarrow$$

$$- \sum_{X_1} \sum_{X_2} \cdots \sum_{X_K} P(x_1 x_2 \cdots x_{K-1} x_K) \log P(x_K \mid x_1 x_2 \cdots x_{K-1})$$

$$\leqslant - \sum_{X_2} \cdots \sum_{X_K} P(x_2 \cdots x_{K-1} x_K) \log P(x_K \mid x_2 \cdots x_{K-1})$$

从而证明了不等式 $H(X_K \mid X_1 X_2 \cdots X_{K-1}) \leqslant H(X_K \mid X_2 \cdots X_{K-1})(K = 3, 4, \cdots, N)$ 成立。

方法二：将两个熵函数相减，并利用式$(2-81)$，得

$$H(X_K \mid X_1 X_2 \cdots X_{K-1}) - H(X_K \mid X_2 \cdots X_{K-1})$$

$$= -\sum_{X_1}\sum_{X_2}\cdots\sum_{X_K} P(x_1 x_2 \cdots x_{K-1} x_K)\log P(x_K \mid x_1 x_2 \cdots x_{K-1})$$

$$+ \sum_{X_2}\cdots\sum_{X_K} P(x_2 \cdots x_{K-1} x_K)\log P(x_K \mid x_2 \cdots x_{K-1})$$

$$= -\sum_{X_1}\sum_{X_2}\cdots\sum_{X_K} P(x_1 x_2 \cdots x_{K-1} x_K)\log P(x_K \mid x_1 x_2 \cdots x_{K-1})$$

$$+ \sum_{X_1}\sum_{X_2}\cdots\sum_{X_K} P(x_1 x_2 \cdots x_{K-1} x_K)\log P(x_K \mid x_2 \cdots x_{K-1})$$

$$= \sum_{X_1}\sum_{X_2}\cdots\sum_{X_K} P(x_1 x_2 \cdots x_{K-1} x_K)\log \frac{P(x_K \mid x_2 \cdots x_{K-1})}{P(x_K \mid x_1 x_2 \cdots x_{K-1})}$$

$$\leqslant \log\Big(\sum_{X_1}\sum_{X_2}\cdots\sum_{X_K} P(x_1 x_2 \cdots x_{K-1} x_K)\frac{P(x_K \mid x_2 \cdots x_{K-1})}{P(x_K \mid x_1 x_2 \cdots x_{K-1})}\Big)$$

$$= \log\Big(\sum_{X_1}\sum_{X_2}\cdots\sum_{X_K} P(x_1 x_2 \cdots x_{K-1}) P(x_K \mid x_2 \cdots x_{K-1})\Big)$$

$$= \log\Big(\sum_{X_1}\sum_{X_2}\cdots\sum_{X_{K-1}} P(x_1 x_2 \cdots x_{K-1})\Big) = \log 1 = 0$$

反复运用定理$2-3$，得

$$H(X_K \mid X_1 X_2 \cdots X_{K-1}) \leqslant H(X_K \mid X_2 \cdots X_{K-1}) \leqslant \cdots \leqslant H(X_K \mid X_{K-1})(K=3,4,\cdots,N)$$

结合定理$2-2$和定理$2-3$，得

$$H(X_1 X_2 \cdots X_N) = H(X_1) + H(X_2 \mid X_1) + \cdots + H(X_N \mid X_1 X_2 \cdots X_{N-1})$$

$$\leqslant H(X_1) + H(X_2) + \cdots + H(X_N) = NH(X) \tag{2-82}$$

2.10.4 多符号离散平稳有记忆信源的极限熵及其性质

本节讨论多符号离散平稳信源有记忆信源 $\boldsymbol{X} = X_1 X_2 X_3 \cdots X_N$ 最重要的信息特性，即信源每发一个符号能够提供的平均信息量。我们知道，对于离散平稳有记忆信源来说，不论假定每一消息由几个符号组成，由于信源不断发出符号，在时间域上是一个无限长的符号序列。又因为信源有记忆性，符号之间的信赖关系总是延伸到无穷。考虑到这两点，离散平稳有记忆信源每发一个符号提供的平均信息量为

$$H_\infty = \lim_{N\to\infty} H_N = \lim_{N\to\infty}\frac{1}{N}H(X_1 X_2 \cdots X_N) \tag{2-83}$$

称之为多符号离散平稳有记忆信源的极限熵。下面介绍极限熵的主要性质，并加以证明。

性质 1 条件熵 $H(X_N \mid X_1 X_2 \cdots X_{N-1})$ 随 N 的增加是非递增的。

性质 2 N 给定时，$H_N \geqslant H(X_N \mid X_1 X_2 \cdots X_{N-1})$。

性质 3 平均符号熵 H_N 随 N 的增加而非递增。

性质 4 $H_\infty = \lim\limits_{N\to\infty} H_N = \lim\limits_{N\to\infty} H(X_N \mid X_1 X_2 \cdots X_{N-1})$

（1）性质 1 的证明。前面已证得条件熵满足

$$\begin{cases} H(X_2 \mid X_1) \leqslant H(X_2) = H(X_1) = H(X) \\ H(X_K \mid X_1 X_2 \cdots X_{K-1}) \leqslant H(X_K \mid X_2 \cdots X_{K-1}) \end{cases} \tag{2-84}$$

式中，$K = 3, 4, \cdots, N$。

当 $K=3$ 时，根据定理 2-3，得 $H(X_3|X_1X_2) \leqslant H(X_3|X_2)$，再利用平稳性，得

$$H(X_3 \mid X_1X_2) \leqslant H(X_3 \mid X_2) = H(X_2 \mid X_1) \tag{2-85}$$

当 $K=4$ 时，根据定理 2-3，得 $H(X_4|X_1X_2X_3) \leqslant H(X_4|X_2X_3)$，再利用平稳性，得

$$H(X_4 \mid X_1X_2X_3) \leqslant H(X_4 \mid X_2X_3) = H(X_3 \mid X_1X_2) \tag{2-86}$$

再由数学归纳法，得

$$H(X_K \mid X_1X_2\cdots X_{K-1}) \leqslant H(X_K \mid X_2X_3\cdots X_{K-1}) = H(X_{K-1} \mid X_1X_2\cdots X_{K-2}) \tag{2-87}$$

式中，$K=3,4,\cdots,N$。因此有

$$\begin{aligned}
H(X_N \mid X_1X_2\cdots X_{N-1}) &\leqslant H(X_N \mid X_2\cdots X_{N-1}) = H(X_{N-1} \mid X_1X_2\cdots X_{N-2}) \\
&\leqslant H(X_{N-1} \mid X_2\cdots X_{N-2}) = H(X_{N-2} \mid X_1\cdots X_{N-3}) \\
&\leqslant H(X_{N-2} \mid X_2\cdots X_{N-3}) = H(X_{N-3} \mid X_1\cdots X_{N-4}) \\
&\leqslant \cdots \\
&\leqslant H(X_4 \mid X_1X_2X_3) \\
&\leqslant H(X_3 \mid X_1X_2) \\
&\leqslant H(X_2 \mid X_1) \\
&\leqslant H(X_2) = H(X_1) = H(X) \tag{2-88}
\end{aligned}$$

（2）性质 2 的证明。根据熵的强可加性和平均符号熵的定义，得

$$NH_N = H(X_1X_2\cdots X_N) = H(X_1) + H(X_2 \mid X_1) + \cdots + H(X_N \mid X_1X_2\cdots X_{N-1})$$

运用性质 1，得

$$\begin{aligned}
NH_N &= H(X_1X_2\cdots X_N) \\
&\geqslant H(X_N \mid X_1X_2\cdots X_{N-1}) + H(X_N \mid X_1X_2\cdots X_{N-1}) + \cdots + H(X_N \mid X_1X_2\cdots X_{N-1}) \\
&= NH(X_N \mid X_1X_2\cdots X_{N-1})
\end{aligned}$$

故 $H_N \geqslant H(X_N|X_1X_2\cdots X_{N-1})$ 成立。

（3）性质 3 的证明。反复运用公式 $H(XY)=H(Y|X)+H(X)$，得

$$\begin{aligned}
NH_N &= H(X_1X_2\cdots X_N) = H(X_N \mid X_1X_2\cdots X_{N-1}) + H(X_1X_2\cdots X_{N-1}) \\
&= H(X_N \mid X_1X_2\cdots X_{N-1}) + (N-1)H_{N-1}
\end{aligned}$$

利用性质 2，得

$$NH_N \leqslant H_N + (N-1)H_{N-1} \to H_N \leqslant H_{N-1}$$

（4）性质 4 的证明。设整数 N 和 k，有

$$H_{N+k} = H(X_1X_2\cdots X_N X_{N+1}\cdots X_{N+k})/(N+k)$$

设 $X_1X_2\cdots X_{N-1}=Y$，得

$$\begin{aligned}
&H(X_1X_2\cdots X_N X_{N+1}\cdots X_{N+k}) \\
&= H(YX_N X_{N+1}\cdots X_{N+k}) \\
&= H(Y) + H(X_N \mid Y) + H(X_{N+1} \mid YX_N) + H(X_{N+2} \mid YX_N X_{N+1}) \\
&\quad + \cdots + H(X_{N+k} \mid YX_N X_{N+1}\cdots X_{N+k-1}) \\
&\leqslant H(X_1X_2\cdots X_{N-1}) + H(X_N \mid X_1X_2\cdots X_{N-1}) + H(X_{N+1} \mid X_2\cdots X_N) \\
&\quad + H(X_{N+2} \mid X_3\cdots X_{N+1}) + \cdots + H(X_{N+k} \mid X_{k+1}\cdots X_{N+k-1})
\end{aligned}$$

根据平稳性，得

$$H(X_1 X_2 \cdots X_N X_{N+1} \cdots X_{N+k})$$

$$\leqslant H(X_1 X_2 \cdots X_{N-1}) + H(X_N \mid X_1 X_2 \cdots X_{N-1}) + H(X_N \mid X_1 \cdots X_{N-1})$$

$$+ H(X_N \mid X_1 \cdots X_{N-1}) + \cdots + H(X_N \mid X_1 \cdots X_{N-1})$$

$$= H(X_1 X_2 \cdots X_{N-1}) + (k+1) H(X_N \mid X_1 X_2 \cdots X_{N-1})$$

因此有

$$H_{N+k} \leqslant \frac{1}{N+k} H(X_1 X_2 \cdots X_{N-1}) + \frac{k+1}{N+k} H(X_N \mid X_1 X_2 \cdots X_{N-1})$$

一方面，固定 N 不变，令 $k \to \infty$，得

$$\lim_{k \to \infty} H_{N+k} \leqslant \lim_{k \to \infty} \frac{1}{N+k} H(X_1 X_2 \cdots X_{N-1}) + \lim_{k \to \infty} \frac{k+1}{N+k} H(X_N \mid X_1 X_2 \cdots X_{N-1})$$

$$= H(X_N \mid X_1 X_2 \cdots X_{N-1})$$

整理后，得 $\lim\limits_{k \to \infty} H_{N+k} \leqslant H(X_N \mid X_1 X_2 \cdots X_{N-1})$。再令上式中的 $N \to \infty$，得

$$\lim_{N \to \infty} \lim_{k \to \infty} H_{N+k} \leqslant \lim_{N \to \infty} H(X_N \mid X_1 X_2 \cdots X_{N-1})$$

亦即

$$\lim_{N \to \infty} H_N \leqslant \lim_{N \to \infty} H(X_N \mid X_1 X_2 \cdots X_{N-1}) \tag{2-89}$$

另一方面，根据性质 2，得 $H_N \geqslant H(X_N \mid X_1 X_2 \cdots X_{N-1})$。因而有

$$\lim_{N \to \infty} H_N \geqslant \lim_{N \to \infty} H(X_N \mid X_1 X_2 \cdots X_{N-1}) \tag{2-90}$$

综合式（2-89）和式（2-90），根据高等数学中的两边夹法则，得

$$\lim_{N \to \infty} H_N = \lim_{N \to \infty} H(X_N \mid X_1 X_2 \cdots X_{N-1})$$

从而完成了性质 4 的证明。

2.11 信源的相关性与冗余度

根据式（2-88）和式（2-89），可知

$$H_\infty \leqslant H(X_N \mid X_1 X_2 \cdots X_{N-1}) \leqslant \cdots \leqslant H(X_3 \mid X_1 X_2) \leqslant H(X_2 \mid X_1) \leqslant H(X) \leqslant H_0$$

$$\tag{2-91}$$

式中，$H_0 = \log r$。

定义熵的相对率为

$$\eta = \frac{H_\infty}{H_0} \tag{2-92}$$

信源的冗余度为

$$r = 1 - \eta = 1 - \frac{H_\infty}{H_0} \tag{2-93}$$

式中，H_0 表示多符号离散平稳无记忆信源的最大熵，H_∞ 表示多符号离散平稳有记忆信源的极限熵。上式表明，H_∞ 越小，信源符号之间的冗余度也越大，相关性也越大。在现代通信系统中，我们可以通过信源编码的方法来减小或去掉冗余度，也可通过信道编码的方法来增加冗余度。前者用于提高信息传输的有效性，后者用于提高信息传输的可靠性。

附录 2 - 1　熵函数的上凸性证明的另外两种方法

除了正文中介绍的熵函数上凸性证明方法之外，还可以进一步从以下两个方面来证明熵函数的上凸性。

1. 证明方法之一

方法之一是从凸函数的性质来证明熵函数的上凸性。根据信息熵的定义

$$H(X) = -\sum_{i=1}^{r} P(a_i) \log P(a_i) = \sum_{i=1}^{r} [-P(a_i) \log P(a_i)] \tag{附 2 - 1}$$

凸函数的一个基本性质是，若 $f_i(x)$ 是 $\bigcap$ 型凸函数，c_i 是正的系数，则

$$f(x) = \sum_i c_i f_i(x) \tag{附 2 - 2}$$

也是 $\bigcap$ 型凸函数。若 $g_i(x)$ 是 $\bigcup$ 型凸函数，c_i 是正的系数，则

$$g(x) = \sum_i c_i g_i(x) \tag{附 2 - 3}$$

也是 $\bigcup$ 型凸函数。也就是说，如果相加系数都是正数，多个凸函数相加后，不会改变原来凸函数的上凸或下凸性质。

考虑上凸函数 $f_i(x) = -x_i \log x_i$，选取 $x_i = P(a_i)$，则熵函数 $H(X)$ 正好是 $r(r=1, 2, \cdots)$ 个 $f_i(x) = -x_i \log x_i$ 的相加，并且所有相加系数 $c_i = 1$，即都是正数。根据凸函数的性质可知熵函数 $H(X)$ 的凸性与 $f_i(x) = -x_i \log x_i$ 的凸性相同，因此，熵函数 $H(X)$ 为上凸函数。

2. 证明方法之二

设归一化的三个概率 $P(a_i)$、$P_1(a_i)$、$P_2(a_i)$ 满足如下关系：

$$P(a_i) = \alpha P_1(a_i) + \beta P_2(a_i)(i = 1, 2, \cdots, r) \tag{附 2 - 4}$$

式中，$0 < \alpha < 1$，$0 < \beta < 1$，$\alpha + \beta = 1$，并且 $P(a_i)$、$P_1(a_i)$、$P_2(a_i)$ 均满足归一化的条件：

$$\sum_{i=1}^{r} P(a_i) = 1, \quad \sum_{i=1}^{r} P_1(a_i) = 1, \quad \sum_{i=1}^{r} P_2(a_i) = 1 \tag{附 2 - 5}$$

它们均为完备集，并且使得下面的等式恒成立：

$$\sum_{i=1}^{r} P(a_i) = \alpha \sum_{i=1}^{r} P_1(a_i) + \beta \sum_{i=1}^{r} P_2(a_i) \equiv 1 \tag{附 2 - 6}$$

若采用概率矢量来表示式(附 2 - 4)，则概率矢量 $\boldsymbol{P}$、$\boldsymbol{P}_1$、$\boldsymbol{P}_2$ 满足如下关系：

$$\left. \begin{cases} P(a_1) = \alpha P_1(a_1) + \beta P_2(a_1) \\ P(a_2) = \alpha P_1(a_2) + \beta P_2(a_2) \\ \cdots \\ P(a_r) = \alpha P_1(a_r) + \beta P_2(a_r) \end{cases} \right\} \rightarrow \boldsymbol{P} = \alpha \boldsymbol{P}_1 + \beta \boldsymbol{P}_2 \tag{附 2 - 7}$$

式中，$\alpha + \beta = 1$ 满足归一化条件，$\boldsymbol{P}$、$\boldsymbol{P}_1$、$\boldsymbol{P}_2$ 为归一化的概率矢量。即

$$\begin{cases} \boldsymbol{P} = [P(a_1), P(a_2), \cdots, P(a_r)] \\ \boldsymbol{P}_1 = [P_1(a_1), P_1(a_2), \cdots, P_1(a_r)] \\ \boldsymbol{P}_2 = [P_2(a_1), P_2(a_2), \cdots, P_2(a_r)] \end{cases} \tag{附 2 - 8}$$

进一步将上凸函数不等式

$$f(P_1 \boldsymbol{x}_1 + P_2 \boldsymbol{x}_2) \geqslant P_1 f(\boldsymbol{x}_1) + P_2 f(\boldsymbol{x}_2) \tag{附2-9}$$

表示为更一般的矢量形式：

$$f(P_1 \boldsymbol{x}_1 + P_2 \boldsymbol{x}_2) \geqslant P_1 f(\boldsymbol{x}_1) + P_2 f(\boldsymbol{x}_2) \tag{附2-10}$$

选取 $f(\cdot) = H(\cdot)$，$P_1 = \alpha$，$P_2 = \beta$，$\boldsymbol{x}_1 = \boldsymbol{P}_1$，$\boldsymbol{x}_2 = \boldsymbol{P}_2$，$\boldsymbol{P} = \alpha \boldsymbol{P}_1 + \beta \boldsymbol{P}_2$，根据上式，如果能够证明 $H(\cdot)$ 满足

$$H[\alpha \boldsymbol{P}_1 + \beta \boldsymbol{P}_2] = H(\boldsymbol{P}) \geqslant \alpha H(\boldsymbol{P}_1) + \beta H(\boldsymbol{P}_2) \tag{附2-11}$$

则熵函数 $H(\cdot)$ 为上凸函数。事实上，比较 $H[\alpha \boldsymbol{P}_1 + \beta \boldsymbol{P}_2]$ 与 $\alpha H(\boldsymbol{P}_1) + \beta H(\boldsymbol{P}_2)$ 的大小，得

$$\alpha H(\boldsymbol{P}_1) + \beta H(\boldsymbol{P}_2) - H(\alpha \boldsymbol{P}_1 + \beta \boldsymbol{P}_2)$$

$$= \alpha H(\boldsymbol{P}_1) + \beta H(\boldsymbol{P}_2) - H(\boldsymbol{P})$$

$$= -\alpha \sum_{i=1}^{r} P_1(a_i) \log P_1(a_i) - \beta \sum_{i=1}^{r} P_2(a_i) \log P_2(a_i) + \sum_{i=1}^{r} P(a_i) \log P(a_i)$$

$$= -\alpha \sum_{i=1}^{r} P_1(a_i) \log P_1(a_i) - \beta \sum_{i=1}^{r} P_2(a_i) \log P_2(a_i) + \sum_{i=1}^{r} [\alpha P_1(a_i) + \beta P_2(a_i)] \log P(a_i)$$

$$= -\alpha \sum_{i=1}^{r} P_1(a_i) \log P_1(a_i) - \beta \sum_{i=1}^{r} P_2(a_i) \log P_2(a_i) + \sum_{i=1}^{r} [\alpha P_1(a_i) + \beta P_2(a_i)] \log P(a_i)$$

$$= \alpha \sum_{i=1}^{r} P_1(a_i) \log \frac{P(a_i)}{P_1(a_i)} + \beta \sum_{i=1}^{r} P_2(a_i) \log \frac{P(a_i)}{P_2(a_i)} \tag{附2-12}$$

由于 $\log x$ 为上凸函数，根据上式，得

$$\alpha H(\boldsymbol{P}_1) + \beta H(\boldsymbol{P}_2) - H(\alpha \boldsymbol{P}_1 + \beta \boldsymbol{P}_2)$$

$$\leqslant \alpha \log \left(\sum_{i=1}^{r} P_1(a_i) \frac{P(a_i)}{P_1(a_i)} \right) + \beta \log \left(\sum_{i=1}^{r} P_2(a_i) \frac{P(a_i)}{P_2(a_i)} \right) = 0 \tag{附2-13}$$

从而有

$$\alpha H(\boldsymbol{P}_1) + \beta H(\boldsymbol{P}_2) \leqslant H(\alpha \boldsymbol{P}_1 + \beta \boldsymbol{P}_2) \tag{附2-14}$$

因此，熵函数 $H(\cdot)$ 为上凸函数。

习 题 2

2-1 设有 12 枚同值硬币，其中有一枚假币。只知道假币的重量与真币的重量不同，但不知究竟是重还是轻。现用比较天平左右两边轻重的方法来测量（因无砝码），要在天平上称出哪一枚是假币，则至少必须称多少次？

2-2 同时扔一对均匀的骰子，当得知"两骰子面朝上点数之和为 2"或"面朝上点数之和为 8"或"两骰子面朝上点数是 3 和 4"时，则这三种情况分别获得多少信息量？

2-3 如果你在不知道今天是星期几的情况下问你的朋友"明天是星期几？"，则答案中含有多少信息量？如果你在已知今天是星期四的情况下提出同样的问题，则答案中你能获得多少信息量（假定你已知星期一至星期日的排序）？

2-4 某地区的女孩中有 25% 是大学生，在女大学生中有 75% 是身高在 1.6 米以上的，而女孩中身高 1.6 米以上的占总数一半。假如我们得知"身高 1.6 米以上的某女孩是大学生"的消息，则获得了多少信息量？

2-5 设离散无记忆信源为

$$\begin{bmatrix} X \\ P(X) \end{bmatrix} = \begin{bmatrix} a_1 = 0 & a_2 = 1 & a_3 = 2 & a_4 = 3 \\ 3/8 & 1/4 & 1/4 & 1/8 \end{bmatrix}$$

其发出的消息为(202120130213001203210110321010021032011223210)，求

(1) 此消息的自信息是多少？

(2) 此消息中平均每个符号携带的信息量是多少？

2-6 如有 6 行 8 列的棋型方格，若有两个质点 A 和 B，分别以等概率落入任一方格内，且它们的坐标分别为(X_A, Y_A)、(X_B, Y_B)，但 A、B 不能落入同一方格内。

(1) 若仅有质点 A，则 A 落入任一方格的平均自信息量是多少？

(2) 若已知 A 已落入，求 B 落入的平均自信息量。

(3) 若 A、B 是可分辨的，求 A、B 同时都落入的平均自信息量。

2-7 从大量的统计资料中知道，男性中红绿色盲的发病率为 7%，女性发病率为 0.5%，如果你问一位男士："你是否有红绿色盲？"他的回答可能是"是"或"否"，则这两个回答中各含有多少信息量？平均每个回答中含有多少信息量？如果你问一位女士，则答案中含有的平均自信息量是多少？

2-8 设信源

$$\begin{bmatrix} X \\ P(X) \end{bmatrix} = \begin{bmatrix} a_1 & a_2 & a_3 & a_4 & a_5 & a_6 \\ 0.2 & 0.19 & 0.18 & 0.17 & 0.16 & 0.17 \end{bmatrix}$$

求该信源的熵，并解释为什么 $H(X) > \log 6$ 不满足信源熵的极值性。

2-9 以电视图像为例，求解以下两个问题：

(1) 为了使电视图像获得良好的清晰度和规定的适当的对比度，需要用 5×10^5 个像素和 10 个不同亮度的电平，并设每秒要传送 30 帧图像，所有像素是独立变化的，且所有的亮度电平等概出现，求传递此图像所需要的信息率（比特/秒）。

(2) 设某彩色电视系统除满足对于黑白电视系统的上述要求外，还必须有 30 个不同的色彩度，试证明传输该彩色电视信号的信息率要比黑白电视信号的信息率约大 2.5 倍。

2-10 为了传输一个由字母 A、B、C、D 组成的符号集，把每个字母编码成两个二元脉冲序列，以 00 代表 A，01 代表 B，10 代表 C，11 代表 D。每个二元码脉冲宽度为 5 ms。

(1) 不同字母等概出现时，计算传输的平均信息速率。

(2) 若每个字母出现的概率分别为 $P_A = 1/5$，$P_B = 1/4$，$P_C = 1/4$，$P_D = 3/10$，试计算传输的平均信息速率。

2-11 设有一个信源，它产生 0、1 序列的消息。它在任意时间而且不论以前发生过什么符号，均按 $P(0) = 0.4$、$P(1) = 0.6$ 的概率发出符号。

(1) 试问这个信源是否是平稳的。

(2) 试计算 $H(X^2)$、$H(X_3 / X_1 X_2)$ 和 $\lim\limits_{N \to \infty} H_N(X)$。

(3) 试计算 $H(X^4)$ 并写出信源 X^4 中可能有的所有符号。

第 3 章　离散信道及其信道容量

在第 2 章中，我们讨论了如何定量计算离散信源提供的平均信息量，这是信源的一个基本问题。但对于通信系统来说，最根本的问题是定量计算接收者收到信号后从中所获取的信息量。在一般情况下，信源发出的信息，必须以信号的形式经过信道传输后才能到达接收端。信道起信息传输的作用，是构成通信系统的重要组成部分。在前面讨论了离散信源的基础上，本章介绍单符号和多符号离散信道及其信道容量的主要内容，其中包括：单符号离散信道的数学模型、单符号的互信息量、后验概率与单符号互信息量关系的进一步讨论、平均互信息、损失熵（疑义度）和噪声熵、平均互信息的特性、单符号离散信道的信道容量、多符号离散信道的数学模型、单符号离散无记忆的 N 次扩展信道、扩展信道的信息传输特性、平均互信息量的不增性与数据处理定理以及信源与信道的匹配。

3.1　单符号离散信道的数学模型

单符号离散信道是最简单的离散信道。这种信道容许输入一个离散随机变量 X，相应输出一个离散随机变量 Y，如图 3-1 所示。

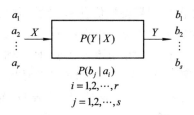

图 3-1　单符号离散信道的数学模型

离散信道数学模型的建立主要有以下三个方面：

（1）输入随机变量 X 的符号集为 $X:\{a_1, a_2, \cdots, a_r\}$，即 X 可取 r 种不同的符号。

（2）输出随机变量 Y 的符号集为 $Y:\{b_1, b_2, \cdots, b_s\}$，即 Y 可取 s 种不同的符号。

（3）信道的传递作用集中体现为随机噪声的干扰作用。信道输入 X 的某一种可能的取值 a_i，由于随机噪声的干扰，信道的输出端只能以一定的概率出现某一符号 b_j。这个概率用"出现 a_i 的前提下出现 b_j"的条件概率 $P(b_j \mid a_i)$ 表示。由于 X 有 r 种可能的取值，Y 有 s 种可能的取值，因此，要完整地描述信道的作用，就必须测定 $r \times s$ 个不同的条件概率 $P(b_j \mid a_i)(i=1, 2, \cdots, r; j=1, 2, \cdots, s)$，亦即 $P(Y \mid X)$，称之为信道的传递概率或转移概率。

如果上述三个方面确定，则信道也就确定了，反之亦然。注意，$X:\{a_1, a_2, \cdots, a_r\}$ 和

Y：$\{b_1, b_2, \cdots, b_s\}$可完全相同，也可完全不同，还可部分相同，部分不同；符号数 r 和 s 可相等，也可不等；条件概率满足 $0 \leqslant P(b_j \mid a_i) \leqslant 1$。当 $P(b_j \mid a_i) = 0$ 时，表示在输入符号 a_i 的前提下，输出端不可能出现符号 b_j。当 $P(b_j \mid a_i) = 1$ 时，表示在输入符号 a_i 的前提下，输出端出现符号 b_j 是一个必然事件。一般情况下，由于信道中随机噪声的干扰，当信道输入某一符号 a_i 时，输出端出现哪个符号是不确定的。但有一点是可以肯定的，即一定输出 Y：$\{b_1, b_2, \cdots, b_s\}$ 中的某个符号，而不是出现其它符号，亦即

$$\sum_{j=1}^{s} P(b_j \mid a_i) = 1 \quad (i = 1, 2, \cdots, r) \tag{3-1}$$

成立。

对于给定信道，将测定的 $r \times s$ 个不同的条件概率 $P(b_j \mid a_i)$（$i=1, 2, \cdots, r$；$j=1, 2, \cdots, s$）按输入和输出的对应关系，排成一个矩阵：

$$[P(Y \mid X)] = \begin{array}{c} \\ a_1 \\ a_2 \\ \vdots \\ a_r \end{array} \begin{array}{cccc} b_1 & b_2 & \cdots & b_s \\ \left[\begin{array}{cccc} P(b_1 \mid a_1) & P(b_2 \mid a_1) & \cdots & P(b_s \mid a_1) \\ P(b_1 \mid a_2) & P(b_2 \mid a_2) & \cdots & P(b_s \mid a_2) \\ \vdots & \vdots & & \vdots \\ P(b_1 \mid a_r) & P(b_2 \mid a_r) & \cdots & P(b_s \mid a_r) \end{array}\right] \end{array} \tag{3-2}$$

称矩阵 $[P(Y \mid X)]$ 为前向信道矩阵。又因为矩阵中的元素均为概率，表示信道随机噪声的干扰作用，所以有时也称之为随机矩阵。我们还可以用图示法直观形象地表示信道的数学模型，如图 3-2 所示，图中箭头旁边的 $P(b_j \mid a_i)$ 表示输入符号 a_i 的前提下输出符号 b_j 的条件概率。

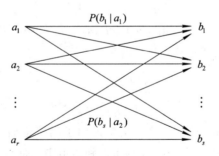

图 3-2　前向信道的图示

在解决了描述信道的数学模型之后，还要进一步讨论在信道的输入随机变量 X 的统计特性已知的情况下，对于给定信道来说，输入随机变量 X 和输出随机变量 Y 之间的统计关系。设信源空间为

$$\begin{bmatrix} X \\ P(X) \end{bmatrix} = \begin{bmatrix} a_1 & a_2 & \cdots & a_r \\ P(a_1) & P(a_2) & \cdots & P(a_r) \end{bmatrix} \tag{3-3}$$

而信道矩阵仍如式（3-2）所示，下面作进一步的分析和讨论。

（1）输入符号 a_i 和输出符号 b_j 的联合概率为

$$P\{X = a_i, Y = b_j\} = P(a_i b_j) = P(a_i)P(b_j \mid a_i) = P(b_j)P(a_i \mid b_j) \tag{3-4}$$

式中：$i=1, 2, \cdots, r$；$j=1, 2, \cdots, s$。

在式（3-4）中，$P(b_j \mid a_i)$ 是信道的传递概率，它表示在信道输入符号 a_i 的前提下，通

过信道传输，信道输出符号 b_j 的概率，常称之为前向概率，故 $[P(Y|X)]$ 称为前向信道矩阵。而条件概率 $P(a_i|b_j)$ 则是已知信道输出符号 b_j 的前提下，信道输入符号 a_i 的概率，有时称它为后向概率。$P(a_i)$ 是信道输入符号 a_i 的概率，称它为符号 a_i 的先验概率，相应地，将 $P(a_i|b_j)$ 称为输入符号 a_i 的后验概率。

在已知信道输入随机变量 X 的先验概率分布 $P(a_i)$ 和信道矩阵 $[P(Y|X)]$ 的情况下，可进一步求得联合概率 $P(a_ib_j)$。

（2）根据 $P(a_i)$ 和 $P(b_j|a_i)$，得输出符号 b_j 的概率 $P\{Y=b_j\}=P(b_j)$ 为

$$P(b_j) = \sum_{i=1}^{r} P(a_ib_j) = \sum_{i=1}^{r} P(a_i)P(b_j \mid a_i)(j = 1, 2, \cdots, s) \tag{3-5}$$

得信宿空间为

$$\begin{bmatrix} Y \\ P(Y) \end{bmatrix} = \begin{bmatrix} b_1 & b_2 & \cdots & b_s \\ P(b_1) & P(b_2) & \cdots & P(b_s) \end{bmatrix} \tag{3-6}$$

（3）信道输出符号 b_j 后，推测输入符号 a_i 的后验概率 $P\{X=a_i|Y=b_j\}=P(a_i|b_j)$ 为

$$P(a_i \mid b_j) = \frac{P(a_ib_j)}{P(b_j)} = \frac{P(a_i)P(b_j \mid a_i)}{\sum\limits_{k=1}^{r} P(a_k)P(b_j \mid a_k)} = \frac{P(a_i)P(b_j \mid a_i)}{\sum\limits_{X} P(x)P(b_j \mid x)} \tag{3-7}$$

式中：$i=1, 2, \cdots, r$；$j=1, 2, \cdots, s$。当求得所有的 $P(a_i|b_j)$ 后，得信道矩阵为

$$[P(X \mid Y)] = \begin{matrix} & a_1 & a_2 & \cdots & a_r & \\ \begin{bmatrix} P(a_1 \mid b_1) & P(a_2 \mid b_1) & \cdots & P(a_r \mid b_1) \\ P(a_1 \mid b_2) & P(a_2 \mid b_2) & \cdots & P(a_r \mid b_2) \\ \vdots & \vdots & & \vdots \\ P(a_1 \mid b_s) & P(a_2 \mid b_s) & \cdots & P(a_r \mid b_s) \end{bmatrix} & \begin{matrix} b_1 \\ b_2 \\ \vdots \\ b_s \end{matrix} \end{matrix} \tag{3-8}$$

称矩阵 $[P(X|Y)]$ 为后向信道矩阵，并且满足

$$\sum_{i=1}^{r} P(a_i \mid b_j) = \frac{\sum\limits_{i=1}^{r} P(a_ib_j)}{P(b_j)} = 1(j = 1, 2, \cdots, s) \tag{3-9}$$

即式（3-8）中的任一行之和等于1。这一结果说明了当信道输出任一符号 b_j 时，一定是符号集 $X:\{a_1, a_2, \cdots, a_r\}$ 中的某一个符号输入到信道中，而不是其它符号。后向信道的图示如图 3-3 所示。

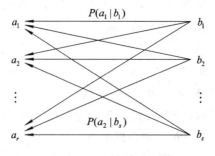

图 3-3　后向信道的图示

（4）后向信道矩阵与前向信道矩阵的关系。将前向信道矩阵转置，并按式（3-7）计算转置后矩阵中的每一个元素 $P(a_i|b_j)$，便得到了后向矩阵，如下式所示：

$$[P(X \mid Y)] = \begin{matrix} a_1 & a_2 & a_3 & \cdots & a_r \\ \begin{bmatrix} \cdots & & \cdots & & \cdots \\ \cdots & P(a_i \mid b_j) = \dfrac{P(a_i)P(b_j \mid a_i)}{\sum\limits_X P(x)P(b_j \mid x)} & & & \cdots \\ \cdots & & & & \cdots \end{bmatrix} & \begin{matrix} b_1 \\ b_2 \\ b_3 \\ \vdots \\ b_s \end{matrix} \end{matrix} \tag{3-10}$$

式中：$i=1, 2, \cdots, r$；$j=1, 2, \cdots, s$。

3.2　单符号的互信息量

信息流通的根本问题，是定量计算信宿收到信道输出的某一符号 b_j 后，从 b_j 中获取关于信源某一符号 a_i 的信息量，如图 3-4 所示。

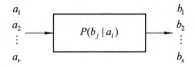

图 3-4　从 b_j 中获取关于 a_i 的信息量

要解决这一问题，我们要重申并继续遵循信息理论的一个基本假设如下：

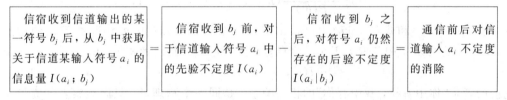

首先，我们站在信道输出端的立场上来考察问题。假设信道是无噪信道。这时，信宿必能确切无误地收到符号 a_i，并且完全消除对 a_i 的不确定度，所获取的信息量就是 a_i 的不确定度 $I(a_i)$，即 a_i 本身含有的全部信息量：

$$I(a_i) = \log \frac{1}{P(a_i)} \quad (i = 1, 2, \cdots, r) \tag{3-11}$$

一般情况下，信道中总是存在着噪声的随机干扰。信源发出符号 a_i，在信道的输出端只能收到由于干扰作用引起的 a_i 的某种变型 b_j。这时信宿收到 b_j 后，推测信源发出符号 a_i 的概率，由先验概率 $P(a_i)$ 变为后验概率 $P(a_i \mid b_j)$。对于信宿来说，在收到 b_j 前，对发 a_i 的不定度是先验不定度 $I(a_i)$；收到 b_j 后，对发 a_i 的不定度就转变为后验不定度：

$$I(a_i \mid b_j) = \log \frac{1}{P(a_i \mid b_j)} \quad (i = 1, 2, \cdots, r; \ j = 1, 2, \cdots, s) \tag{3-12}$$

这样，信宿收到 b_j 前后对发 a_i 不定度的消除，就是从 b_j 中获取关于 a_i 的信息量：

$$
\begin{aligned}
I(a_i; b_j) &= \log \frac{1}{P(a_i)} - \log \frac{1}{P(a_i \mid b_j)} \\
&= \log \frac{P(a_i \mid b_j)}{P(a_i)} \quad (i = 1, 2, \cdots, r; \ j = 1, 2, \cdots, s)
\end{aligned}
\tag{3-13}
$$

其次，我们站在信道输入端的立场上来考察问题。对式(3-13)作恒等变换，得

$$I(a_i; b_j) = \log \frac{P(a_i \mid b_j)}{P(a_i)} = \log \frac{P(b_j)P(a_i \mid b_j)}{P(a_i)P(b_j)}$$

$$= \log \frac{P(a_ib_j)}{P(a_i)P(b_j)} = \log \frac{P(b_j \mid a_i)}{P(b_j)}$$

$$= \log \frac{1}{P(b_j)} - \log \frac{1}{P(b_j \mid a_i)} \quad (i = 1, 2, \cdots, r; j = 1, 2, \cdots, s) \quad (3-14)$$

式（3-14）给出这样的启示，如果我们站在信道的输入端观察问题，在输入端出现符号 a_i 以前，输出端出现符号 b_j 的先验概率 $P(b_j)$ 可由式（3-6）计算而得；当得知输入端出现符号 a_i 后，计算输出端出现符号 b_j 的概率就由先验概率 $P(b_j)$ 转变为后验概率 $P(b_j|a_i)$。这样，观察者在得知输入端出现符号 a_i 以前，对输出端出现符号 b_j 的先验不定度为

$$I(b_j) = \log \frac{1}{P(b_j)} (j = 1, 2, \cdots, s) \quad (3-15)$$

当观察者得知输入端出现符号 a_i 后，对输出端出现 b_j 仍然存在的后验不定度为

$$I(b_j \mid a_i) = \log \frac{1}{P(b_j \mid a_i)} (i = 1, 2, \cdots, r; j = 1, 2, \cdots, s) \quad (3-16)$$

同理得

$$I(b_j; a_i) = \log \frac{1}{P(b_j)} - \log \frac{1}{P(b_j \mid a_i)}$$

$$= \log \frac{P(b_j \mid a_i)}{P(b_j)} (i = 1, 2, \cdots, r; j = 1, 2, \cdots, s) \quad (3-17)$$

从式（3-13）和式（3-17）中可得出这样一个结论：从 b_j 中可获取关于 a_i 的信息量 $I(a_i; b_j)$，也可从 a_i 中获取关于 b_j 的信息量 $I(b_j; a_i)$，并且两者相等，即

$$I(a_i; b_j) = I(b_j; a_i) \quad (3-18)$$

它们两者是"你中有我，我中有你"的相互关系，是同一个物理量，只因观察者的立场不同以不同的形式表达而已。为了充分表达这个特性，我们称 $I(a_i; b_j)$ 和 $I(b_j; a_i)$ 为互信息量。

最后，我们可以既不站在信道的输入端，也不站在信道的输出端，而是站在通信系统的总体立场上来考察问题。这时，在通信前，我们可认为输入随机变量 X 和输出随机变量 Y 之间统计独立，它们之间不存在任何联系，输入符号 a_i 和输出符号 b_j 出现的先验概率满足

$$P(a_ib_j) = P(a_i)P(b_j) \quad (3-19)$$

先验不定度为

$$I_{先验}(a_ib_j) = \log \frac{1}{P(a_ib_j)} = \log \frac{1}{P(a_i)P(b_j)} \quad (3-20)$$

在通信后，输入随机变量 X 和输出随机变量 Y 之间由信道的统计特性相联系，即它们之间不再统计独立，两者变得相关了，其联合概率变为

$$P(a_ib_j) = P(a_i)P(b_j \mid a_i) = P(b_j)P(a_i \mid b_j) \quad (3-21)$$

后验不定度为

$$I_{后验}(a_ib_j) = \log \frac{1}{P(a_ib_j)} = \log \frac{1}{P(a_i)P(b_j \mid a_i)} = \log \frac{1}{P(b_j)P(a_i \mid b_j)} \quad (3-22)$$

这样，通信后所获得的信息量就等于通信前后不定度之差：

$$I(a_i;\, b_j) = I(b_j;\, a_i)$$

$$= I_{先验}(a_i b_j) - I_{后验}(a_i b_j)$$

$$= \log \frac{1}{P(a_i)P(b_j)} - \log \frac{1}{P(a_i b_j)}$$

$$= \log \frac{P(a_i b_j)}{P(a_i)P(b_j)} \quad (i = 1, 2, \cdots, r;\ j = 1, 2, \cdots, s) \qquad (3-23)$$

综上所述，由于观察问题的角度不同，互信息有式(3-13)、式(3-17)和式(3-23)三种不同的表达式，虽然它们之间在数学上都是等价的，但从不同的角度来考察问题时，就赋予了不同的物理意义。

另一方面，因为 $P(a_i b_j)$、$P(b_j)$ 和 $P(a_i|b_j)$ 均可由已知的信源统计特性 $P(a_i)$ 和信道的传递特性 $P(b_j|a_i)$ 决定，故得 $I(a_i;\, b_j)$ 或 $I(b_j;\, a_i)$ 由 $P(a_i)$ 和 $P(b_j|a_i)$ 直接表示如下：

$$\begin{cases} I(a_i;\, b_j) = \log \dfrac{P(a_i \mid b_j)}{P(a_i)}, \ I(b_j;\, a_i) = \log \dfrac{P(b_j \mid a_i)}{P(b_j)} \\[3mm] I(a_i;\, b_j) = I(b_j;\, a_i) = \log \dfrac{P(b_j \mid a_i)}{\displaystyle\sum_{k=1}^{r} P(a_k)P(b_j \mid a_k)} \end{cases} \qquad (3-24)$$

要强调指出的是，式(3-12)即 $I(a_i|b_j) = -\log P(a_i|b_j)$ 的导出，给人们提供了定量测度信息流通的重要手段，使信息流通问题进入了定量分析的范畴，把信息理论推向了一个更深的层次。可以认为，式(3-12)是继自信息定量计算公式 $I(a_i) = -\log P(a_i)$ 之后，信息理论的又一个重要的进展。

例 3-1　假设有一条电线上串联了 8 个灯泡 x_1，x_2，x_3，$\cdots$，x_8。这 8 个灯泡损坏的可能性是等概率的，现假设这 8 个灯泡中有一个也只有一个灯泡已损坏，从而导致了串联灯泡都不能点亮。在未检查之前，我们不知道哪个灯泡 $x_i (i = 1, 2, \cdots, 8)$ 已损坏，是不知的和不确定的。我们只有通过检查，用万用表去测量电路的断路情况，获得了足够的信息量之后，才能获得和确定是哪个灯泡已损坏。试从互信息的角度来分析这一原理。

解　第一次用万用表测量电路的起始至中间一段的电阻值。若电路通则表示损坏的灯泡在后端，若不通则表示损坏的灯泡处在前端。通过第一次测量可消除一些不确定性，获得一定的信息量。第一次测量获得了多少信息量呢？在未测量前(亦即相当于"通信前")，我们不知道到底是哪一个灯泡损坏。这时 8 个灯泡中有一个损坏的先验概率为 $P_{先验} = 1/8$，从而得知测量前(通信前)的先验不定度为

$$I_{先验} = \log(1 \mid P_{先验}) = \log 8 = 3 \text{ 比特}$$

当进行了第一次测量后(相当于"通信后")，可知其中的 4 个是好的，而另外 4 个中有一个是坏的，变成了猜测 4 个中的哪一个损坏的情况了。这时，4 个灯泡中有一个损坏的后验概率为 $P_{后验} = 1/4$。这样，通过第一次测量，我们所获得的互信息量为

$$I_1 = \log(P_{后验} \mid P_{先验}) = \log 2 = 1 \text{ 比特}$$

同理，当进行第二次测量之前，4 个中有一个损坏的先验概率为 $P_{先验} = 1/4$，后验概率变成了猜测 2 个中的哪一个损坏的情况了，故后验概率为 $P_{后验} = 1/2$。这样，通过第二次测量，我们所获得的互信息量为

$$I_2 = \log(P_{后验} \mid P_{先验}) = \log 2 = 1 \text{ 比特}$$

当进行第三次测量之前，2 个中有一个损坏的先验概率为 $P_{先验} = 1/2$。当进行了第三次测量后，我们可肯定得知是哪一个灯泡损坏了，则后验概率为 $P_{后验} = 1$。这样，通过第三次测量，我们所获得的互信息量为

$$I_3 = \log(P_{后验} \mid P_{先验}) = \log 2 = 1 \text{ 比特}$$

通过三次测量，我们可以肯定是其中的哪个灯泡坏了，完全消除了不确定性。获得的互信息量应等于测量前的先验不定度，即

$$I_{先验} = I = I_1 + I_2 + I_3 = 3 \text{ 比特}$$

3.3 后验概率与单符号互信息量关系的进一步讨论

通过上一节的讨论可知，计算公式(3-13)、(3-17)和(3-23)的共同特征是互信息量等于后验概率与先验概率比值的对数，即

$$互信息量 = \log \frac{后验概率}{先验概率} \tag{3-25}$$

在信息理论中，我们总是认为先验概率是先验已知或事先测定的。所以，式(3-13)表明互信息量实际上取决于信道统计特性决定的后验概率。后验概率 $P(a_i \mid b_j)$ 具有概率的一般特性：

$$\begin{cases} 0 \leqslant P(a_i \mid b_j) \leqslant 1 (i = 1, 2, \cdots, r; j = 1, 2, \cdots, s) \\ \sum_{i=1}^{r} P(a_i \mid b_j) = 1 (j = 1, 2, \cdots, s) \end{cases}$$

下面分析和讨论当后验概率 $P(a_i \mid b_j)$ 取不同值时对互信息量的不同影响。

(1) 若 $P(a_i \mid b_j) = 1$，式(3-13)，得

$$I(a_i; b_j) = \log \frac{1}{P(a_i)} = I(a_i) \tag{3-26}$$

这表明当后验概率 $P(a_i \mid b_j) = 1$ 时，收到 b_j 即可确切无误地收到输入符号 a_i，从而消除了对 a_i 的全部不确定度，从 b_j 中获取了 a_i 本身所含有的全部信息量，即 a_i 的自信息量 $I(a_i)$。

(2) 若 $P(a_i) < P(a_i \mid b_j) < 1$，后验概率 $P(a_i \mid b_j)$ 大于先验概率 $P(a_i)$，式(3-13)，得

$$I(a_i; b_j) = \log \frac{P(a_i \mid b_j)}{P(a_i)} > 0 \tag{3-27}$$

这表明当后验概率大于先验概率时，收到 b_j 后推测信源发 a_i 的概率大于收到 b_j 前推测信源发 a_i 的概率。也就是说，收到 b_j 后判断信源发 a_i 的可能性大于收到 b_j 前判断信源发 a_i 的可能性。这意味着收到 b_j 后对信源发 a_i 的不定度小于收到 b_j 前对信源发 a_i 的不定度。由于对信源发 a_i 的不定度有所减少，所以接收者从 b_j 中获取了关于信源符号 a_i 的信息量 $I(a_i; b_j) > 0$。

(3) 若 $P(a_i) = P(a_i \mid b_j)$，则

$$I(a_i; b_j) = \log \frac{P(a_i \mid b_j)}{P(a_i)} = 0 \tag{3-28}$$

这表明当后验概率 $P(a_i \mid b_j)$ 等于先验概率 $P(a_i)$ 时，收到 b_j 后对信源发 a_i 的不定度等于收到 b_j 前对信源发 a_i 的不定度，收到 b_j 后并没有减少对信源发 a_i 的不定度，从 b_j 中不能获取关于 a_i 的信息量。

事实上，当 $P(a_i) = P(a_i \mid b_j)$ 时，有 $P(a_i b_j) = P(b_j) P(a_i \mid b_j) = P(a_i) P(b_j)$，即输入符

号 a_i 和输出符号 b_j 统计独立。这就是说,输出符号 b_j 与输入符号 a_i 之间没有任何联系,完全是互不相关的两码事。显然,在这种情况下,a_i 和 b_j 之间的互信息量应该等于零。

(4) 若 $P(a_i|b_j) < P(a_i) < 1$,则

$$I(a_i;\ b_j) = \log \frac{P(a_i\mid b_j)}{P(a_i)} < 0 \qquad (3-29)$$

这表明收到 b_j 后对信源发 a_i 的不定度反而大于收到 b_j 前对信源发 a_i 的不定度。符号 b_j 的接收,非但没有减少对信源发 a_i 的不定度,反而增加了这种不定度,使得互信息量小于零。

3.4　平均互信息、损失熵(疑义度)和噪声熵

若对式(3-13)求统计平均,得平均互信息 $I(X;\ Y)$ 的结果如下:

$$
\begin{aligned}
I(X;\ Y) &= \sum_{i=1}^{r}\sum_{j=1}^{s} P(a_i b_j) I(a_i;\ b_j) \\
&= \sum_{i=1}^{r}\sum_{j=1}^{s} P(a_i b_j)\log\frac{1}{P(a_i)} - \sum_{i=1}^{r}\sum_{j=1}^{s} P(a_i b_j)\log\frac{1}{P(a_i\mid b_j)} \\
&= \sum_{i=1}^{r} P(a_i)\log\frac{1}{P(a_i)} - \sum_{i=1}^{r}\sum_{j=1}^{s} P(a_i b_j)\log\frac{1}{P(a_i\mid b_j)} \\
&= H(X) - H(X\mid Y) \qquad (3-30)
\end{aligned}
$$

式中,$H(X|Y)$ 称为损失熵或疑义度。其物理意义是,信源符号通过有噪信道传输后所引起的信息量的损失。

若对式(3-17)求统计平均,得平均互信息 $I(Y;\ X)$ 的结果如下:

$$
\begin{aligned}
I(Y;\ X) &= \sum_{i=1}^{r}\sum_{j=1}^{s} P(a_i b_j) I(b_j;\ a_i) \\
&= \sum_{i=1}^{r}\sum_{j=1}^{s} P(a_i b_j)\log\frac{1}{P(b_j)} - \sum_{i=1}^{r}\sum_{j=1}^{s} P(a_i b_j)\log\frac{1}{P(b_j\mid a_i)} \\
&= \sum_{j=1}^{s} P(b_j)\log\frac{1}{P(b_j)} - \sum_{i=1}^{r}\sum_{j=1}^{s} P(a_i b_j)\log\frac{1}{P(b_j\mid a_i)} \\
&= H(Y) - H(Y\mid X) \qquad (3-31)
\end{aligned}
$$

式中,$H(Y|X)$ 称为噪声熵。它是由信道噪声所引起的,故称之为噪声熵。

若对式(3-23)求统计平均,得平均互信息的结果如下:

$$
\begin{aligned}
I(X;\ Y) = I(Y;\ X) &= \sum_{i=1}^{r}\sum_{j=1}^{s} P(a_i b_j) I(a_i;\ b_j) = \sum_{i=1}^{r}\sum_{j=1}^{s} P(a_i b_j) I(b_j;\ a_i) \\
&= \sum_{i=1}^{r}\sum_{j=1}^{s} P(a_i b_j)\log\frac{1}{P(a_i)P(b_j)} - \sum_{i=1}^{r}\sum_{j=1}^{s} P(a_i b_j)\log\frac{1}{P(a_i b_j)} \\
&= \sum_{i=1}^{r}\sum_{j=1}^{s} P(a_i b_j)\log\frac{1}{P(a_i)} + \sum_{i=1}^{r}\sum_{j=1}^{s} P(a_i b_j)\log\frac{1}{P(b_j)} - \sum_{i=1}^{r}\sum_{j=1}^{s} P(a_i b_j)\log\frac{1}{P(a_i b_j)} \\
&= \sum_{i=1}^{r} P(a_i)\log\frac{1}{P(a_i)} + \sum_{j=1}^{s} P(b_j)\log\frac{1}{P(b_j)} - \sum_{i=1}^{r}\sum_{j=1}^{s} P(a_i b_j)\log\frac{1}{P(a_i b_j)} \\
&= H(X) + H(Y) - H(XY) \qquad (3-32)
\end{aligned}
$$

式中，$H(XY)$ 称为联合熵。其物理意义表示输入随机变量 X，输出随机变量 Y 后，亦即进行了通信和信息传输后，整个系统仍然存在的平均不定度，常称之为联合熵或共熵。

式(3-32)表明，当信道的一端出现随机变量 X，另一端出现随机变量 Y 时，X 和 Y 之间的平均互信息量 $I(X;Y)$ 等于信道两端出现 X 和 Y 之前(亦即在通信之前，X 和 Y 没有任何联系，因而是两个统计独立的随机变量)整个系统的先验不定度 $H(X)+H(Y)$，与信道两端出现 X 和 Y 之后(亦即在通信之后，X 和 Y 相互联系起来，它们之间成为了具有一定统计联系的两个随机变量)，整个系统的后验不定度 $H(XY)$ 之差，也就是通信前后整个系统的不确定性的消除。

根据式(3-30)、式(3-31)和式(3-32)，得

$$H(X)-H(X\mid Y)=H(Y)-H(Y\mid X)$$
$$=H(X)+H(Y)-H(XY) \tag{3-33}$$

由式(3-33)中的第一式和第三式，得

$$H(XY)=H(Y)+H(X\mid Y) \tag{3-34}$$

式(3-34)就是我们熟知的熵的可加性的一个计算公式。

同理，由式(3-33)中的第二式和第三式，得

$$H(XY)=H(X)+H(Y/X) \tag{3-35}$$

式(3-35)也是我们熟知的熵的可加性的另一个计算公式。

根据式(3-30)，得损失熵的数学表达式为

$$H(X\mid Y)=\sum_{i=1}^{r}\sum_{j=1}^{s}P(a_ib_j)\log\frac{1}{P(a_i\mid b_j)}$$
$$=\sum_{j=1}^{s}P(b_j)\sum_{i=1}^{r}P(a_i\mid b_j)\log\frac{1}{P(a_i\mid b_j)} \tag{3-36}$$

同理，根据式(3-31)，得噪声熵的数学表达式为

$$H(Y\mid X)=\sum_{i=1}^{r}\sum_{j=1}^{s}P(a_ib_j)\log\frac{1}{P(b_j\mid a_i)}$$
$$=\sum_{i=1}^{r}P(a_i)\sum_{j=1}^{s}P(b_j\mid a_i)\log\frac{1}{P(b_j\mid a_i)} \tag{3-37}$$

下面分两种极限信道的情况来进行分析和讨论。

(1) 第一种极限信道情况为无噪无损的一一对应的理想信道。无噪无损信道如图 3-5 所示，满足

$$P(b_j\mid a_i)=\begin{cases}1 & (i=j)\\0 & (i\neq j)\end{cases} \tag{3-38}$$

式中：$i=1,2,\cdots,r$；$j=1,2,\cdots,s$；$r=s$。对应的前向信道矩阵为

$$[P(Y\mid X)]=\begin{bmatrix}1 & 0 & \cdots & 0\\0 & 1 & \cdots & 0\\\vdots & \vdots & & \vdots\\0 & 0 & \cdots & 1\end{bmatrix}$$

再根据公式

$$P(a_i \mid b_j) = \frac{P(a_i b_j)}{P(b_j)} = \frac{P(a_i)P(b_j \mid a_i)}{\sum\limits_{k=1}^{r} P(a_k)P(b_j \mid a_k)}$$

即已知 $P(b_j|a_i)$（尽管 $P(a_i)$ 不知，但在这情况下，分子和分母的 $P(a_i)$ 相互抵消），可计算 $P(a_i|b_j)$，得对应的后向信道矩阵为

$$[P(X \mid Y)] = \begin{bmatrix} 1 & 0 & \cdots & 0 \\ 0 & 1 & \cdots & 0 \\ \vdots & \vdots & & \vdots \\ 0 & 0 & \cdots & 1 \end{bmatrix}$$

上述计算表明，前向信道矩阵 $[P(Y|X)]$ 和后向信道矩阵 $[P(X|Y)]$ 中的所有元素均为 0 或 1。根据高等数学中的罗必塔法则，得

$$\begin{cases} \lim\limits_{x \to 0} x \log x = 0 \to 0 \cdot \log 0 = 0 \\ \lim\limits_{x \to 1} x \log x = 0 \to 1 \cdot \log 1 = 0 \end{cases}$$

故得损失熵 $H(X|Y)=0$ 和噪声熵 $H(Y|X)=0$，因此

$$I(X; Y) = I(Y; X) = H(X) = H(Y) \tag{3-39}$$

式(3-39)表明，在无噪无损的信道传输信息时，能获得信源所具有的全部信息量。

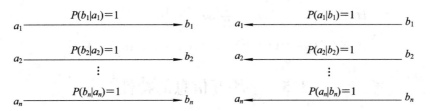

图 3-5　无噪无损信道图示

（2）第二种极限信道情况为输入端 X 和输出端 Y 完全统计独立，满足 $H(X|Y) = H(X)$ 和 $H(Y|X)=H(Y)$，从而有

$$\begin{cases} I(X; Y) = H(X) - H(X \mid Y) = 0 \\ I(Y; X) = H(Y) - H(Y \mid X) = 0 \end{cases} \tag{3-40}$$

可见在这种信道中，输入符号与输出符号之间没有任何依赖关系，接收到 Y 后不可能消除有关输入端 X 的任何不确定性，所以获得的信息量等于零。同样，也不能从 X 中获取关于 Y 的任何信息。

在一般情况下，实际信道既不是无噪无损信道，也不是输入端和输出端完全统计独立的信道，接收端所获得的信息量为

$$\begin{cases} 0 < I(X; Y) < H(X) \\ 0 < I(Y; X) < H(Y) \end{cases} \tag{3-41}$$

例 3-2　已知某一通信系统，其信源空间为

$$\begin{bmatrix} X \\ P(X) \end{bmatrix} = \begin{bmatrix} a_1 & a_2 & a_3 & a_4 \\ 0.25 & 0.25 & 0.25 & 0.25 \end{bmatrix}$$

其前向信道矩阵 $[P(Y|X)]$ 为

$$[P(Y \mid X)] = \begin{array}{c} \\ a_1 \\ a_2 \\ a_3 \\ a_4 \end{array} \begin{array}{cccc} b_1 & b_2 & b_3 & b_4 \\ \begin{bmatrix} 0 & 0 & 0 & 1 \\ 0 & 0 & 0 & 1 \\ 0.5 & 0.5 & 0 & 0 \\ 0 & 0 & 1 & 0 \end{bmatrix} \end{array}$$

试求该系统传输的平均信息量 $I(X; Y)$。

解 已知信源空间和前向信道矩阵，可进一步求得其联合概率矩阵为

$$[P(XY)] = \begin{array}{c} \\ a_1 \\ a_2 \\ a_3 \\ a_4 \end{array} \begin{array}{cccc} b_1 & b_2 & b_3 & b_4 \\ \begin{bmatrix} 0 & 0 & 0 & 0.25 \\ 0 & 0 & 0 & 0.25 \\ 0.125 & 0.125 & 0 & 0 \\ 0 & 0 & 0.25 & 0 \end{bmatrix} \end{array}$$

由联合概率矩阵求得 $P(b_1) = 0.125$，$P(b_2) = 0.125$，$P(b_3) = 0.25$，$P(b_4) = 0.5$。

$$\begin{cases} I(X; Y) = H(Y) - H(Y \mid X) \\ H(Y) = \dfrac{1}{8}\log 8 + \dfrac{1}{8}\log 8 + \dfrac{1}{4}\log 4 + \dfrac{1}{2}\log 2 = 1 + \dfrac{3}{4} \\ H(Y \mid X) = \dfrac{1}{8}\log 2 + \dfrac{1}{8}\log 2 = \dfrac{1}{4} \end{cases}$$

最后得 $\qquad I(X; Y) = H(Y) - H(Y \mid X) = 1.5$ 比特／符号

3.5 平均互信息的特性

本节讨论平均互信息的特性，其中包括非负性、极值性、交互性(对称性)、凸函数性等内容。

3.5.1 平均互信息的非负性

根据式(3 - 30)和式(3 - 31)，得

$$\begin{cases} I(X; Y) = H(X) - H(X \mid Y) \\ I(Y; X) = H(Y) - H(Y \mid X) \end{cases}$$

因

$$H(X) \geqslant H(X \mid Y), \quad H(Y) \geqslant H(Y \mid X)$$

故

$$I(X; Y) \geqslant 0, \quad I(Y; X) \geqslant 0$$

另一方面，可利用凸函数的不等式来加以证明。根据式(3 - 30)

$$I(X; Y) = \sum_{i=1}^{r} \sum_{j=1}^{s} P(a_i b_j) \log \frac{P(a_i \mid b_j)}{P(a_i)}$$

对上式两边取负号(如果不取负号，则无法用詹森不等式证明所需的结果)，得

$$-I(X; Y) = \sum_{i=1}^{r} \sum_{j=1}^{s} P(a_i b_j) \log \frac{P(a_i)}{P(a_i \mid b_j)}$$

根据凸函数不等式(詹森不等式)

$$\sum_i P_i f(x_i) \leqslant f\left(\sum_i P_i x_i\right)$$

选取 $f(x_i) = \log x_i$，令 $x_i = P(a_i)/P(a_i \mid b_j)$，$P_i = P(a_i b_j)$，得

$$-I(X; Y) = \sum_{i,j} P(a_i b_j) \log \frac{P(a_i)}{P(a_i \mid b_j)} \leqslant \log\left(\sum_{i,j} P(a_i b_j) \frac{P(a_i)}{P(a_i \mid b_j)}\right)$$

$$= \log\left(\sum_{i,j} P(a_i) P(b_j)\right) = \log 1 = 0 \tag{3-42}$$

从而有 $I(X; Y) \geqslant 0$。

同样可根据式(3-31)或式(3-32)，证明其非负性。例如，根据式(3-32)，得

$$-I(X; Y) = \sum_{i=1}^{r} \sum_{j=1}^{s} P(a_i b_j) \log \frac{P(a_i) P(b_j)}{P(a_i b_j)}$$

选取 $x_i = P(a_i) P(b_j)/P(a_i b_j)$，$P_i = P(a_i b_j)$，得

$$-I(X; Y) = \sum_{i=1}^{r} \sum_{j=1}^{s} P(a_i b_j) \log \frac{P(a_i) P(b_j)}{P(a_i b_j)} \leqslant \log\left(\sum_{i,j} P(a_i b_j) \frac{P(a_i) P(b_j)}{P(a_i b_j)}\right) = 0$$

从而有 $I(X; Y) \geqslant 0$。

3.5.2　平均互信息的极值性

平均互信息的极值性为

$$I(X; Y) \leqslant \min[H(X), H(Y)] \tag{3-43}$$

事实上，由于

$$I(X; Y) = H(X) - H(X \mid Y) = H(Y) - H(Y \mid X)$$

并且 $H(X|Y) \geqslant 0$，$H(Y|X) \geqslant 0$，故下式成立：

$$I(X; Y) \leqslant H(X), \quad I(X; Y) \leqslant H(Y)$$

因此有

$$I(X; Y) \leqslant \min[H(X), H(Y)]$$

3.5.3　平均互信息的对称性(交互性)

$I(X; Y) = I(Y; X)$，亦即将 X 和 Y 互换，平均互信息的大小保持不变。这说明，无论我们是站在输出端的立场，还是站在输入端的立场，或者是站在通信系统的总体立场上来考察信息获取的问题，所得到的结果都是一致的。

3.5.4　平均互信息的凸函数性

平均互信息的一般形式为

$$I(X; Y) = \sum_{i=1}^{r} \sum_{j=1}^{s} P(a_i b_j) \log \frac{P(b_j \mid a_i)}{P(b_j)}$$

$$= \sum_{i=1}^{r} \sum_{j=1}^{s} P(a_i) P(b_j \mid a_i) \log \frac{P(b_j \mid a_i)}{\sum\limits_{k=1}^{r} P(a_k) P(b_j \mid a_k)}$$

$$= I[P(a_i), P(b_j \mid a_i)] \tag{3-44}$$

这说明平均互信息 I 是信源概率分布 $P(a_i)$ 和信道传递概率 $P(b_j|a_i)$ 的函数。

（1）若固定信道不变，变动信源，那么，平均互信息 I 就只是信源概率分布 $P(a_i)$ 的函数，即

$$I(X;Y) = I[P(a_i)] \tag{3-45}$$

设信源概率分布 $P(a_i)$ 满足

$$P(a_i) = \alpha P_1(a_i) + \beta P_2(a_i) \tag{3-46}$$

式中，$0 < \alpha, \beta < 1, \alpha + \beta = 1$。

定理 3-1　在固定信道的情况下，平均互信息 $I(X;Y)$ 是信源概率分布 $P(a_i)$ 的 $\bigcap$ 型凸函数，即存在信源概率分布 $P(a_i)$，使 $I(X;Y)$ 达到最大。

在固定信道的前提下，可以证明不等式

$$\alpha I[P_1(a_i)] + \beta I[P_2(a_i)] \leqslant I[\alpha P_1(a_i) + \beta P_2(a_i)] \tag{3-47}$$

成立，因此，$I(X;Y)$ 是信源概率分布 $P(a_i)$ 的 $\bigcap$ 型凸函数。证明见附录 3-1。

定理 3-1 说明，既然 $I(X;Y)$ 是信源概率分布 $P(a_i)$ 的 $\bigcap$ 型凸函数，那么，在固定信道的情况下，我们一定可以找到一种概率分布为

$$P(X): \{P(a_i); i = 1, 2, \cdots, r\}$$

的信源 X，这个信源为该信道的最佳匹配信源，能使平均互信息量达到最大。

（2）若固定信源不变，变动信道，那么，平均互信息 I 就只是信道传递概率 $P(b_j|a_i)$ 的函数，即

$$I(X;Y) = I[P(b_j|a_i)] \tag{3-48}$$

设信道传递概率 $P(b_j|a_i)$ 满足

$$P(b_j|a_i) = \alpha P(b_j|a_i) + \beta P(b_j|a_i) \tag{3-49}$$

式中，$0 < \alpha, \beta < 1, \alpha + \beta = 1$。

定理 3-2　在固定信源的情况下，平均互信息 $I(X;Y)$ 是信道传递概率 $P(b_j|a_i)$ 的 $\bigcup$ 型凸函数，即存在信道传递概率 $P(b_j|a_i)$，使 $I(X;Y)$ 达到最小。

在固定信源的前提下，可以证明不等式

$$\alpha I[P_1(b_j|a_i)] + \beta I[P_2(b_j|a_i)] \geqslant I[\alpha P_1(b_j|a_i) + \beta P_2(b_j|a_i)] \tag{3-50}$$

成立。因此，$I(X;Y)$ 是信道传递概率 $P(b_j|a_i)$ 的 $\bigcup$ 型凸函数。证明见附录 3-2。

定理 3-2 说明，既然 $I(X;Y)$ 是信道传递概率 $P(b_j|a_i)$ 的 $\bigcup$ 型凸函数，那么，在固定信源的情况下，我们一定可以找到一种传递概率为

$$P(Y|X): \{P(b_j|a_i); i = 1, 2, \cdots, r; j = 1, 2, \cdots, s\}$$

的信道，该信道对于传输信息来说最为不利，能使平均互信息量达到最小。

例 3-3　已知某二进制对称信道，其信源空间为

$$\begin{bmatrix} X \\ P(X) \end{bmatrix} = \begin{bmatrix} a_1 & a_2 \\ \omega & \bar{\omega} \end{bmatrix}$$

式中，$0 \leqslant \omega, \bar{\omega} \leqslant 1, \omega + \bar{\omega} = 1$。对应的前向信道矩阵为

$$[P(Y|X)] = \begin{array}{c} \\ a_1 \\ a_2 \end{array}\begin{bmatrix} \overset{b_1}{\bar{p}} & \overset{b_2}{p} \\ p & \bar{p} \end{bmatrix}$$

式中，$0 \leqslant p, \bar{p} \leqslant 1, p + \bar{p} = 1$。试求 $I(X;Y)$，并验证定理 3-1 和定理 3-2 成立。

解　首先求得其联合概率矩阵为

$$[P(XY)] = \begin{array}{c} a_1 \\ a_2 \end{array} \begin{matrix} \quad b_1 \quad\quad b_2 \\ \begin{bmatrix} \bar{p}\omega & p\omega \\ p\bar{\omega} & \bar{p}\bar{\omega} \end{bmatrix} \end{matrix}$$

进一步求得

$$P(b_1) = \bar{p}\omega + p\bar{\omega}, \ P(b_2) = p\omega + \bar{p}\bar{\omega}$$

从而有

$$I(X;Y) = H(Y) - H(Y \mid X)$$
$$H(Y) = -(\bar{p}\omega + p\bar{\omega})\log(\bar{p}\omega + p\bar{\omega}) - (p\omega + \bar{p}\bar{\omega})\log(p\omega + \bar{p}\bar{\omega})$$
$$= H(\bar{p}\omega + p\bar{\omega}, \ p\omega + \bar{p}\bar{\omega})$$
$$H(Y \mid X) = -\bar{p}\omega\log\bar{p} - p\omega\log p - p\bar{\omega}\log p - \bar{p}\bar{\omega}\log\bar{p}$$
$$= -\bar{p}\log\bar{p} - p\log p$$
$$= H(p, \bar{p})$$

最后得

$$I(X;Y) = H(Y) - H(Y \mid X) = H(\bar{p}\omega + p\bar{\omega}, \ p\omega + \bar{p}\bar{\omega}) - H(p, \bar{p})$$

当信道固定时，即固定 p 时，可得 $I(X;Y)$ 是信源分布 ω 的上凸函数。当 $\omega = 1/2$ 时，得 $H(\bar{p}\omega + p\bar{\omega}, \ p\omega + \bar{p}\bar{\omega}) = 1$ 达到最大，从而使得 $I(X;Y)$ 达到最大，如图 3-6 所示。

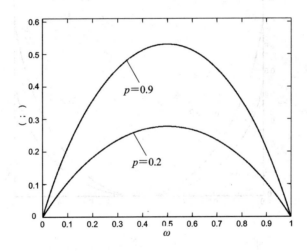

图 3-6　$I(X;Y)$ 是信源分布 ω 的上凸函数

画图所用的 MATLAB 程序如下：

```
p=0.2;
w=0:0.001:1;
H_Y=-((1-p).*w+p.*(1-w)).*log2((1-p).*w+p.*(1-w))-(p.*w+
(1-p).*(1-w)).*log2(p.*w+(1-p).*(1-w));
H_Y_X=-(1-p).*log2(1-p)-p.*log2(p);
I_X_Y=H_Y-H_Y_X;
figure(1)
```

```
plot(w, I_X_Y);
Xlabel('\omega', 'fontsiZe', 20, 'fontname', 'times new roman', 'FontAngle', 'italic');
Ylabel('I(X; Y)', 'fontsiZe', 20, 'fontname', 'times new roman', 'FontAngle', 'italic');
hold on
p=0.9;
H_Y=-((1-p). * w+p. * (1-w)). * log2((1-p). * w+p. * (1-w))-(p. * w+
(1-p). * (1-w)). * log2(p. * w+(1-p). * (1-w));
H_Y_X=-(1-p). * log2(1-p)-p. * log2(p);
I_X_Y=H_Y-H_Y_X;
figure(1)
plot(w, I_X_Y);
hold off
```

当信源 ω 固定时，$I(X; Y)$ 是信道传递概率 p 的下凸函数，如图 3-7 所示。

(1) 当 $p=0$ 时，$I(X; Y)=H(Y)-H(Y|X)=H(\omega, \bar{\omega})-H(0, 1)=H(\omega, \bar{\omega})$；

(2) 当 $p=1$ 时，$I(X; Y)=H(Y)-H(Y|X)=H(\bar{\omega}, \omega)-H(1, 0)=H(\bar{\omega}, \omega)$；

(3) 当 $p=0.5$ 时，$I(X; Y)=H(Y)-H(Y|X)=H(0.5, 0.5)-H(0.5, 0.5)=0$。

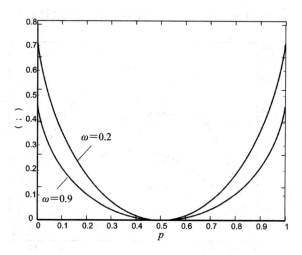

图 3-7 $I(X; Y)$ 是信道分布 p 的下凸函数

画图所用的 MATLAB 程序如下：

```
w=0.2;
p=0: 0.001: 1;
H_Y=-((1-p). * w+p. * (1-w)). * log2((1-p). * w+p. * (1-w))-(p. * w+
(1-p). * (1-w)). * log2(p. * w+(1-p). * (1-w));
H_Y_X=-(1-p). * log2(1-p)-p. * log2(p);
I_X_Y=H_Y-H_Y_X;
figure(1)
plot(p, I_X_Y);
```

Xlabel($'p'$, $'fontsiZe'$, 20, $'fontname'$, $'times\ new\ roman'$, $'FontAngle'$, $'italic'$);

Ylabel($'I(X；Y)'$, $'fontsiZe'$, 20, $'fontname'$, $'times\ new\ roman'$, $'FontAngle'$, $'italic'$);

hold on

w＝0.9;

H_Y=-((1-p). * w+p. * (1-w)). * log2((1-p). * w+p. * (1-w))-(p. * w+(1-p). * (1-w)). * log2(p. * w+(1-p). * (1-w));

H_Y_X=-(1-p). * log2(1-p)-p. * log2(p);

I_X_Y=H_Y-H_Y_X;

figure(1)

plot(p, I_X_Y);

hold off

3.6　单符号离散信道的信道容量

在本节中,我们将引入表征信道最大传输能力的信道参量,即信道容量的概念,并讨论信道容量的一般计算方法和若干特殊信道的信道容量计算方法。

3.6.1　信道容量的定义

我们知道,平均互信息量 $I(X；Y)$ 就是从平均的意义上来说,信道传递一个符号流经信道的平均信息量。从这个意义上讲,我们也可称平均互信息为信道的信息传输率 R,即

$$R = I(X；Y) \text{（比特 / 信道符号）} \tag{3-51}$$

有时,我们所关心的是信道在单位时间(一般以秒为单位)内能传输多少信息量。若信道平均传输一个符号需要 t 秒,则信道平均每秒传输的信息量,即信道的信息传输速率可表示为

$$R_t = \frac{1}{t}I(X；Y) \text{（比特 / 秒）} \tag{3-52}$$

由前面的讨论我们知道,平均互信息量 $I(X；Y)$ 是信源 X 的概率分布 $P(a_i)(i=1, 2, \cdots, r)$ 和信道传递概率 $P(b_j|a_i)(i=1, 2, \cdots, r; j=1, 2, \cdots, s)$ 的函数,即满足

$$R = I(X；Y) = I[P(a_i), P(b_j \mid a_i)] \tag{3-53}$$

根据上面关于平均互信息是信源概率分布 $P(a_i)$ 的 $\bigcap$ 型凸函数的讨论,我们总可以找到概率分布为 $P(X)：\{P(a_i)；i=1, 2, \cdots, r\}$ 的信源,使得平均互信息 $I(Y；X)$ 达到最大值。我们定义这个最大值为该信道的信道容量

$$C = \max_{P(X)}\{R\} = \max_{P(X)}\{I(X；Y)\} \text{（比特 / 信道符号）} \tag{3-54}$$

由式(3-54)可知,信道容量 C 同时也是信道的最大信息传输率 R。

若信道传输一个符号平均需要 t 秒,则定义信道的最大传输速率为信道容量 C_t,即

$$C_t = \frac{1}{t}\max_{P(X)}I(X；Y) \text{（比特 / 秒）} \tag{3-55}$$

需要注意的是,根据上面有关信道容量的定义,从表面上看,信道容量 C 是根据信源的某种分布求出来的,但从本质上讲,信道容量与信源无关,只是信道传递概率的函数,

取决于信道本身的统计特性，表征信道自身传输信息的最大能力。

现举一个大家熟知的例子来说明这个问题。当我们用装水的方法来测量某个容器（如一个瓶子）的容积时，实际上，这个瓶子的容积是其本身所具有的，与装不装水并没有什么关系。但我们可以通过装满水的方法来测量其容积，即将装满瓶子中的水倒出来后再测量水的容积，便可测量出该瓶子容积的大小。这与通过找到概率分布为 $P(X)$：$\{P(a_i); i=1, 2, \cdots, r\}$ 的信源（类似于将水装到瓶子中），求得平均互信息 $I(Y; X)$ 达到最大值（类似于测量出瓶子的容积）的道理是相似的。

3.6.2 信道容量的一般计算方法

由信道容量的定义可知，信道容量就是在固定信道的条件下，对所有可能的输入概率分布求平均互信息的极大值。由于信源概率分布 $P(X)$：$\{P(a_i); i=1, 2, \cdots, r\}$ 满足

$$\sum_{i=1}^{r} P(a_i) = 1$$

因此，信道容量 C 就是在上述约束条件 $\sum_{i=1}^{r} P(a_i) = 1$ 下，平均互信息量 $I(X; Y)$ 对信源概率分布 $P(X)$：$\{P(a_i); i=1, 2, \cdots, r\}$ 的条件极大值。

根据高等数学中求解多元函数条件极值的方法，作辅助函数

$$F(P(a_1), P(a_2), \cdots, P(a_r)) = I(X; Y) + \lambda\left(\sum_{i=1}^{r} P(a_i) - 1\right) \quad (3-56)$$

其中 λ 为待定常数。用辅助函数 F 对 $P(a_i)(i=1, 2, \cdots, r)$ 求偏导，并令其等于零，得 r 个方程并且与约束方程联立，得联立方程组如下：

$$\begin{cases} \dfrac{\partial F}{\partial P(a_i)} = \dfrac{I(X; Y) + \lambda\left(\sum\limits_{i=1}^{r} P(a_i) - 1\right)}{\partial P(a_i)} = 0 & (i = 1, 2, \cdots, r) \\ \sum\limits_{i=1}^{r} P(a_i) = 1 \end{cases} \quad (3-57)$$

由此方程组解得达到极大值时信源概率分布 $P(X)$：$\{P(a_i); i=1, 2, \cdots, r\}$ 和待定常数 λ，最后便可求出信道容量 C。由于这种一般方法在求解时非常复杂，因此这里不再详细介绍。

下面只对便于分析和计算的五种特殊信道及其信道容量作详细介绍，它们分别是：

（1）无噪无损离散信道及其信道容量；

（2）有噪无损离散信道及其信道容量；

（3）无噪有损离散信道及其信道容量；

（4）对称离散信道及其信道容量；

（5）准对称离散信道及其信道容量。

定理 3-3 对于一个信道的前向信道矩阵 $[P(Y|X)]$ 来说，当且仅当 $[P(Y|X)]$ 中所有的元素都为 0 或 1 时，该信道的噪声熵 $H(Y|X)=0$。

证明 根据噪声熵的数学表达式，得

$$H(Y|X) = \sum_{i=1}^{r} \sum_{j=1}^{s} P(a_i b_j) \log \frac{1}{P(b_j|a_i)} = -\sum_{i=1}^{r} P(a_i) \sum_{j=1}^{s} P(b_j|a_i) \log P(b_j|a_i)$$

上式表明，如果一个信道的前向信道矩阵$[P(Y|X)]$中所有的元素都为 0 或 1，则有

$$P(b_j \mid a_i)\log P(b_j \mid a_i) = 0$$

故 $H(Y|X)=0$ 成立。否则有 $P(b_j|a_i)\log P(b_j|a_i)\neq 0$，故 $H(Y|X)\neq 0$。

定理 3-4 对于一个信道的后向信道矩阵$[P(X|Y)]$来说，当且仅当$[P(X|Y)]$中所有的元素都为 0 或 1 时，该信道的损失熵 $H(X|Y)=0$。

证明 根据损失熵的数学表达式，得

$$H(X \mid Y) = \sum_{i=1}^{r} \sum_{j=1}^{s} P(a_i b_j) \log \frac{1}{P(a_i \mid b_j)}$$

$$= -\sum_{j=1}^{s} P(b_j) \sum_{i=1}^{r} P(a_i \mid b_j) \log P(a_i \mid b_j)$$

上式表明，如果一个信道的后向信道矩阵$[P(X|Y)]$中所有的元素都为 0 或 1，则有

$$P(a_i \mid b_j)\log P(a_i \mid b_j) = 0$$

故 $H(X|Y)=0$ 成立。否则有 $P(a_i|b_j)\log P(a_i|b_j)\neq 0$，故 $H(X|Y)\neq 0$。

在下面的分析中，还要注意到这样一个重要结论：前向信道矩阵$[P(Y|X)]$和后向信道矩阵$[P(X|Y)]$中任何一行的所有元素之和等于 1，即满足

$$\begin{cases} \sum_{j=1}^{s} P(b_j \mid a_i) = 1 (i=1,2,\cdots,r) \\ \sum_{i=1}^{r} P(a_i \mid b_j) = 1 (j=1,2,\cdots,s) \end{cases}$$

3.6.3 无噪无损离散信道及其信道容量

无噪无损信道的特点是，前向信道的输入符号 X 与输出符号 Y 是一一对应的关系，同时，输出符号 Y 与输入符号 X 也是一一对应的关系，从而使得 X 中的符号数 r 与 Y 中的符号数 s 一定相等，即满足 $r=s$。因此，该信道对应的前向信道矩阵$[P(Y|X)]$中的所有元素都为 0 或 1，后向信道矩阵$[P(X|Y)]$中的所有元素也都为 0 或 1。根据定理 3-3 和定理 3-4，得噪声熵 $H(Y|X)$ 和损失熵 $H(X|Y)$ 均同时为零，因此，该信道一定是无噪无损信道。

例如，图 3-8 所示信道的输入符号与输出符号是一一对应的，因此，该信道一定是无噪无损信道。

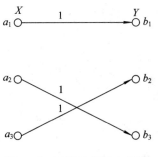

图 3-8 无噪无损前向信道

根据图 3-8，得其前向信道矩阵 $[P(Y|X)]$ 为

$$[P(Y \mid X)] = \begin{array}{c} \\ a_1 \\ a_2 \\ a_3 \end{array} \begin{array}{ccc} b_1 & b_2 & b_3 \\ \begin{bmatrix} 1 & 0 & 0 \\ 0 & 0 & 1 \\ 0 & 1 & 0 \end{bmatrix} \end{array} \qquad (3-58)$$

可见，前向信道矩阵 $[P(Y|X)]$ 中的所有元素均为 0 或 1，噪声熵 $H(Y|X)=0$，故该信道是无噪信道。另一方面，根据公式

$$P(a_i \mid b_j) = \frac{P(a_i b_j)}{P(b_j)} = \frac{P(a_i)P(b_j \mid a_i)}{\sum\limits_{k=1}^{r} P(a_k)P(b_j \mid a_k)}$$

得对应的后向信道矩阵中的各个元素如下：

$$p(a_1 \mid b_1) = \frac{p(a_1 b_1)}{p(b_1)} = \frac{p(a_1)p(b_1 \mid a_1)}{\sum\limits_{X} p(x)p(b_1 \mid x)} = \frac{p(a_1)p(b_1 \mid a_1)}{p(a_1)p(b_1 \mid a_1)} = 1$$

$$p(a_1 \mid b_2) = \frac{p(a_1 b_2)}{p(b_2)} = \frac{p(a_1)p(b_2 \mid a_1)}{\sum\limits_{X} p(x)p(b_2 \mid x)} = \frac{0}{p(a_3)} = 0$$

$$p(a_1 \mid b_3) = \frac{p(a_1 b_3)}{p(b_3)} = \frac{p(a_1)p(b_3 \mid a_1)}{\sum\limits_{X} p(x)p(b_3 \mid x)} = \frac{0}{p(a_2)} = 0$$

$$p(a_2 \mid b_1) = \frac{p(a_2 b_1)}{p(b_1)} = \frac{p(a_2)p(b_1 \mid a_2)}{\sum\limits_{X} p(x)p(b_1 \mid x)} = \frac{0}{p(a_1)p(b_1 \mid a_1)} = 0$$

$$p(a_2 \mid b_2) = \frac{p(a_2 b_2)}{p(b_2)} = \frac{p(a_2)p(b_2 \mid a_2)}{\sum\limits_{X} p(x)p(b_2 \mid x)} = \frac{0}{p(a_3)} = 0$$

$$p(a_2 \mid b_3) = \frac{p(a_2 b_3)}{p(b_3)} = \frac{p(a_2)p(b_3 \mid a_2)}{\sum\limits_{X} p(x)p(b_3 \mid x)} = \frac{p(a_2)p(b_3 \mid a_2)}{p(a_2)p(b_3 \mid a_2)} = 1$$

$$p(a_3 \mid b_1) = \frac{p(a_3 b_1)}{p(b_1)} = \frac{p(a_3)p(b_1 \mid a_3)}{\sum\limits_{X} p(x)p(b_1 \mid x)} = \frac{0}{p(a_1)p(b_1 \mid a_1)} = 0$$

$$p(a_3 \mid b_2) = \frac{p(a_3 b_2)}{p(b_2)} = \frac{p(a_3)p(b_2 \mid a_3)}{\sum\limits_{X} p(x)p(b_2 \mid x)} = \frac{p(a_3)p(b_2 \mid a_3)}{p(a_3)p(b_2 \mid a_3)} = 1$$

$$p(a_3 \mid b_3) = \frac{p(a_3 b_3)}{p(b_3)} = \frac{p(a_3)p(b_3 \mid a_3)}{\sum\limits_{X} p(x)p(b_3 \mid x)} = \frac{0}{p(a_2)} = 0$$

从而后向信道矩阵 $[P(X|Y)]$ 为

$$[P(X \mid Y)] = \begin{array}{c} \\ \\ \\ \\ \end{array} \begin{array}{ccc} a_1 & a_2 & a_3 \\ \begin{bmatrix} 1 & 0 & 0 \\ 0 & 0 & 1 \\ 0 & 1 & 0 \end{bmatrix} \begin{array}{c} b_1 \\ b_2 \\ b_3 \end{array} \end{array} \qquad (3-59)$$

从这个例子可知，对于无噪无损信道，满足$[P(Y|X)]^{\mathrm{T}}=[P(X|Y)]$。对应的后向信道如图 3-9 所示。因后向信道矩阵$[P(X|Y)]$中所有元素也均为 0 或 1，损失熵 $H(X|Y)=0$，故该信道同时也是无损信道。

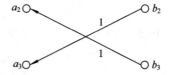

图 3-9　无噪无损后向信道

根据信道容量的计算公式，得无噪无损信道的容量为

$$\begin{cases} C=\max_{P(X)}\{I(Y;X)\}=\max_{P(X)}\{H(X)-H(X\mid Y)\}=\max_{P(X)}\{H(X)\}=\log r \\ C=\max_{P(X)}\{I(Y;X)\}=\max_{P(X)}\{H(Y)-H(Y\mid X)\}=\max_{P(X)}\{H(Y)\}=\log s \end{cases}$$

$$(3-60)$$

3.6.4　有噪无损离散信道及其信道容量

有噪无损信道的特点是，前向信道的输出符号 Y 与输入符号 X 是一一对应的关系，但前向信道的输入符号 X 与输出符号 Y 不是一一对应的关系。因此，该信道对应的前向信道矩阵$[P(Y|X)]$中的所有元素不可能都为 0 或 1，故噪声熵 $H(Y|X)\neq 0$。但由于后向信道矩阵$[P(X|Y)]$中的所有元素都能满足为 0 或 1，根据定理 3-4，得损失熵 $H(X|Y)=0$，可知该信道一定是有噪无损信道。

例如，图 3-10 所示的前向信道，输出符号 Y 与输入符号 X 是一一对应的关系，得其前向信道矩阵$[P(Y|X)]$为

$$[P(Y\mid X)]=\begin{array}{c} \\ a_1 \\ a_2 \\ a_3 \end{array}\begin{array}{ccccc} b_1 & b_2 & b_3 & b_4 & b_5 \\ \begin{bmatrix} 1/3 & 2/3 & 0 & 0 & 0 \\ 0 & 0 & 1 & 0 & 0 \\ 0 & 0 & 0 & 2/5 & 3/5 \end{bmatrix} \end{array}$$

$$(3-61)$$

由于$[P(Y|X)]$不满足所有元素均为 0 或 1，故 $H(Y|X)\neq 0$，因而是有噪信道。

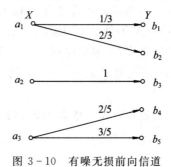

图 3-10　有噪无损前向信道

另一方面，根据公式

$$P(a_i \mid b_j) = \frac{P(a_i b_j)}{P(b_j)} = \frac{P(a_i)P(b_j \mid a_i)}{\sum\limits_{k=1}^{r} P(a_k)P(b_j \mid a_k)}$$

得其后向信道矩阵$[P(X|Y)]$为

$$[P(X \mid Y)] = \begin{matrix} a_1 & a_2 & a_3 \\ \begin{bmatrix} 1 & 0 & 0 \\ 1 & 0 & 0 \\ 0 & 1 & 0 \\ 0 & 0 & 1 \\ 0 & 0 & 1 \end{bmatrix} & \begin{matrix} b_1 \\ b_2 \\ b_3 \\ b_4 \\ b_5 \end{matrix} \end{matrix} \qquad (3-62)$$

上述计算结果表明，对于任何一个有噪无损信道来说，在已知前向信道的情况下，只需将前向信道中的所有箭头反转，并将对应的条件概率全部都置为 1，便得到了对应的后向信道，如图 3－11 所示。

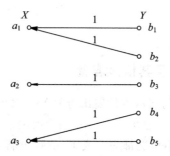

图 3－11　有噪无损后向信道

另一方面，根据式(3－61)和式(3－62)，只需将前向信道矩阵$[P(Y|X)]$转置后，并将转置后的矩阵中所有的不为 0 的那些元素全部置为 1 即可。

根据信道容量的计算公式，得有噪无损信道的容量为

$$C = \max_{P(X)}\{I(X;Y)\} = \max_{P(X)}\{H(X) - H(X \mid Y)\} = \max_{P(X)}\{H(X)\} = \log r$$

$$(3-63)$$

3.6.5　无噪有损离散信道及其信道容量

无噪有损信道的特点是，前向信道的输入符号 X 与输出符号 Y 是一一对应的关系，但前向信道的输出符号 Y 与输入符号 X 不是一一对应的关系。因此，该信道对应的前向信道矩阵$[P(Y|X)]$中的所有元素都为 0 或 1，根据定理 3－3，得噪声熵 $H(Y|X)=0$，但后向信道矩阵$[P(X|Y)]$中的所有元素不可能满足为 0 或 1，故损失熵 $H(X|Y)\neq 0$，可知该信道一定是无噪有损信道。

例如，图 3－12 所示的前向信道，输入符号 X 与输出符号 Y 是一一对应的关系，得其前向信道矩阵$[P(Y|X)]$为

$$[P(Y \mid X)] = \begin{array}{c} \\ a_1 \\ a_2 \\ a_3 \\ a_4 \\ a_5 \end{array} \begin{matrix} b_1 & b_2 & b_3 \\ \begin{bmatrix} 1 & 0 & 0 \\ 1 & 0 & 0 \\ 0 & 1 & 0 \\ 0 & 0 & 1 \\ 0 & 0 & 1 \end{bmatrix} \end{matrix} \qquad (3-64)$$

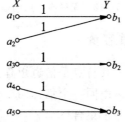

图 3 - 12　无噪有损前向信道

另一方面，根据公式

$$P(a_i \mid b_j) = \frac{P(a_i b_j)}{P(b_j)} = \frac{P(a_i)P(b_j \mid a_i)}{\sum\limits_{k=1}^{r} P(a_k)P(b_j \mid a_k)}$$

得其后向信道矩阵$[P(X|Y)]$为

$$P(X \mid Y) = \begin{matrix} & a_1 & a_2 & a_3 & a_4 & a_5 & \\ \begin{bmatrix} \dfrac{p(a_1)}{p(a_1)+p(a_2)} & \dfrac{p(a_2)}{p(a_1)+p(a_2)} & 0 & 0 & 0 \\ 0 & 0 & 1 & 0 & 0 \\ 0 & 0 & 0 & \dfrac{p(a_4)}{p(a_4)+p(a_5)} & \dfrac{p(a_5)}{p(a_4)+p(a_5)} \end{bmatrix} & \begin{matrix} b_1 \\ b_2 \\ b_3 \end{matrix} \end{matrix}$$

$$= \begin{matrix} & a_1 & a_2 & a_3 & a_4 & a_5 & \\ \begin{bmatrix} P_{11} & P_{12} & 0 & 0 & 0 \\ 0 & 0 & 1 & 0 & 0 \\ 0 & 0 & 0 & P_{34} & P_{35} \end{bmatrix} & \begin{matrix} b_1 \\ b_2 \\ b_3 \end{matrix} \end{matrix} \qquad (3-65)$$

上述计算结果表明，对于任何一个无噪有损信道来说，在已知前向信道的情况下，只需将前向信道中的所有箭头反转，并将对应的条件概率由原来的 1 全部置为 $P_{ij}(0 < P_{ij} \leqslant 1)$，其中 $i=1,2,\cdots,s$ 且 $j=1,2,\cdots,r$，便得到了对应的后向信道，如图 3 - 13 所示。

另一方面，根据式（3 - 64）和式（3 - 65），只需将前向信道矩阵$[P(Y|X)]$转置后，并将转置后矩阵中所有为 1 的那些元素全部置为 $P_{ij}(0 < P_{ij} \leqslant 1)$，满足任何一行之和均等于 1 即可。

根据信道容量的计算公式，得无噪有损信道的容量为

$$C = \max_{P(X)}\{I(X; Y)\} = \max_{P(X)}\{H(Y) - H(Y \mid X)\} = \max_{P(X)}\{H(Y)\} = \log s$$

$$(3-66)$$

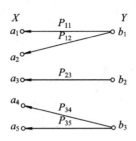

图 3 - 13 无噪有损后向信道

3.6.6 对称离散信道及其信道容量

离散信道中有一类特殊的信道，其特点是信道矩阵具有很强的对称性。这里所谓的对称性，就是指信道矩阵中每一行都是由同一个集合 $\{\beta_1, \beta_2, \cdots, \beta_s\}$ 中的各个元素的不同排列所组成的，并且每一列也是由同一个集合 $\{\eta_1, \eta_2, \cdots, \eta_r\}$ 中的各个元素的不同排列所组成的。例如，信道矩阵

$$[P_1(Y \mid X)] = \begin{bmatrix} \dfrac{1}{3} & \dfrac{1}{3} & \dfrac{1}{6} & \dfrac{1}{6} \\ \dfrac{1}{6} & \dfrac{1}{6} & \dfrac{1}{3} & \dfrac{1}{3} \end{bmatrix}, \quad [P_2(Y \mid X)] = \begin{bmatrix} \dfrac{1}{2} & \dfrac{1}{3} & \dfrac{1}{6} \\ \dfrac{1}{6} & \dfrac{1}{2} & \dfrac{1}{3} \\ \dfrac{1}{3} & \dfrac{1}{6} & \dfrac{1}{2} \end{bmatrix}$$

满足上述这种对称性，故 $[P_1(Y|X)]$ 和 $[P_2(Y|X)]$ 是对称离散信道矩阵。但是信道矩阵

$$[P_3(Y \mid X)] = \begin{bmatrix} \dfrac{1}{3} & \dfrac{1}{3} & \dfrac{1}{6} & \dfrac{1}{6} \\ \dfrac{1}{6} & \dfrac{1}{3} & \dfrac{1}{6} & \dfrac{1}{3} \end{bmatrix}, \quad [P_4(Y \mid X)] = \begin{bmatrix} 0.7 & 0.1 & 0.2 \\ 0.2 & 0.1 & 0.7 \end{bmatrix}$$

中的列不满足上述这种对称性，故 $[P_3(Y|X)]$ 和 $[P_4(Y|X)]$ 不是对称离散信道矩阵。

另一种对称矩阵具有更强的对称性，即所有的行和列均是由同一个集合 $\{\beta_1, \beta_2, \cdots, \beta_r\}$ 中的各个不同的元素排列所组成的，并且是 $r(=s)$ 阶方阵，满足 $[P(Y|X)]^{\mathrm{T}} = [P(Y|X)]$，故称之为强对称矩阵，它显然是对称矩阵的一个特例。例如，M 进制数字信道对称矩阵

$$[P_5(Y \mid X)] = \begin{bmatrix} \bar{p} & \dfrac{p}{M-1} & \cdots & \dfrac{p}{M-1} \\ \dfrac{p}{M-1} & \bar{p} & \cdots & \dfrac{p}{M-1} \\ \vdots & \vdots & & \vdots \\ \dfrac{p}{M-1} & \dfrac{p}{M-1} & \cdots & \bar{p} \end{bmatrix}$$

其中，$\bar{p} + p = 1$，则 $[P_5(Y|X)]$ 是强对称矩阵，也称为均匀信道。特别是当 $M=2$ 时，上述矩阵就是我们熟知的二进制强对称信道矩阵，即

$$[P_6(Y \mid X)] = \begin{bmatrix} \bar{p} & p \\ p & \bar{p} \end{bmatrix}$$

根据噪声熵的定义

$$H(Y \mid X) = \sum_{i=1}^{r} \sum_{j=1}^{s} P(a_i b_j) \log \frac{1}{P(b_j \mid a_i)}$$

$$= \sum_{i=1}^{r} P(a_i) \sum_{j=1}^{s} P(b_j \mid a_i) \log \frac{1}{P(b_j \mid a_i)}$$

$$= \sum_{i=1}^{r} P(a_i) H(Y \mid X = a_i) \qquad (3-67)$$

式中

$$H(Y \mid X = a_i) = \sum_{j=1}^{s} P(b_j \mid a_i) \log \frac{1}{P(b_j \mid a_i)} \qquad (3-68)$$

表示信道矩阵 $[P(Y|X)]$ 中任意一行的自熵。由于 $[P(Y|X)]$ 为对称矩阵，任意一行均由同一集合中的各个不同的元素排列而成，因此，对于任何一行来说，它们的自熵 $H(Y|X = a_i)$ 都是相等的，是一个不随行号"i"而变化的常量。故可进一步将式(3-68)所表示的自熵写成如下标准的熵函数形式：

$$H(Y \mid X = a_i) = H(\beta_1, \beta_2, \cdots, \beta_s) = 常量 \qquad (3-69)$$

将式(3-69)代入式(3-67)，得

$$H(Y \mid X) = \sum_{i=1}^{r} P(a_i) H(\beta_1, \beta_2, \cdots, \beta_s)$$

$$= H(\beta_1, \beta_2, \cdots, \beta_s) \cdot \sum_{i=1}^{r} P(a_i)$$

$$= H(\beta_1, \beta_2, \cdots, \beta_s) \qquad (3-70)$$

从而得对称离散信道的信道容量为

$$C = \max_{P(X)} \{ I(X; Y) \} = \max_{P(X)} \{ H(Y) - H(Y \mid X) \}$$

$$= \max_{P(X)} \{ H(Y) \} - H(\beta_1, \beta_2, \cdots, \beta_s) \qquad (3-71)$$

式(3-71)将求信道容量的问题变换为求一种输入分布 $P(X)$ 使 $H(Y)$ 取最大值的问题了。

现已知输出 Y 的符号共有 s 个符号，则 $H(Y) \leqslant \log s$。只有当 $P(b_j) = 1/s$，即为等概分布时，才能满足

$$\max_{P(Y)} H(Y) = \log s$$

在一般情况下，不存在输入符号为等概分布 $P(X)$ 时，使得

$$\max_{P(X)} H(Y) = \log s$$

但对于对称离散信道，其信道矩阵中的每一列都是由同一集合 $\{\eta_1, \eta_2, \cdots, \eta_r\}$ 中的各个元素的不同排列所组成的，所以保证了当输入符号是等概分布，即满足 $P(a_i) = 1/r$ 时，输出符号 Y 一定也是等概分布。下面的分析证实了这一点。

事实上，根据

$$P(b_j) = \sum_{i=1}^{r} P(a_i b_j) = \sum_{i=1}^{r} P(a_i) P(b_j \mid a_i) \quad (j = 1, 2, \cdots, s)$$

当 $P(X)$ 为等概分布，即满足 $P(a_i) = 1/r$ 时，由上式得

$$P(b_j) = \sum_{i=1}^{r} P(a_i b_j) = \frac{1}{r} \cdot \sum_{i=1}^{r} P(b_j \mid a_i) \quad (j = 1, 2, \cdots, s) \qquad (3-72)$$

式中，$\sum\limits_{i=1}^{r} P(b_j \mid a_i)$ 表示信道矩阵中任一列的元素之和。

由于是对称信道矩阵，故任一列的元素之和都是相同的，因此，根据式(3-72)，可以看出 $P(b_j)(j=1, 2, \cdots, s)$ 是一个不因标号"j"的变化而变化的常数。因 $P(b_j)(j=1, 2, \cdots, s)$ 是常数，我们有

$$\sum_{j=1}^{s} P(b_j) = s \cdot P(b_j) = 1 \rightarrow P(b_j) = \frac{1}{s} \qquad (3-73)$$

这就证明了，在对称信道的条件下，当输入 X 为等概分布时，输出 Y 也为等概分布。再根据式(3-71)，得对称离散信道的信道容量为

$$C = \max_{P(X)}\{H(Y)\} - H(\beta_1, \beta_2, \cdots, \beta_s) = \log s - H(\beta_1, \beta_2, \cdots, \beta_s) \qquad (3-74)$$

例 3-4 已知对称信道矩阵

$$[P_1(Y \mid X)] = \begin{bmatrix} \dfrac{1}{3} & \dfrac{1}{3} & \dfrac{1}{6} & \dfrac{1}{6} \\ \dfrac{1}{6} & \dfrac{1}{6} & \dfrac{1}{3} & \dfrac{1}{3} \end{bmatrix}$$

根据式(3-74)，求得其信道容量为

$$C_1 = \log s - H(\beta_1, \beta_2, \cdots, \beta_s) = \log 4 - H\left(\frac{1}{3}, \frac{1}{3}, \frac{1}{6}, \frac{1}{6}\right)$$

例 3-5 已知对称信道矩阵

$$[P_2(Y \mid X)] = \begin{bmatrix} \dfrac{1}{2} & \dfrac{1}{3} & \dfrac{1}{6} \\ \dfrac{1}{6} & \dfrac{1}{2} & \dfrac{1}{3} \\ \dfrac{1}{3} & \dfrac{1}{6} & \dfrac{1}{2} \end{bmatrix}$$

根据式(3-74)，求得其信道容量为

$$C_2 = \log s - H(\beta_1, \beta_2, \cdots, \beta_s) = \log 3 - H\left(\frac{1}{2}, \frac{1}{3}, \frac{1}{6}\right)$$

例 3-6 已知 M 进制强对称信道矩阵

$$[P_5(Y \mid X)] = \begin{bmatrix} \bar{p} & \dfrac{p}{M-1} & \cdots & \dfrac{p}{M-1} \\ \dfrac{p}{M-1} & \bar{p} & \cdots & \dfrac{p}{M-1} \\ \vdots & \vdots & & \vdots \\ \dfrac{p}{M-1} & \dfrac{p}{M-1} & \cdots & \bar{p} \end{bmatrix}$$

根据式(3-74)，求得其信道容量为

$$C_5 = \log s - H(\beta_1, \beta_2, \cdots, \beta_s) = \log M - H\left(\bar{p}, \underbrace{\frac{p}{M-1}, \cdots, \frac{p}{M-1}}_{M-1\text{个}}\right)$$

例 3-7 已知二进制强对称信道矩阵

$$[P_6(Y \mid X)] = \begin{bmatrix} \bar{p} & p \\ p & \bar{p} \end{bmatrix}$$

根据式(3-74)，求得其信道容量为

$$C_6 = \log s - H(\beta_1, \beta_2, \cdots, \beta_s) = \log 2 - H(\bar{p}, p) = 1 - H(\bar{p}, p)$$

3.6.7 准对称离散信道及其信道容量

若信道矩阵$[P]$的列可以划分成若干个互不相交的子集$\{[P_k]\}(k=1, 2, \cdots, n)$，即满足

$$\begin{cases} [P_1] \bigcap [P_2] \bigcap \cdots \bigcap [P_n] = 空集 \\ [P_1] \bigcup [P_2] \bigcup \cdots \bigcup [P_n] = [P] \text{ 的所有列} \end{cases} \tag{3-75}$$

且每一个$[P_k]$($k=1, 2, \cdots, n$)都是对称矩阵，则称信道矩阵$[P]$为准对称信道。

例如，在 3.6.6 节提及的两个矩阵

$$[P(Y \mid X)] = \begin{bmatrix} \dfrac{1}{3} & \dfrac{1}{3} & \dfrac{1}{6} & \dfrac{1}{6} \\ \dfrac{1}{6} & \dfrac{1}{3} & \dfrac{1}{6} & \dfrac{1}{3} \end{bmatrix} \tag{3-76}$$

$$[P(Y \mid X)] = \begin{bmatrix} 0.7 & 0.1 & 0.2 \\ 0.2 & 0.1 & 0.7 \end{bmatrix} \tag{3-77}$$

如果将式(3-76)按列来划分为三个矩阵，即

$$[P(Y \mid X)] = \begin{bmatrix} \dfrac{1}{3} & \dfrac{1}{3} & \dfrac{1}{6} & \dfrac{1}{6} \\ \dfrac{1}{6} & \dfrac{1}{3} & \dfrac{1}{6} & \dfrac{1}{3} \end{bmatrix} \rightarrow [P_1(Y \mid X)] = \begin{bmatrix} \dfrac{1}{3} & \dfrac{1}{6} \\ \dfrac{1}{6} & \dfrac{1}{3} \end{bmatrix},$$

$$[P_2(Y \mid X)] = \begin{bmatrix} \dfrac{1}{6} \\ \dfrac{1}{6} \end{bmatrix}, \quad [P_3(Y \mid X)] = \begin{bmatrix} \dfrac{1}{3} \\ \dfrac{1}{3} \end{bmatrix}$$

显然满足

$$\begin{cases} [P_1] \bigcap [P_2] \bigcap [P_3] = 空集 \\ [P_1] \bigcup [P_2] \bigcup [P_3] = [P] \text{ 的所有列} \end{cases}$$

并且$[P_1]$、$[P_2]$和$[P_3]$都是对称矩阵，故式(3-76)所表示的矩阵是准对称矩阵。

同理，如果将式(3-77)按列来划分为两个矩阵，即

$$[P(Y \mid X)] = \begin{bmatrix} 0.7 & 0.1 & 0.2 \\ 0.2 & 0.1 & 0.7 \end{bmatrix} \rightarrow [P_1(Y \mid X)] = \begin{bmatrix} 0.7 & 0.2 \\ 0.2 & 0.7 \end{bmatrix},$$

$$[P_2(Y \mid X)] = \begin{bmatrix} 0.1 \\ 0.1 \end{bmatrix}$$

显然满足

$$\begin{cases} [P_1] \bigcap [P_2] = 空集 \\ [P_1] \bigcup [P_2] = [P] \text{ 的所有列} \end{cases}$$

并且$[P_1]$和$[P_2]$都是对称矩阵，故式(3-77)所表示的矩阵也是准对称矩阵。

可以证明，准对称离散信道的信道容量为

$$C = \log r - H(\beta_1, \beta_2, \cdots, \beta_s) - \sum_{k=1}^{n} N_k \log M_k \qquad (3-78)$$

式中，r 为输入符号集中元素的个数，$(\beta_1, \beta_2, \cdots, \beta_s)$ 为准对称信道矩阵中的行元素。设矩阵以列的形式划分为 n 个互不相交的子集 $\{[P_k]\}(k=1, 2, \cdots, n)$，则 N_k 是第 k 个子矩阵 $[P_k]$ 中行元素之和，M_k 是第 k 个子矩阵 $[P_k]$ 中列元素之和。

例 3-8 已知式(3-76)表示的准对称信道矩阵，得其三个子矩阵如下：

$$[P(Y \mid X)] = \begin{bmatrix} \frac{1}{3} & \frac{1}{3} & \frac{1}{6} & \frac{1}{6} \\ \frac{1}{6} & \frac{1}{3} & \frac{1}{6} & \frac{1}{3} \end{bmatrix} \rightarrow [P_1(Y \mid X)] = \begin{bmatrix} \frac{1}{3} & \frac{1}{6} \\ \frac{1}{6} & \frac{1}{3} \end{bmatrix},$$

$$[P_2(Y \mid X)] = \begin{bmatrix} \frac{1}{6} \\ \frac{1}{6} \end{bmatrix}, \quad [P_3(Y \mid X)] = \begin{bmatrix} \frac{1}{3} \\ \frac{1}{3} \end{bmatrix}$$

根据式(3-78)，求得其信道容量为

$$C = \log r - H(\beta_1, \beta_2, \cdots, \beta_s) - \sum_{k=1}^{n} N_k \log M_k$$

式中，$r=2$，$n=3$，$H(\beta_1, \beta_2, \cdots, \beta_s) = H\left(\frac{1}{3}, \frac{1}{3}, \frac{1}{6}, \frac{1}{6}\right)$，$N_1 = \frac{1}{3} + \frac{1}{6}$，$M_1 = \frac{1}{3} + \frac{1}{6}$，$N_2 = \frac{1}{6}$，$M_2 = \frac{1}{6} + \frac{1}{6}$，$N_3 = \frac{1}{3}$，$M_3 = \frac{1}{3} + \frac{1}{3}$。

例 3-9 已知式(3-77)表示的准对称信道矩阵，得其两个子矩阵如下：

$$[P(Y \mid X)] = \begin{bmatrix} 0.7 & 0.1 & 0.2 \\ 0.2 & 0.1 & 0.7 \end{bmatrix} \rightarrow [P_1(Y \mid X)] = \begin{bmatrix} 0.7 & 0.2 \\ 0.2 & 0.7 \end{bmatrix},$$

$$[P_2(Y \mid X)] = \begin{bmatrix} 0.1 \\ 0.1 \end{bmatrix}$$

根据式(3-78)，求得其信道容量为

$$C = \log r - H(\beta_1, \beta_2, \cdots, \beta_s) - \sum_{k=1}^{n} N_k \log M_k$$

式中，$r=2$，$n=2$，$H(\beta_1, \beta_2, \cdots, \beta_s) = H(0.7, 0.1, 0.2)$，$N_1 = 0.7 + 0.2$，$M_1 = 0.7 + 0.2$，$N_2 = 0.1$，$M_2 = 0.1 + 0.1$。

3.6.8 一般离散信道的信道容量迭代计算方法

上面几节中讨论了几种特殊信道的信道容量计算方法，由于这些信道的特殊性，使得信道容量的计算得到了很大程度的简化。但对于一般离散信道来说，信道容量的计算非常复杂。为解决这个问题，本节将在建立算法的基础上，通过编写迭代计算程序，可采用数值计算方法，从而获得一般离散信道容量的数值计算结果。根据信道容量的定义

$$C = \max_{P(X)} \{I(X; Y)\}$$

可知，求信道容量 C 实际上就是求平均互信息 $I(X; Y)$ 的最大值。

在前面讨论平均互信息的凸函数特性时，我们知道，平均互信息可看做信源概率分布

$P(a_i)$ 和信道传递概率 $P(b_j|a_i)$ 的函数，即 $I[P(a_i), P(b_j|a_i)]$，而定理 3-1 和定理 3-2 指出互信息是 $P(a_i)$ 的上凸函数，是 $P(b_j|a_i)$ 的下凸函数。

如果在给定信道的情况下求对应的信道容量，这就意味着 $P(b_j|a_i)$ 已给定并且保持不变。在这种情况下，可以将互信息看做 $P(a_i)$ 和 $P(a_i|b_j)$ 的函数，即 $I[P(a_i), P(a_i|b_j)]$。这样考虑的一个好处是，这种情况下，可以证明 $I[P(a_i), P(a_i|b_j)]$ 既是 $P(a_i)$ 的上凸函数，同时也是 $P(a_i|b_j)$ 的上凸函数。因此，我们可以通过同时寻找最佳分布 $P(a_i)$ 和 $P(a_i|b_j)$，从而使 $I[P(a_i), P(a_i|b_j)]$ 达到最大值，这个最大值就是信道容量。

但问题在于 $P(a_i)$ 和 $P(a_i|b_j)$ 之间并不是独立的，其中一个物理量的变化影响着另一个物理量，由一个可决定另一个，反之亦然，亦即两个物理量中只有一个是独立的。其中在 $P(b_j|a_i)$ 为固定值的情况下，从下面的公式中可明显地看出这一点：

$$\begin{cases} P(a_i \mid b_j) = \dfrac{P(a_i b_j)}{P(b_j)} = \dfrac{P(a_i)P(b_j \mid a_i)}{\sum\limits_{k=1}^{r} P(a_k)P(b_j \mid a_k)} \\[4mm] P(a_i) = \dfrac{P(a_i \mid b_j) \cdot \sum\limits_{k=1}^{r} P(a_k)P(b_j \mid a_k)}{P(b_j \mid a_i)} \end{cases}$$

在这种情况下，我们可以通过采用逐次迭代和逼近的方法来求得 $I[P(a_i), P(a_i|b_j)]$ 的最大值。这种方法的具体算法和思路如下：

（1）求互信息的计算公式为

$$I(Y; X) = -\sum_{i=1}^{r} P(a_i)\log P(a_i) + \sum_{i=1}^{r}\sum_{j=1}^{s} P(a_i)P(b_j \mid a_i)\log P(a_i \mid b_j) \quad (3-79)$$

当信道 $P(b_j|a_i)$ 固定后，互信息是 $P(a_i)$ 和 $P(a_i|b_j)$ 的函数，即 $I(Y; X) = I[P(a_i), P(a_i|b_j)]$。

（2）我们将 $P(a_i|b_j)$ 当作自变量，$P(a_i)$ 暂且保持不变，并在约束条件

$$\sum_{i=1}^{r} P(a_i \mid b_j) = 1$$

的限制下，通过求解条件极值的方法求得 $I[P(a_i), P(a_i|b_j)]$ 的最大值。由于 $I[P(a_i), P(a_i|b_j)]$ 是 $P(a_i|b_j)$ 的上凸函数，因此，作助函数

$$F = I[P(a_i), P(a_i \mid b_j)] + \lambda\Big[\sum_{i=1}^{r} P(a_i \mid b_j) - 1\Big] \quad (3-80)$$

根据求解多元函数条件极值方法，求得当 $I[P(a_i), P(a_i|b_j)]$ 为最大时的极值点 $P^*(a_i|b_j)$，即

$$\begin{cases} \dfrac{\partial}{\partial P(a_i \mid b_j)}\Big(I[P(a_i), P(a_i \mid b_j)] + \lambda\Big[\sum\limits_{i=1}^{r} P(a_i \mid b_j) - 1\Big]\Big) = 0 \\[4mm] \sum\limits_{i=1}^{r} P(a_i \mid b_j) = 1 \end{cases} \quad (3-81)$$

可以证明，当 $I[P(a_i), P(a_i|b_j)]$ 达到最大值时的极值点 $P^*(a_i|b_j)$ 为（见附录 3-3）

$$P^*(a_i \mid b_j) = \frac{P(a_i)P(b_j \mid a_i)}{\sum\limits_{k=1}^{r} P(a_k)P(b_j \mid a_k)} \quad (i = 1, 2, \cdots, r; \ j = 1, 2, \cdots, s)$$

$$(3-82)$$

这说明，当 $P(a_i)$ 已给定时，$P^*(a_i|b_j)$ 使 $I[P(a_i)，P(a_i|b_j)]$ 达到最大值，即

$$\max_{P(a_i|b_j)}\{I[P(a_i)，P(a_i|b_j)]\} = I[P(a_i)，P^*(a_i|b_j)] \tag{3-83}$$

(3) 将 $P(a_i)$ 看做自变量，$P(a_i|b_j)$ 暂时保持不变。又由于 $I[P(a_i)，P(a_i|b_j)]$ 是 $P(a_i)$ 的上凸函数，因此可在约束条件

$$\sum_{i=1}^{r} P(a_i) = 1$$

的限制下，求 $I[P(a_i)，P(a_i|b_j)]$ 达到最大值时的极值点 $P^*(a_i)$。为此，作辅助函数

$$F = I[P(a_i)，P(a_i|b_j)] + \lambda\Big[\sum_{i=1}^{r} P(a_i) - 1\Big] \tag{3-84}$$

根据求解多元函数条件极值的方法，求得当 $I[P(a_i)，P(a_i|b_j)]$ 为最大时的极值点 $P^*(a_i)$，即

$$\begin{cases} \dfrac{\partial}{\partial P(a_i)}\Big(I[P(a_i)，P(a_i|b_j)] + \lambda\Big[\sum_{i=1}^{r} P(a_i) - 1\Big]\Big) = 0 \\ \sum_{i=1}^{r} P(a_i) = 1 \end{cases} \tag{3-85}$$

可以证明，当 $I[P(a_i)，P(a_i|b_j)]$ 达到最大值时的极值点 $P^*(a_i)$ 为(见附录 3-4)

$$P^*(a_i) = \frac{\exp\Big\{\sum_{j=1}^{s} P(b_j|a_i)\log P(a_i|b_j)\Big\}}{\sum_{i=1}^{r}\exp\Big\{\sum_{j=1}^{s} P(b_j|a_i)\log P(a_i|b_j)\Big\}} = \frac{E_i}{\sum_{i=1}^{r} E_i} \tag{3-86}$$

用这个 $P^*(a_i)$ 就可求得当 $P(a_i|b_j)$ 固定时，$I[P(a_i)，P(a_i|b_j)]$ 的最大值，即

$$\max_{P(a_i)}\{I[P(a_i)，P(a_i|b_j)]\} = I[P^*(a_i)，P(a_i|b_j)] \tag{3-87}$$

实际上，在变动 $P(a_i|b_j)$ 时，不可能使 $P(a_i)$ 固定不变；在变动 $P(a_i)$ 时，也不能使 $P(a_i|b_j)$ 固定不变。所以，上述分析方法实质上是用分别先后单独变动 $P(a_i)$ 和 $P(a_i|b_j)$ 的方法逼近 $P(a_i)$ 和 $P(a_i|b_j)$ 同时变动的情况，从而求得信道容量 C 的近似值。因此，在上述公式中，式(3-82)和式(3-86)是这种迭代算法中的两个基本公式。

(4) 在具体算法中，我们可先假定一组 $P(a_i)(i=1，2，\cdots，r)$ 作为初始值 $P(a_i)^{(1)}$。最合理的初始值为等概分布，即 $P(a_i)^{(1)} = 1/r(i=1，2，\cdots，r)$，并把 $P(a_i)^{(1)}$ 作为固定值，变动 $P(a_i|b_j)$。

根据式(3-82)，得

$$P(a_i|b_j)^{(1)} = \frac{P(a_i)^{(1)} P(b_j|a_i)}{\sum_{k=1}^{r} P(a_k)^{(1)} P(b_j|a_k)} \quad (i=1，2，\cdots，r; j=1，2，\cdots，s)$$

$$\tag{3-88}$$

这时，根据式(3-83)得平均互信息的最大值为

$$\max_{P(a_i|b_j)}\{I[P(a_i)^{(1)}，P(a_i|b_j)]\} = I[P(a_i)^{(1)}，P(a_i|b_j)^{(1)}]$$

$$= C(1，1) \tag{3-89}$$

再把 $P(a_i|b_j)^{(1)}$ 作为固定值，变动 $P(a_i)$，由式 $(3-86)$，得

$$P(a_i)^{(2)} = \frac{\exp\left\{\sum_{j=1}^{s} P(b_j \mid a_i) \log P(a_i \mid b_j)^{(1)}\right\}}{\sum_{i=1}^{r} \exp\left\{\sum_{j=1}^{s} P(b_j \mid a_i) \log P(a_i \mid b_j)^{(1)}\right\}} = \frac{E_i^{(1)}}{\sum_{i=1}^{r} E_i^{(1)}} \quad (3-90)$$

由式 $(3-87)$，得平均互信息的最大值为

$$\max_{P(a_i)}\{I[P(a_i),\ P(a_i \mid b_j)^{(1)}]\} = I[P(a_i)^{(2)},\ P(a_i \mid b_j)^{(1)}] = C(2,1) \quad (3-91)$$

（5）这样依此类推地计算下去，得其迭代计算公式为

$$\begin{cases} C(n,\ n) = I[P(a_i)^{(n)},\ P(a_i \mid b_j)^{(n)}] \\ C(n+1,\ n) = I[P(a_i)^{(n+1)},\ P(a_i \mid b_j)^{(n)}] \end{cases} \quad (3-92)$$

可以证明，当迭代次数 $n \to \infty$ 时，$C(n,n)=C(n+1,n)=C$。

（6）在实际算法中，在每一次迭代之前，可先逐次比较 $P(a_i)^{(n+1)}$ 和 $P(a_i)^{(n)}$ 的误差以及 $P(a_i|b_j)^{(n+1)}$ 和 $P(a_i|b_j)^{(n)}$ 的误差，并首先设定这两个误差绝对值的大小，当两个实际误差绝对值小于这两个设定的误差绝对值时，亦即误差已经处于容许的范围内时，最后停止迭代，这时所得到的 $C(n,\ n)=C(n+1,\ n)=C$ 就认为是所需的信道容量。

3.7　多符号离散信道的数学模型

设单符号离散信道的输入符号集为 $X:\{a_1, a_2, \cdots, a_r\}$，输出符号集为 $Y:\{b_1, b_2, \cdots, b_s\}$，信道的传递概率为

$$P(Y|X):\{P(b_j|a_i);\ i=1, 2, \cdots, r;\ j=1, 2, \cdots, s\}$$

在多符号的情况下，设信道输入的多符号随机序列为

$$\boldsymbol{X} = X_1 X_2 \cdots X_N \quad (3-93)$$

其中在每一个时刻的随机变量为 $X_i(i=1, 2, \cdots, N) \in \{a_1, a_2, \cdots, a_r\}$，则 $\boldsymbol{X}$ 共有 r^N 个不同的符号 $\alpha_i(i=1, 2, \cdots, r^N)$，其中任一符号为

$$\begin{cases} \alpha_i = (a_{i1} a_{i2} \cdots a_{iN}) \\ a_{i1}, a_{i2}, \cdots, a_{iN} \in X:\{a_1, a_2, \cdots, a_r\} \\ i1, i2, \cdots, iN = 1, 2, \cdots, r \\ i = 1, 2, \cdots, r^N \end{cases} \quad (3-94)$$

与信道输入的多符号随机序列 $\boldsymbol{X}=X_1 X_2 \cdots X_N$ 相对应，信道输出的多符号随机序列为

$$\boldsymbol{Y} = Y_1 Y_2 \cdots Y_N \quad (3-95)$$

其中在每一个时刻的随机变量为 $Y_i(i=1, 2, \cdots, N) \in \{b_1, b_2, \cdots, b_s\}$，则 $\boldsymbol{Y}$ 共有 s^N 个不同的符号 $\beta_j(j=1, 2, \cdots, s^N)$，其中任一符号为

$$\begin{cases} \beta_j = (b_{j1} b_{j2} \cdots b_{jN}) \\ b_{j1}, b_{j2}, \cdots, b_{jN} \in Y:\{b_1, b_2, \cdots, b_s\} \\ j1, j2, \cdots, jN = 1, 2, \cdots, s \\ j = 1, 2, \cdots, s^N \end{cases} \quad (3-96)$$

与多符号输入随机序列 $\boldsymbol{X}=X_1 X_2 \cdots X_N$ 和多符号输出随机序列 $\boldsymbol{Y}=Y_1 Y_2 \cdots Y_N$ 相对应，

得多符号离散信道的传递概率为

$$P(\boldsymbol{Y} \mid \boldsymbol{X}) : \{P(\beta_j \mid \alpha_i) ; i = 1, 2, \cdots, r^N ; j = 1, 2, \cdots, s^N\} \qquad (3-97)$$

根据式(3-93)~式(3-97)，得对应的数学模型如图3-14所示。

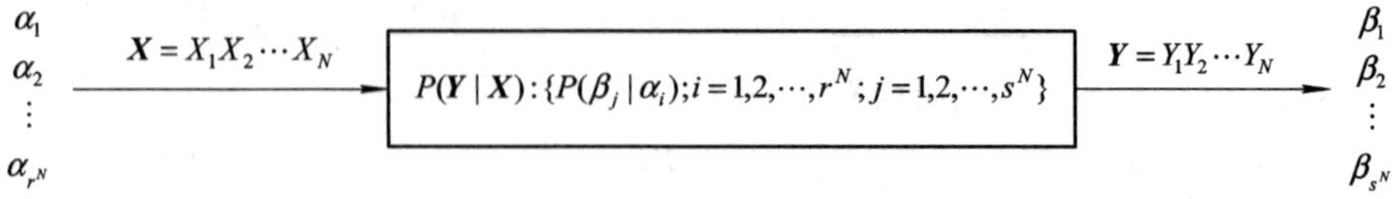

图 3-14 多符号离散信道的数学模型

图中 $[P(\boldsymbol{Y} \mid \boldsymbol{X})]$ 为

$$[P(\boldsymbol{Y} \mid \boldsymbol{X})] = \begin{array}{c} \\ \alpha_1 \\ \alpha_2 \\ \vdots \\ \alpha_{r^N} \end{array} \begin{array}{cccc} \beta_1 & \beta_2 & \cdots & \beta_{s^N} \\ \left[\begin{array}{cccc} P(\beta_1 \mid \alpha_1) & P(\beta_2 \mid \alpha_1) & \cdots & P(\beta_{s^N} \mid \alpha_1) \\ P(\beta_1 \mid \alpha_2) & P(\beta_2 \mid \alpha_2) & \cdots & P(\beta_{s^N} \mid \alpha_2) \\ \vdots & \vdots & & \vdots \\ P(\beta_1 \mid \alpha_{r^N}) & P(\beta_2 \mid \alpha_{r^N}) & \cdots & P(\beta_{s^N} \mid \alpha_{r^N}) \end{array} \right] \end{array} \qquad (3-98)$$

式中矩阵中的任何一行之和满足

$$\sum_{j=1}^{s^N} P(\beta_i \mid \alpha_i) = \sum_{j1=1}^{s} \sum_{j2=1}^{s} \cdots \sum_{jN=1}^{s} P(b_{j1} b_{j2} \cdots b_{jN} \mid a_{i1} a_{i2} \cdots a_{iN}) = 1 \qquad (3-99)$$

其中：$i = 1, 2, \cdots, r^N$；$i1, i2, \cdots, iN = 1, 2, \cdots, r$。

3.8 单符号离散无记忆的 N 次扩展信道

在式(3-97)中，若前向概率满足

$$P(\boldsymbol{Y} \mid \boldsymbol{X}) = P(Y_1 Y_2 \cdots Y_N \mid X_1 X_2 \cdots X_N)$$

$$= P(Y_1 \mid X_1) P(Y_2 \mid X_2) \cdots P(Y_N \mid X_N) = \prod_{k=1}^{N} P(Y_k \mid X_k) \qquad (3-100)$$

式(3-100)的另一种形式为前向概率 $P(\beta_i \mid \alpha_i)$ 满足

$$P(\beta_i \mid \alpha_i) = P(b_{j1} b_{j2} \cdots b_{jN} \mid a_{i1} a_{i2} \cdots a_{iN})$$

$$= P(b_{j1} \mid a_{i1}) P(b_{j2} \mid a_{i2}) \cdots P(b_{jN} \mid a_{iN}) = \prod_{k=1}^{N} P(b_{jk} \mid a_{ik}) \qquad (3-101)$$

则称之为单符号离散无记忆的 N 次扩展信道。其主要特点体现在以下两个方面。

（1）具有"无记忆"性：体现在 N 时刻的输出随机变量 Y_N 只与 N 时刻的输入随机变量 X_N 有关，而 N 时刻之前的输入随机变量 $X_1 X_2 \cdots X_{N-1}$ 和输出随机变量 $Y_1 Y_2 \cdots Y_{N-1}$ 无关，即满足

$$P(b_{jN} \mid a_{i1} a_{i2} \cdots a_{iN} b_{j1} b_{j2} \cdots b_{jN-1}) = P(b_{jN} \mid a_{iN}) \qquad (3-102)$$

（2）具有"无预感"性：体现在当输入 N 个符号 $(a_{i1} a_{i2} \cdots a_{iN})$ 时，前 N−1 个输出符号 $(b_{j1} b_{j2} \cdots b_{jN-1})$ 与第 N 个时刻的输入符号 a_{iN} 无关，即满足

$$P(b_{j1} b_{j2} \cdots b_{jN-1} \mid a_{i1} a_{i2} \cdots a_{iN}) = P(b_{j1} b_{j2} \cdots b_{jN-1} \mid a_{i1} a_{i2} \cdots a_{iN-1}) \qquad (3-103)$$

证明 在证明这两个性质之前，先给出一个将要用到的概率关系式如下：

$$P(b_{jN} \mid a_{i1}a_{i2}\cdots a_{iN}b_{j1}b_{j2}\cdots b_{jN-1})$$

$$= \frac{P(a_{i1}a_{i2}\cdots a_{iN}b_{j1}b_{j2}\cdots b_{jN})}{P(a_{i1}a_{i2}\cdots a_{iN}b_{j1}b_{j2}\cdots b_{jN-1})} = \frac{P(a_{i1}a_{i2}\cdots a_{iN}b_{j1}b_{j2}\cdots b_{jN})/P(a_{i1}a_{i2}\cdots a_{iN})}{P(a_{i1}a_{i2}\cdots a_{iN}b_{j1}b_{j2}\cdots b_{jN-1})/P(a_{i1}a_{i2}\cdots a_{iN})}$$

$$= \frac{P(b_{j1}b_{j2}\cdots b_{jN} \mid a_{i1}a_{i2}\cdots a_{iN})}{P(b_{j1}b_{j2}\cdots b_{jN-1} \mid a_{i1}a_{i2}\cdots a_{iN})}$$

由上式得

$$
\begin{cases}
P(b_{jN} \mid a_{i1}a_{i2}\cdots a_{iN}b_{j1}b_{j2}\cdots b_{jN-1}) = \dfrac{P(b_{j1}b_{j2}\cdots b_{jN} \mid a_{i1}a_{i2}\cdots a_{iN})}{P(b_{j1}b_{j2}\cdots b_{jN-1} \mid a_{i1}a_{i2}\cdots a_{iN})} \\[2mm]
P(b_{j1}b_{j2}\cdots b_{jN-1} \mid a_{i1}a_{i2}\cdots a_{iN}) = \dfrac{P(b_{j1}b_{j2}\cdots b_{jN} \mid a_{i1}a_{i2}\cdots a_{iN})}{P(b_{jN} \mid a_{i1}a_{i2}\cdots a_{iN}b_{j1}b_{j2}\cdots b_{jN-1})}
\end{cases}
\tag{3-104}
$$

以及

$$P(b_{j1}b_{j2}\cdots b_{jN-1} \mid a_{i1}a_{i2}\cdots a_{iN}) = \sum_{jN=1}^{s} P(b_{j1}b_{j2}\cdots b_{jN-1}b_{jN} \mid a_{i1}a_{i2}\cdots a_{iN}) \tag{3-105}$$

(1) 证明在满足式(3-101)的条件下式(3-102)成立。事实上，由式(3-104)中的第一式和式(3-105)，得

$$P(b_{jN} \mid a_{i1}a_{i2}\cdots a_{iN}b_{j1}b_{j2}\cdots b_{jN-1}) = \frac{P(b_{j1}b_{j2}\cdots b_{jN} \mid a_{i1}a_{i2}\cdots a_{iN})}{\displaystyle\sum_{jN=1}^{s} P(b_{j1}b_{j2}\cdots b_{jN-1}b_{jN} \mid a_{i1}a_{i2}\cdots a_{iN})}$$

再将式(3-101)代入上式，得

$$P(b_{jN} \mid a_{i1}a_{i2}\cdots a_{iN}b_{j1}b_{j2}\cdots b_{jN-1})$$

$$= \frac{P(b_{j1}b_{j2}\cdots b_{jN} \mid a_{i1}a_{i2}\cdots a_{iN})}{\displaystyle\sum_{jN=1}^{s} P(b_{j1}b_{j2}\cdots b_{jN-1}b_{jN} \mid a_{i1}a_{i2}\cdots a_{iN})}$$

$$= \frac{P(b_{j1} \mid a_{i1})\cdots P(b_{jN-1} \mid a_{iN-1})P(b_{jN} \mid a_{iN})}{\displaystyle\sum_{jN=1}^{s} P(b_{j1} \mid a_{i1})\cdots P(b_{jN-1} \mid a_{iN-1})P(b_{jN} \mid a_{iN})}$$

$$= \frac{P(b_{j1} \mid a_{i1})\cdots P(b_{jN-1} \mid a_{iN-1})P(b_{jN} \mid a_{iN})}{P(b_{j1} \mid a_{i1})\cdots P(b_{jN-1} \mid a_{iN-1})\displaystyle\sum_{jN=1}^{s} P(b_{jN} \mid a_{iN})}$$

$$= \frac{P(b_{j1} \mid a_{i1})\cdots P(b_{jN-1} \mid a_{iN-1})P(b_{jN} \mid a_{iN})}{P(b_{j1} \mid a_{i1})\cdots P(b_{jN-1} \mid a_{iN-1})} = P(b_{jN} \mid a_{iN})$$

从而证明了"无记忆性"的结论成立。

(2) 证明无预感性。结合式(3-101)和式(3-104)中的第二式以及无记忆性的结论，得

$$P(b_{j1}b_{j2}\cdots b_{jN-1} \mid a_{i1}a_{i2}\cdots a_{iN})$$

$$= \frac{P(b_{j1}b_{j2}\cdots b_{jN} \mid a_{i1}a_{i2}\cdots a_{iN})}{P(b_{jN} \mid a_{i1}a_{i2}\cdots a_{iN}b_{j1}b_{j2}\cdots b_{jN-1})} = \frac{P(b_{j1} \mid a_{i1})P(b_{j2} \mid a_{i2})\cdots P(b_{jN} \mid a_{iN})}{P(b_{jN} \mid a_{iN})}$$

$$= P(b_{j1} \mid a_{i1})P(b_{j2} \mid a_{i2})\cdots P(b_{iN-1} \mid a_{iN-1}) = P(b_{j1}b_{j2}\cdots b_{jN-1} \mid a_{i1}a_{i2}\cdots a_{iN-1})$$

从而证明了"无预感性"的结论成立。

(3) 由"无记忆性"和"无预感性"可以证得式(3-101)成立。事实上，我们根据上面给

出的式(3-104)中的第一式，得

$$P(b_{j1}b_{j2}\cdots b_{jN} \mid a_{i1}a_{i2}\cdots a_{iN})$$

$$\xrightarrow{\text{式(3-104)的第一式}} P(b_{j1}b_{j2}\cdots b_{jN-1} \mid a_{i1}a_{i2}\cdots a_{iN}) \cdot P(b_{jN} \mid a_{i1}a_{i2}\cdots a_{iN}b_{j1}b_{j2}\cdots b_{jN-1})$$

$$\xrightarrow{\text{无记忆性}} P(b_{j1}b_{j2}\cdots b_{jN-1} \mid a_{i1}a_{i2}\cdots a_{iN}) \cdot P(b_{jN} \mid a_{iN})$$

$$\xrightarrow{\text{无预感性}} P(b_{j1}b_{j2}\cdots b_{jN-1} \mid a_{i1}a_{i2}\cdots a_{iN-1}) \cdot P(b_{jN} \mid a_{iN})$$

$$\xrightarrow{\text{式(3-104)的第一式}} P(b_{j1}b_{j2}\cdots b_{jN-2} \mid a_{i1}a_{i2}\cdots a_{iN-1}) \cdot P(b_{jN-1} \mid a_{i1}a_{i2}\cdots a_{iN-1}b_{j1}b_{j2}\cdots b_{jN-2})$$
$$\cdot P(b_{jN} \mid a_{iN})$$

$$\xrightarrow{\text{无记忆性和无预感性}} P(b_{j1}b_{j2}\cdots b_{jN-2} \mid a_{i1}a_{i2}\cdots a_{iN-2}) \cdot P(b_{jN-1} \mid a_{iN-1}) \cdot P(b_{jN} \mid a_{iN})$$

$$\xrightarrow{\text{数学归纳法}} P(b_{j1} \mid a_{i1}) \cdot P(b_{j2} \mid a_{i2})\cdots P(b_{jN-1} \mid a_{iN-1}) \cdot P(b_{jN} \mid a_{iN})$$

从而由"无记忆性"和"无预感性"证得了式(3-101)成立。

例 3-10 已知图 3-15 所示的二进制对称无记忆信道，求对应的二次扩展信道。

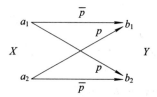

图 3-15 二进制对称无记忆信道

解 对应的二次扩展信道 $\{\boldsymbol{X}：X_1X_2 \quad P(\boldsymbol{Y}|\boldsymbol{X}) \quad \boldsymbol{Y}：Y_1Y_2\}$ 输入符号集共有 $2^2=4$ 种不同的符号，其符号集为

$$\boldsymbol{X} = X_1X_2：\{a_1a_1, a_1a_2, a_2a_1, a_2a_2\} = X_1X_2：\{\alpha_1, \alpha_2, \alpha_3, \alpha_4\}$$

二次扩展信道的输出符号集共有 $2^2=4$ 种不同的符号，其符号集为

$$\boldsymbol{Y} = Y_1Y_2：\{b_1b_1, b_1b_2, b_2b_1, b_2b_2\} = Y_1Y_2：\{\beta_1, \beta_2, \beta_3, \beta_4\}$$

根据式(3-101)，得

$$P(\beta_1 \mid \alpha_1) = P(b_1b_1 \mid a_1a_1) = P(b_1 \mid a_1) \cdot P(b_1 \mid a_1) = \bar{p}^2$$

$$P(\beta_2 \mid \alpha_1) = P(b_1b_2 \mid a_1a_1) = P(b_1 \mid a_1) \cdot P(b_2 \mid a_1) = \bar{p}p$$

$$P(\beta_3 \mid \alpha_1) = P(b_2b_1 \mid a_1a_1) = P(b_2 \mid a_1) \cdot P(b_1 \mid a_1) = p\bar{p}$$

$$P(\beta_4 \mid \alpha_1) = P(b_2b_2 \mid a_1a_1) = P(b_2 \mid a_1) \cdot P(b_2 \mid a_1) = pp$$

$$P(\beta_1 \mid \alpha_2) = P(b_1b_1 \mid a_1a_2) = P(b_1 \mid a_1) \cdot P(b_1 \mid a_2) = \bar{p}p$$

$$P(\beta_2 \mid \alpha_2) = P(b_1b_2 \mid a_1a_2) = P(b_1 \mid a_1) \cdot P(b_2 \mid a_2) = \bar{p}^2$$

$$P(\beta_3 \mid \alpha_2) = P(b_2b_1 \mid a_1a_2) = P(b_2 \mid a_1) \cdot P(b_1 \mid a_2) = p^2$$

$$P(\beta_4 \mid \alpha_2) = P(b_2b_2 \mid a_1a_2) = P(b_2 \mid a_1) \cdot P(b_2 \mid a_2) = p\bar{p}$$

$$P(\beta_1 \mid \alpha_3) = P(b_1b_1 \mid a_2a_1) = P(b_1 \mid a_2) \cdot P(b_1 \mid a_1) = p\bar{p}$$

$$P(\beta_2 \mid \alpha_3) = P(b_1b_2 \mid a_2a_1) = P(b_1 \mid a_2) \cdot P(b_2 \mid a_1) = p^2$$

$$P(\beta_3 \mid \alpha_3) = P(b_2b_1 \mid a_2a_1) = P(b_2 \mid a_2) \cdot P(b_1 \mid a_1) = \bar{p}^2$$

$$P(\beta_4 \mid \alpha_3) = P(b_2 b_2 \mid a_2 a_1) = P(b_2 \mid a_2) \cdot P(b_2 \mid a_1) = \overline{p} p$$

$$P(\beta_1 \mid \alpha_4) = P(b_1 b_1 \mid a_2 a_2) = P(b_1 \mid a_2) \cdot P(b_1 \mid a_2) = p^2$$

$$P(\beta_2 \mid \alpha_3) = P(b_1 b_2 \mid a_2 a_2) = P(b_1 \mid a_2) \cdot P(b_2 \mid a_2) = p\overline{p}$$

$$P(\beta_3 \mid \alpha_4) = P(b_2 b_1 \mid a_2 a_2) = P(b_2 \mid a_2) \cdot P(b_1 \mid a_2) = \overline{p} p$$

$$P(\beta_4 \mid \alpha_3) = P(b_2 b_2 \mid a_2 a_2) = P(b_2 \mid a_2) \cdot P(b_2 \mid a_2) = \overline{p}^2$$

最后得二次扩展信道矩阵为

$$[P(\boldsymbol{Y} \mid \boldsymbol{X})] = \begin{array}{c} \\ \alpha_1 \\ \alpha_2 \\ \alpha_3 \\ \alpha_4 \end{array} \begin{array}{cccc} \beta_1 & \beta_1 & \beta_3 & \beta_4 \\ \left[\begin{array}{cccc} \overline{p}^2 & \overline{p} p & p \overline{p} & p^2 \\ \overline{p} p & \overline{p}^2 & p^2 & p \overline{p} \\ p \overline{p} & p^2 & \overline{p}^2 & \overline{p} p \\ p^2 & p \overline{p} & \overline{p} p & \overline{p}^2 \end{array}\right] \end{array}$$

对应的二次扩展信道如图 3 - 16 所示。

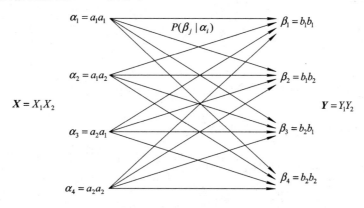

图 3 - 16　二进制对称无记忆信道的二次扩展信道

3.9　扩展信道的信息传输特性

在上述基础上，进一步需要研究的问题是，已知多符号离散信道的平均互信息为 $I(\boldsymbol{X} ; \boldsymbol{Y})$，而各个时刻输入随机变量 X_i 通过单符号离散信道 $P(Y|X)$ 后，输出随机变量 Y_i 的平均互信息 $I(X_i ; Y_i)(i=1, 2, \cdots, N)$ 之和，可等效于 N 个单符号离散信道并联后的输出

$$\sum_{i=1}^{N} I(X_i ; Y_i)$$

试研究 $I(\boldsymbol{X} ; \boldsymbol{Y})$ 与 $\sum_{i=1}^{N} (X_i ; Y_i)$ 之间有什么关系？下面讨论这个问题。

定理 3 - 5　对于多符号离散扩展信道，$I(\boldsymbol{X} ; \boldsymbol{Y})$ 与 $\sum_{i=1}^{N} I(X_i ; Y_i)$ 之间的关系为

若信源无记忆，即 $P(\alpha_i) = P(a_{i1}) P(a_{i2}) \cdots P(a_{iN})$，则

$$I(\boldsymbol{X} ; \boldsymbol{Y}) \geqslant \sum_{k=1}^{N} I(X_k ; Y_k)$$

若信道无记忆，即 $P(b_{j1}b_{j2}\cdots b_{jN}\,|\,a_{i1}a_{i2}\cdots a_{iN})=P(b_{j1}\,|\,a_{i1})P(b_{j2}\,|\,a_{i2})\cdots P(b_{jN}\,|\,a_{iN})$，则

$$I(\boldsymbol{X};\boldsymbol{Y})\leqslant\sum_{k=1}^{N}I(X_k;Y_k)$$

若信道和信源均无记忆，则

$$I(\boldsymbol{X};\boldsymbol{Y})=\sum_{k=1}^{N}I(X_k;Y_k)$$

证明 下面从五个方面来证明该定理(其物理意义的解释见附录 3－5)。

(1) 多符号离散信道的平均互信息 $I(\boldsymbol{X};\boldsymbol{Y})$ 可表示为以下两种形式：

$$\begin{cases}
I(\boldsymbol{X};\boldsymbol{Y})=\sum_{i=1}^{r^N}\sum_{j=1}^{s^N}P(\alpha_i\beta_i)\log\frac{P(\alpha_i\,|\,\beta_i)}{P(\alpha_i)}\\[2mm]
\quad=\sum_{i1=1}^{r}\cdots\sum_{iN=1}^{r}\sum_{j1=1}^{s}\cdots\sum_{jN=1}^{s}P(a_{i1}a_{i2}\cdots a_{iN}b_{j1}b_{j2}\cdots b_{jN})\log\frac{P(a_{i1}a_{i2}\cdots a_{iN}\,|\,b_{j1}b_{j2}\cdots b_{jN})}{P(a_{i1}a_{i2}\cdots a_{iN})}\\[2mm]
I(\boldsymbol{X};\boldsymbol{Y})=\sum_{i=1}^{r^N}\sum_{j=1}^{s^N}P(\alpha_i\beta_i)\log\frac{P(\beta_i\,|\,\alpha_i)}{P(\beta_i)}\\[2mm]
\quad=\sum_{i1=1}^{r}\cdots\sum_{iN=1}^{r}\sum_{j1=1}^{s}\cdots\sum_{jN=1}^{s}P(a_{i1}a_{i2}\cdots a_{iN}b_{j1}b_{j2}\cdots b_{jN})\log\frac{P(b_{j1}b_{j2}\cdots b_{jN}\,|\,a_{i1}a_{i2}\cdots a_{iN})}{P(b_{j1}b_{j2}\cdots b_{jN})}
\end{cases}$$

$$(3-106)$$

(2) 单符号平均互信息之和 $\sum_{i=1}^{N}I(X_i;Y_i)$ 也有对应的两种形式：

$$\begin{cases}
\sum_{k=1}^{N}I(X_k;Y_k)=\sum_{i1=1}^{r}\sum_{j1=1}^{s}P(a_{i1}b_{j1})\log\frac{P(a_{i1}\,|\,b_{j1})}{P(a_{i1})}+\cdots\\[2mm]
\qquad+\sum_{iN=1}^{r}\sum_{j1=N}^{s}P(a_{iN}b_{jN})\log\frac{P(a_{iN}\,|\,b_{jN})}{P(a_{iN})}\\[2mm]
\quad=\sum_{i1=1}^{r}\cdots\sum_{iN=1}^{r}\sum_{j1=1}^{s}\cdots\sum_{jN=1}^{s}P(a_{i1}a_{i2}\cdots a_{iN}b_{j1}b_{j2}\cdots b_{jN})\log\frac{P(a_{i1}\,|\,b_{j1})}{P(a_{i1})}+\cdots\\[2mm]
\qquad+\sum_{i1=1}^{r}\cdots\sum_{iN=1}^{r}\sum_{j1=1}^{s}\cdots\sum_{jN=1}^{s}P(a_{i1}a_{i2}\cdots a_{iN}b_{j1}b_{j2}\cdots b_{jN})\log\frac{P(a_{iN}\,|\,b_{jN})}{P(a_{iN})}\\[2mm]
\quad=\sum_{i1=1}^{r}\cdots\sum_{iN=1}^{r}\sum_{j1=1}^{s}\cdots\sum_{jN=1}^{s}P(a_{i1}a_{i2}\cdots a_{iN}b_{j1}b_{j2}\cdots b_{jN})\sum_{k=1}^{N}\log\frac{P(a_{ik}\,|\,b_{jk})}{P(a_{ik})}\\[2mm]
\quad=\sum_{i1=1}^{r}\cdots\sum_{iN=1}^{r}\sum_{j1=1}^{s}\cdots\sum_{jN=1}^{s}P(a_{i1}a_{i2}\cdots a_{iN}b_{j1}b_{j2}\cdots b_{jN})\\[2mm]
\qquad\log\frac{P(a_{i1}\,|\,b_{j1})P(a_{i2}\,|\,b_{j2})\cdots P(a_{iN}\,|\,b_{jN})}{P(a_{i1})P(a_{i2})\cdots P(a_{iN})}\\[2mm]
\sum_{k=1}^{N}I(X_k;Y_k)=\sum_{k=1}^{N}\left(\sum_{i1=1}^{r}\cdots\sum_{iN=1}^{r}\sum_{j1=1}^{s}\cdots\sum_{jN=1}^{s}P(a_{i1}a_{i2}\cdots a_{iN}b_{j1}b_{j2}\cdots b_{jN})\log\frac{P(b_{jk}\,|\,a_{ik})}{P(b_{jk})}\right)\\[2mm]
\quad=\sum_{i1=1}^{r}\cdots\sum_{iN=1}^{r}\sum_{j1=1}^{s}\cdots\sum_{jN=1}^{s}P(a_{i1}a_{i2}\cdots a_{iN}b_{j1}b_{j2}\cdots b_{jN})\\[2mm]
\qquad\log\frac{P(b_{j1}\,|\,a_{i1})P(b_{j2}\,|\,a_{i2})\cdots P(b_{jN}\,|\,a_{iN})}{P(b_{j1})P(b_{j2})\cdots P(b_{jN})}
\end{cases}$$

$$(3-107)$$

(3) 假设信源无记忆，即满足 $P(\alpha_i)=P(a_{i1})P(a_{i2})\cdots P(a_{iN})$。根据式(3－106)的第一式及式(3－107)的第一式，并比较这两者的大小，得

$$\sum_{k=1}^{N} I(X_k\,;\,Y_k) - I(\boldsymbol{X}\,;\,\boldsymbol{Y})$$

$$= \sum_{i1=1}^{r}\cdots\sum_{iN=1}^{r}\sum_{j1=1}^{s}\cdots\sum_{jN=1}^{s} P(a_{i1}a_{i2}\cdots a_{iN}b_{j1}b_{j2}\cdots b_{jN})\log\frac{P(a_{i1}\mid b_{j1})P(a_{i2}\mid b_{j2})\cdots P(a_{iN}\mid b_{jN})}{P(a_{i1})P(a_{i2})\cdots P(a_{iN})}$$

$$- \sum_{i1=1}^{r}\cdots\sum_{iN=1}^{r}\sum_{j1=1}^{s}\cdots\sum_{jN=1}^{s} P(a_{i1}a_{i2}\cdots a_{iN}b_{j1}b_{j2}\cdots b_{jN})\log\frac{P(a_{i1}a_{i2}\cdots a_{iN}\mid b_{j1}b_{j2}\cdots b_{jN})}{P(a_{i1}a_{i2}\cdots a_{iN})}$$

$$= \sum_{i1=1}^{r}\cdots\sum_{iN=1}^{r}\sum_{j1=1}^{s}\cdots\sum_{jN=1}^{s} P(a_{i1}a_{i2}\cdots a_{iN}b_{j1}b_{j2}\cdots b_{jN})\log\frac{P(a_{i1}\mid b_{j1})P(a_{i2}\mid b_{j2})\cdots P(a_{iN}\mid b_{jN})}{P(a_{i1}a_{i2}\cdots a_{iN}\mid b_{j1}b_{j2}\cdots b_{jN})}$$

$$(3-108)$$

根据詹森不等式，得

$$\sum_{i1=1}^{r}\cdots\sum_{iN=1}^{r}\sum_{j1=1}^{s}\cdots\sum_{jN=1}^{s} P(a_{i1}a_{i2}\cdots a_{iN}b_{j1}b_{j2}\cdots b_{jN})\log\frac{P(a_{i1}\mid b_{j1})P(a_{i2}\mid b_{j2})\cdots P(a_{iN}\mid b_{jN})}{P(a_{i1}a_{i2}\cdots a_{iN}\mid b_{j1}b_{j2}\cdots b_{jN})}$$

$$\leqslant \log\Big(\sum_{i1=1}^{r}\cdots\sum_{iN=1}^{r}\sum_{j1=1}^{s}\cdots\sum_{jN=1}^{s} P(a_{i1}a_{i2}\cdots a_{iN}b_{j1}b_{j2}\cdots b_{jN})\frac{P(a_{i1}\mid b_{j1})P(a_{i2}\mid b_{j2})\cdots P(a_{iN}\mid b_{jN})}{P(a_{i1}a_{i2}\cdots a_{iN}\mid b_{j1}b_{j2}\cdots b_{jN})}\Big)$$

$$= \log 1 = 0$$

因此得　　　　$$\sum_{k=1}^{N} I(X_k\,;\,Y_k) - I(\boldsymbol{X}\,;\,\boldsymbol{Y})\leqslant 0 \rightarrow \sum_{k=1}^{N} I(X_k\,;\,Y_k)\leqslant I(\boldsymbol{X}\,;\,\boldsymbol{Y}) \qquad (3-109)$$

（4）假设信道无记忆，即满足

$$P(b_{j1}b_{j2}\cdots b_{jN}\mid a_{i1}a_{i2}\cdots a_{iN}) = P(b_{j1}\mid a_{i1})P(b_{j2}\mid a_{i2})\cdots P(b_{jN}\mid a_{iN})$$

根据式（3-106）的第二式及式（3-107）的第二式，并比较这两者的大小，得

$$I(\boldsymbol{X}\,;\,\boldsymbol{Y}) - \sum_{k=1}^{N} I(X_k\,;\,Y_k)$$

$$= \sum_{i1=1}^{r}\cdots\sum_{iN=1}^{r}\sum_{j1=1}^{s}\cdots\sum_{jN=1}^{s} P(a_{i1}a_{i2}\cdots a_{iN}b_{j1}b_{j2}\cdots b_{jN})\log\frac{P(b_{j1}b_{j2}\cdots b_{jN}\mid a_{i1}a_{i2}\cdots a_{iN})}{P(b_{j1}b_{j2}\cdots b_{jN})}$$

$$- \sum_{i1=1}^{r}\cdots\sum_{iN=1}^{r}\sum_{j1=1}^{s}\cdots\sum_{jN=1}^{s} P(a_{i1}a_{i2}\cdots a_{iN}b_{j1}b_{j2}\cdots b_{jN})\log\frac{P(b_{j1}\mid a_{i1})P(b_{j2}\mid a_{i2})\cdots P(b_{jN}\mid a_{iN})}{P(b_{j1})P(b_{j2})\cdots P(b_{jN})}$$

$$= \sum_{i1=1}^{r}\cdots\sum_{iN=1}^{r}\sum_{j1=1}^{s}\cdots\sum_{jN=1}^{s} P(a_{i1}a_{i2}\cdots a_{iN}b_{j1}b_{j2}\cdots b_{jN})\log\frac{P(b_{j1})P(b_{j2})\cdots P(b_{jN})}{P(b_{j1}b_{j2}\cdots b_{jN})} \qquad (3-110)$$

根据詹森不等式，得

$$\sum_{i1=1}^{r}\cdots\sum_{iN=1}^{r}\sum_{j1=1}^{s}\cdots\sum_{jN=1}^{s} P(a_{i1}a_{i2}\cdots a_{iN}b_{j1}b_{j2}\cdots b_{jN})\log\frac{P(b_{j1})P(b_{j2})\cdots P(b_{jN})}{P(b_{j1}b_{j2}\cdots b_{jN})}$$

$$\leqslant \log\Big(\sum_{i1=1}^{r}\cdots\sum_{iN=1}^{r}\sum_{j1=1}^{s}\cdots\sum_{jN=1}^{s} P(a_{i1}a_{i2}\cdots a_{iN}b_{j1}b_{j2}\cdots b_{jN})\frac{P(b_{j1})P(b_{j2})\cdots P(b_{jN})}{P(b_{j1}b_{j2}\cdots b_{jN})}\Big)$$

$$= \log\Big(\sum_{i1=1}^{r}\cdots\sum_{iN=1}^{r}\sum_{j1=1}^{s}\cdots\sum_{jN=1}^{s} P(a_{i1}a_{i2}\cdots a_{iN}\mid b_{j1}b_{j2}\cdots b_{jN})P(b_{j1})P(b_{j2})\cdots P(b_{jN})\Big)$$

$$= \log\Big(\sum_{j1=1}^{s}\cdots\sum_{jN=1}^{s} P(b_{j1})P(b_{j2})\cdots P(b_{jN})\sum_{i1=1}^{r}\cdots\sum_{iN=1}^{r} P(a_{i1}a_{i2}\cdots a_{iN}\mid b_{j1}b_{j2}\cdots b_{jN})\Big)$$

$$= \log\Big(\sum_{j1=1}^{s}\cdots\sum_{jN=1}^{s} P(b_{j1})P(b_{j2})\cdots P(b_{jN})\Big) = \log 1 = 0$$

因此得

$$I(\boldsymbol{X};\boldsymbol{Y}) - \sum_{k=1}^{N} I(X_k;Y_k) \leqslant 0 \rightarrow I(\boldsymbol{X};\boldsymbol{Y}) \leqslant \sum_{k=1}^{N} I(X_k;Y_k) \qquad (3-111)$$

（5）假设信道与信源均无记忆，则

$$P(b_{j1}b_{j2}\cdots b_{jN})$$

$$= \sum_{i1=1}^{r}\cdots\sum_{iN=1}^{r} P(a_{i1}a_{i2}\cdots a_{iN}b_{j1}b_{j2}\cdots b_{jN})$$

$$= \sum_{i1=1}^{r}\cdots\sum_{iN=1}^{r} P(b_{j1}b_{j2}\cdots b_{jN} \mid a_{i1}a_{i2}\cdots a_{iN}) P(a_{i1}a_{i2}\cdots a_{iN}) \xrightarrow{\text{信源和信道均无记忆}}$$

$$= \sum_{i1=1}^{r}\cdots\sum_{iN=1}^{r} P(b_{j1} \mid a_{i1}) P(b_{j2} \mid a_{i2})\cdots P(b_{jN} \mid a_{iN}) P(a_{i1}) P(a_{i2})\cdots P(a_{iN})$$

$$= \sum_{i1=1}^{r}\cdots\sum_{iN=1}^{r} P(a_{i1}b_{j1}) P(a_{i2}b_{j2})\cdots P(a_{iN}b_{jN})$$

$$= \sum_{i1=1}^{r} P(a_{i1}b_{j1}) \cdot \sum_{i2=1}^{r} P(a_{i2}b_{j2})\cdots \sum_{iN=1}^{r} P(a_{iN}b_{jN})$$

$$= P(b_{j1})P(b_{j2})\cdots P(b_{jN}) \qquad (3-112)$$

将式（3-112）代入式（3-110）中，得

$$I(\boldsymbol{X};\boldsymbol{Y}) = \sum_{k=1}^{N} I(X_k;Y_k) \qquad (3-113)$$

特别是 $\boldsymbol{X}=X_1X_2\cdots X_N$ 和 $\boldsymbol{Y}=Y_1Y_2\cdots Y_N$ 不但取自于同一个符号集，并且具有同一种概率分布，通过相同的信道传送，从而满足 $I(X_1;Y_1)=I(X_2;Y_2)=\cdots=I(X_N;Y_N)=I(\boldsymbol{X};\boldsymbol{Y})$，则有如下结论成立：

若信源无记忆，则

$$I(\boldsymbol{X};\boldsymbol{Y}) \geqslant NI(X;Y)$$

若信道无记忆，则

$$I(\boldsymbol{X};\boldsymbol{Y}) \leqslant NI(X;Y)$$

若信道和信源均无记忆，则

$$I(\boldsymbol{X};\boldsymbol{Y}) = NI(X;Y)$$

上式说明，在信道与信源均无记忆的条件下，N 次扩展信道的平均互信息等于原来无扩展信道平均互信息的 N 倍，并且对应的信道容量为也为无扩展信道容量的 N 倍，即

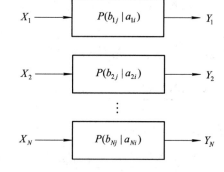

图 3-17　N 个独立的单符号离散信道的并联

$$C^N = \max_{P(X)} I(\boldsymbol{X};\boldsymbol{Y}) = N\max_{P(X)} I(X;Y) = NC \qquad (3-114)$$

在信道与信源均无记忆的情况下，离散无记忆的 N 次扩展信道可以用 N 个独立的单符号离散信道的并联来等效，如图 3-17 所示。

3.10　平均互信息量的不增性与数据处理定理

一个实际的通信系统通常是由若干个部分组成的，从信息论的角度来看，其中的每个

部分都用于传输与处理信息，称之为数据处理系统。例如，广播接收机由天线谐振电路、高频放大器、本机振荡、混频(变频)器、中频放大器、检波器、电压放大器和功率放大器等部分组成，每个部分都可等效于一个广义信道，并且这些部分之间是一种信道串联的关系。在本节中，我们要讨论的平均互信息量的不增性，就是若干个信道串接后，平均互信息量的一种特性。

假设有一单符号离散信道 I，其输入随机变量为 X，符号集为 $X: \{a_1, a_2, \cdots, a_r\}$，其输出变量为 Y，符号集为 $Y: \{b_1, b_2, \cdots, b_s\}$。设另有一单符号离散信道 II，其输入随机变量为 Y，输出随机变量为 Z，符号集为 $Z: \{c_1, c_2, \cdots, c_l\}$。现将这两个信道串联起来，如图 3-18 所示。这两个信道的输入和输出符号集都是完备集。信道 I 的传递概率为

$$P(Y \mid X): \{p(b_j \mid a_i); i = 1, 2, \cdots, r; j = 1, 2, \cdots, s\}$$

信道 II 的传递概率一般与前面的随机变量 X 和 Y 都有关，所以记为

$$P(Z \mid XY): \{P(c_k \mid a_i b_j); i = 1, 2, \cdots, r; j = 1, 2, \cdots, s; k = 1, 2, \cdots, l\}$$

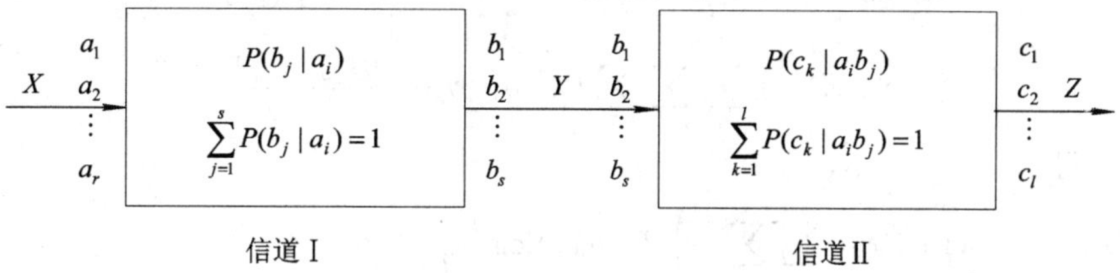

图 3-18 两个信道的串联

对于这两个信道的串联情况，如以 Z 为观测点，平均互信息量 $I(XY; Z)$ 表示联合随机变量 XY 与随机变量 Z 之间的平均互信息量，也就是收到 Z 之后，从 Z 中获得关于联合随机变量 XY 的平均信息量，平均互信息量 $I(Y; Z)$ 表示随机变量 Y 与随机变量 Z 之间的平均互信息量；平均互信息量 $I(X; Z)$ 表示随机变量 X 与随机变量 Z 之间的平均互信息量，亦即收到随机变量 Z 后，从随机变量 Z 中获得关于随机变量 X 的平均互信息量。如以 X 为观测点，平均互信息量 $I(Y; X)$ 或 $I(Z; X)$ 分别表示随机变量 X 与 Y 之间的平均互信息量或 X 与 Z 之间的平均互信息量，也就是收到 X 之后，从 X 中获得关于 Y 或从 X 中获得关于 Z 的平均互信息量。我们可从以下几个方面来讨论这些平均互信息量之间的关系。

定义 3-1 随机变量 (XYZ) 是马氏链，是指对一切 i, j, k，等式

$$P(c_k \mid a_i b_j) = P(c_k \mid b_j) \tag{3-115}$$

恒成立，从而满足 $P(Z \mid XY) = P(Z \mid Y)$，即随机变量 Z 仅依赖于随机变量 Y，与随机变量 X 无直接联系。

引理 3-1 若 (XYZ) 是马氏链，则 (ZYX) 也是马氏链。

证明 根据定义 3-1，当以 Z 为观测点时，(XYZ) 是马氏链。现以 X 为观测点，马氏链的方向刚好相反。从平均互信息的交互性和对称性的角度来看，当 (XYZ) 为马氏链时，可以得出 (ZYX) 也是马氏链。事实上，因 (XYZ) 是马氏链，则有

$$\begin{cases} P(Z \mid XY) = P(Z \mid Y) \rightarrow \dfrac{P(Z \mid XY)}{P(Z \mid Y)} = 1 \rightarrow \dfrac{P(ZYX)}{P(YX)P(Z \mid Y)} = 1 \\ \rightarrow \dfrac{P(X \mid ZY)P(ZY)}{P(YX)P(Z \mid Y)} = \dfrac{P(X \mid ZY)}{P(YX) \mid P(Y)} = \dfrac{P(X \mid ZY)}{P(X \mid Y)} = 1 \rightarrow P(X \mid ZY) = P(X \mid Y) \end{cases}$$

由此证明了当(XYZ)是马氏链时，(ZYX)也是马氏链。有关马氏链的两点说明如下：

（1）根据平均互信息的对称性，马氏链的所有变量的方向都全部反向的情况下仍然是马氏链，但如果只是其中的一部分变量的方向反向，则不一定是马氏链。例如，若(XYZ)是马氏链，则(YXZ)不一定是马氏链，其余情况依此类推。

（2）若$(XYZW)$是马氏链，则在不改变前后顺序的前提下，它们当中的任何三个随机变量均构成马氏子链。例如，因$(XYZW)$是马氏链，则(XZW)、(XYW)、(XYZ)、(YZW)等都是马氏子链。

定理 3 - 6　对于图 3 - 18 所示随机变量(XYZ)构成的两个信道的串联，有
$$I(XY;Z) \geqslant I(Y;Z) \tag{3-116}$$
当且仅当(XYZ)是马氏链时，才能使等式成立。

证明　根据平均互信息的定义，有
$$\begin{cases} I(XY;Z) = \sum_{i=1}^{r} \sum_{j=1}^{s} \sum_{k=1}^{l} P(a_i b_j c_k) \log \dfrac{P(c_k \mid a_i b_j)}{P(c_k)} \\ I(Y;Z) = \sum_{i=1}^{r} \sum_{j=1}^{s} \sum_{k=1}^{l} P(a_i b_j c_k) \log \dfrac{P(c_k \mid b_j)}{P(c_k)} \end{cases}$$

根据上式，得
$$\begin{aligned} I(Y;Z) - I(XY;Z) &= \sum_{i=1}^{r} \sum_{j=1}^{s} \sum_{k=1}^{l} P(a_i b_j c_k) \log \frac{P(c_k \mid b_j)}{P(c_k)} \\ &\quad - \sum_{i=1}^{r} \sum_{j=1}^{s} \sum_{k=1}^{l} P(a_i b_j c_k) \log \frac{P(c_k \mid a_i b_j)}{P(c_k)} \\ &= \sum_{i=1}^{r} \sum_{j=1}^{s} \sum_{k=1}^{l} P(a_i b_j c_k) \log \frac{P(c_k \mid b_j)}{P(c_k \mid a_i b_j)} \xrightarrow{\ \log x\ \text{为上凸函数}, x>0\ } \\ &\leqslant \log \Big(\sum_{i=1}^{r} \sum_{j=1}^{s} \sum_{k=1}^{l} P(a_i b_j c_k) \frac{P(c_k \mid b_j)}{P(c_k \mid a_i b_j)} \Big) \\ &= \log \Big(\sum_{i=1}^{r} \sum_{j=1}^{s} \sum_{k=1}^{l} P(a_i b_j) P(c_k \mid b_j) \Big) \\ &= \log 1 = 0 \end{aligned}$$

故 $I(XY;Z) \geqslant I(Y;Z)$ 成立，当且仅当(XYZ)是马氏链时，才能使等式成立。

定理 3 - 7　对于图 3 - 18 所示随机变量(XYZ)构成的两个信道的串联，有
$$I(XY;Z) \geqslant I(X;Z) \tag{3-117}$$
当且仅当(YXZ)为马氏链，即对一切 i,j,k 都有
$$P(c_k \mid a_i b_j) = P(c_k \mid a_i)$$
时，才能使等式成立。

证明　用上述同样的方法可证明这一结论。根据平均互信息的定义，有
$$I(XY;Z) = \sum_{i=1}^{r} \sum_{j=1}^{s} \sum_{k=1}^{l} P(a_i b_j c_k) \log \frac{P(c_k \mid a_i b_j)}{P(c_k)}$$

以及
$$I(X;Z) = \sum_{i=1}^{r} \sum_{j=1}^{s} \sum_{k=1}^{l} P(a_i b_j c_k) \log \frac{P(c_k \mid a_i)}{P(c_k)}$$

将上面两式相减,得

$$I(X;Z) - I(XY;Z) = \sum_{i=1}^{r} \sum_{j=1}^{s} \sum_{k=1}^{l} P(a_i b_j c_k) \log \frac{P(c_k \mid a_i)}{P(c_k)} - \sum_{i=1}^{r} \sum_{j=1}^{s} \sum_{k=1}^{l} P(a_i b_j c_k) \log \frac{P(c_k \mid a_i b_j)}{P(c_k)}$$

$$= \sum_{i=1}^{r} \sum_{j=1}^{s} \sum_{k=1}^{l} P(a_i b_j c_k) \log \frac{P(c_k \mid a_i)}{P(c_k \mid a_i b_j)} \xrightarrow{\log x \text{ 为上凸函数}, \; x > 0}$$

$$\leqslant \log \Big(\sum_{i=1}^{r} \sum_{j=1}^{s} \sum_{k=1}^{l} P(a_i b_j c_k) \frac{P(c_k \mid a_i)}{P(c_k \mid a_i b_j)} \Big)$$

$$= \log \Big(\sum_{i=1}^{r} \sum_{j=1}^{s} \sum_{k=1}^{l} P(a_i b_j) P(c_k \mid a_i) \Big)$$

$$= \log 1 = 0$$

即证得 $I(XY;Z) \geqslant I(X;Z)$,当且仅当对一切 i,j,k,都有 $p(c_k|a_i b_j) = p(c_k|a_i)$时,等式才能成立。根据定理 3-7,可知从 Z 中获取关于 X 的平均互信息 $I(X;Z)$,不会超过从 Z 中获取关于联合变量 XY 的平均互信息量 $I(XY;Z)$,只有当(YXZ)为马氏链时这两者才会相等。

定理 3-8　当(XYZ)是马氏链时,有

$$\begin{cases} I(X;Z) \leqslant I(Y;Z) \\ I(X;Z) \leqslant I(X;Y) \end{cases} \tag{3-118}$$

当且仅当对一切 i,j,k,都有 $P(c_k|a_i b_j) = P(c_k|a_i)$时才能使等式成立。

证明　首先证明第一式。根据定理 3-6,因(XYZ)是马氏链,故 $I(XY;Z) = I(Y;Z)$成立,根据定理 3-7,不等式 $I(XY;Z) \geqslant I(X;Z)$成立,故有 $I(X;Z) \leqslant I(Y;Z)$。

其次证明第二式。根据引理 3-1,因(XYZ)是马氏链,故(ZYX)也是马氏链,从而有

$$I(Z;X) \leqslant I(Y;X)$$

再根据平均互信息的交互性(对称性),得

$$I(X;Z) \leqslant I(X;Y)$$

值得一提的是,若对一切 i,j,k,都有 $P(c_k|a_i b_j) = P(c_k|a_i)$,即 $P(Z|XY) = P(Z|X)$,这说明(YXZ)也是马氏链,根据定理 3-7,得 $I(XY;Z) = I(X;Z)$,从而有 $I(X;Z) = I(Y;Z)$,说明在(XYZ)是马氏链和(YXZ)也是马氏链这两个条件同时成立的条件下,$I(X;Z) = I(Y;Z)$的结论成立,在这个条件下,意味着对数据进行一次处理,不会损失信息量。

定理 3-8 又称为数据处理定理。该定理说明,对数据进行处理,信息量只会减小,不会增加,这就是所谓的平均互信息的不增性。它与统计物理学中的热熵不减原理相对应。

下面考虑一般的通信系统模型,如图 3-19 所示。对于实际通信系统,$(SXYZ)$形成了一个马氏链,即图中每一方框的输出仅取决于它的输入,而与更前面的信号无直接联系。

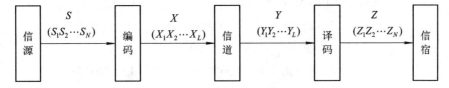

图 3-19　一般通信系统的模型

在图 3-19 中，首先根据平均互信息的定义，得

$$I(S; X) = H(S) - H(S \mid X) \leqslant H(S) \qquad (3-119)$$

对于马氏子链(SXY)来说，根据定理 3-8，得

$$I(S; Y) \leqslant I(S; X) \leqslant H(S) \qquad (3-120)$$

对于马氏子链(SYZ)来说，根据定理 3-8，得

$$I(S; Z) \leqslant I(S; Y) \qquad (3-121)$$

根据式(3-120)和式(3-121)，最后得

$$I(S; Z) \leqslant I(S; Y) \leqslant I(S; X) \leqslant H(S) \qquad (3-122)$$

式(3-122)说明，在通信系统中，最后所获得的信息量至多是信源所提供的信息量，而每处理一次只能丢失信息量，不能增加信息量，充其量也只是保持不变。这就是信息不增原理，它与热熵不减原理正好对应。当然，这并不等于说我们就不能进行数据处理了，为了获得我们所需的更有用的信息，进行数据处理是完全必要的。

当(XYZ)为马氏链时，满足

$$P(c_k \mid a_i) = \sum_{j=1}^{s} P(b_j \mid a_i) P(c_k \mid a_i b_j) \xrightarrow{\text{马氏链条件}} P(c_k \mid a_i) = \sum_{j=1}^{s} P(b_j \mid a_i) P(c_k \mid b_j)$$

上式是将第一个矩阵的第i行乘以第二个矩阵的第k列之后所得到的结果，正好符合两个矩阵相乘的规则。因此，可将上式表示为矩阵相乘的形式，从而有

$$[P(Z \mid X)] = [P(Y \mid X)] \cdot [P(Z \mid Y)] \qquad (3-123)$$

即等效总信道$\{X \, P(Z \mid X) \, Z\}$的信道矩阵$[P(Z \mid X)]$等于信道 Ⅰ 的信道矩阵$[P(Y \mid X)]$和信道 Ⅱ 的信道矩阵$[P(Z \mid Y)]$的乘积。

例 3-11 设有两个离散二元对称信道，其信道矩阵为

$$[P_1] = [P_2] = \begin{bmatrix} 1-p & p \\ p & 1-p \end{bmatrix}$$

信道之间以串联的形式连接。其中输入信源X为等概分布，第一级信道的输出为Y，第二级信道的输出为Z，第n级信道的输出为$Z_n (n \geqslant 3)$，并且(XYZ)以及整个串联系统均为马氏链，试求平均互信息$I(X; Y)$和$I(X; Z)$以及$I(X; Z_n)(n \geqslant 3)$。

解 该题的求解过程分为以下四步完成。

(1) X 和 Y 之间的平均互信息为

$$I(X; Y) = H(Y) - H(Y \mid X)$$

因为$[P_1]$为对称矩阵，得$H(Y \mid X) = H((1-p), p)$。而对于对称矩阵，当输入信源$X$为等概分布时，$Y$也为等概分布，得$H(Y) = 1$。从而有

$$I(X; Y) = H(Y) - H(Y \mid X) = 1 - H((1-p), p)$$

(2) 由于(XYZ)为马氏链，根据式(3-123)，得串联信道总的信道矩阵为

$$[P] = [P_1] \cdot [P_2]$$

$$= \begin{bmatrix} (1-p)^2 + p^2 & 2p(1-p) \\ 2p(1-p) & (1-p)^2 + p^2 \end{bmatrix}$$

$$= \begin{bmatrix} 0.5 + 0.5(1-2p)^2 & 0.5 - 0.5(1-2p)^2 \\ 0.5 - 0.5(1-2p)^2 & 0.5 + 0.5(1-2p)^2 \end{bmatrix}$$

得 X 和 Z 之间的平均互信息为

$$I(X;\ Z) = H(Z) - H(Z \mid X)$$

由于 $[P] = [P_1] \cdot [P_2]$ 为对称矩阵，得

$$H(Y \mid X) = H(0.5 + 0.5(1 - 2p)^2,\ 0.5 - 0.5(1 - 2p)^2)$$

而对于对称矩阵，当输入信源 X 为等概分布时，Z 也为等概分布，得 $H(Z) = 1$。从而有

$$I(X;\ Z) = H(Z) - H(Z \mid X)$$
$$= 1 - H(0.5 + 0.5(1 - 2p)^2,\ 0.5 - 0.5(1 - 2p)^2)$$

(3) 将两级串联推广到多级串联的情况，构成多级马氏链。对于三级串联的结果为

$$[P] = [P_1] \cdot [P_2] \cdot [P_3]$$
$$= \begin{bmatrix} 0.5 + 0.5(1 - 2p)^3 & 0.5 - 0.5(1 - 2p)^3 \\ 0.5 - 0.5(1 - 2p)^3 & 0.5 + 0.5(1 - 2p)^3 \end{bmatrix}$$

用数学归纳法，得 n 级串联的结果为

$$[P] = [P_1] \cdot [P_2] \cdots [P_n]$$
$$= \begin{bmatrix} 0.5 + 0.5(1 - 2p)^n & 0.5 - 0.5(1 - 2p)^n \\ 0.5 - 0.5(1 - 2p)^n & 0.5 + 0.5(1 - 2p)^n \end{bmatrix}$$

可知 n 级串联的总信道矩阵也为对称矩阵，从而有

$$I(X;\ Z_n) = H(Z_n) - H(Z_n \mid X)$$
$$= 1 - H(0.5 + 0.5(1 - 2p)^n,\ 0.5 - 0.5(1 - 2p)^n)$$

(4) 通过 MATLAB 编程，得 $I(X;\ Y)$ 和 $I(X;\ Z)$ 以及 $I(X;\ Z_n)$ $(n=3)$ 的计算结果如图 3-20 所示。可明显看出 $I(X;\ Y) > I(X;\ Z)$，$I(X;\ Y) > I(X;\ Z_n)$，说明每串入一级信道后信息量会减小（亦即对数据进行一次处理，信息量就会减小，这就是信息不增原理）。串联的级数越多，信息量的损失则越严重。当级数 n 趋于无穷大时，最后一级所获得的信息量则趋于零，即

$$\lim_{n \to \infty} I(X;\ Z_n) = \lim_{n \to \infty} [1 - H(0.5 + 0.5(1 - 2p)^n,\ 0.5 - 0.5(1 - 2p)^n)]$$
$$= 1 - H(0.5,\ 0.5)$$
$$= 0$$

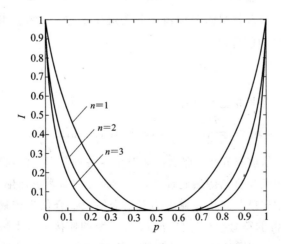

图 3-20　$I(X;\ Y)$ 和 $I(X;\ Z)$ 以及 $I(X;\ Z_n)$ 的曲线图

3.11　信源与信道的匹配

　　信源发出的消息(符号)一定要通过信道来传输。对于某一信道来说，其信道容量是一定的，而且只有当输入符号的概率分布 $P(X)$ 满足一定条件时才能达到信道容量 C。这就是说只有一定的信源才能使某一信道的信息传输率达到最大值。一般信源与信道连接时，其信息传输率 $R=I(X;Y)$ 并未达到最大。这样，信道的信息传输率还有提高的可能，即信道没有得到充分利用。当信源与信道连接时，若信息传输率达到了信道容量，我们称信源与信道达到匹配，否则认为信道有冗余。

　　信道冗余度的定义为

$$信道冗余度 = C - I(X;Y) \tag{3-124}$$

式中，C 是该信道的信道容量，$I(X;Y)$ 是信源通过该信道实际传输的平均信息量。信道的相对冗余度定义为

$$信道的相对冗余度 = \frac{C-I(X;Y)}{C} = 1 - \frac{I(X;Y)}{C} \tag{3-125}$$

　　设有一个信源为

$$
\begin{bmatrix} S \\ P(S) \end{bmatrix} = \begin{bmatrix} S_1 & S_2 & S_3 & S_4 & S_5 & S_6 \\ \dfrac{1}{2} & \dfrac{1}{4} & \dfrac{1}{8} & \dfrac{1}{16} & \dfrac{1}{32} & \dfrac{1}{32} \end{bmatrix}
$$

通过一个无噪无损二元离散信道进行传输，求得二元离散信道的信道容量为 $C=1$ 比特/信道符号。此信源的信息熵 $H(S)=1.937$ 比特/信道符号。因此，我们必须对信源进行编码，才能使信源符号在此二元信道中传输。因为信源有 6 个符号，如果采用二位编码是不够的，必须进行三位以上的编码才能完成。二元编码的结果可以有许多种，例如：

S:	S_1	S_2	S_3	S_4	S_5	S_6
C_1(三位编码):	000	001	010	011	100	101
C_2(四位编码):	0000	0001	0010	0011	0100	0101

等等。其中码 C_1 中每个信源符号需要用到三个二元符号，码 C_2 需要用到四个二元符号。对于码 C_1，可得信道的平均信息传输率为

$$R_1 = \frac{H(S)}{3} = 0.646 \quad 比特 / 信道符号$$

对于码 C_2，可得信道的平均信息传输率为

$$R_2 = \frac{H(S)}{4} = 0.484 \quad 比特 / 信道符号$$

显然满足 $R_2 < R_1 < C$，信道有冗余。那么，是否存在一种编码，使这种信道的冗余度降到最小值呢？这就是香农无失真信源编码理论，也就是无失真数据压缩理论。

　　香农无失真信源编码就是将信源输出的消息变换成适合信道传输的新信源的消息(符号)来传送，使得新信源的符号接近等概分布，新信源的熵接近最大熵 $\log r$，这样一来，信道传输的信息达到最大，信道的冗余度接近零，使信源和信道达到匹配，信道能得到充分利用。

附录 3 - 1 定理 3 - 1 的证明

根据平均互信息的数学表达式：

$$I(X;Y) = \sum_{i=1}^{r} \sum_{j=1}^{s} P(a_i b_j) \log \frac{P(b_j \mid a_i)}{P(b_j)}$$

$$= \sum_{i=1}^{r} \sum_{j=1}^{s} P(a_i) P(b_j \mid a_i) \log \frac{P(b_j \mid a_i)}{\sum_{k=1}^{r} P(a_k) P(b_j \mid a_k)}$$

$$= I[P(a_i), P(b_j \mid a_i)] \qquad\qquad (\text{附} 3-1)$$

在信道 $P(b_j|a_i)$ 固定的情况下，平均互信息只是 $P(a_i)$ 的函数，即 $I(X;Y) = I[P(a_i)]$。设

$$P(a_i) = \alpha P_1(a_i) + \beta P_2(a_i) (i = 1, 2, \cdots, r) \qquad (\text{附} 3-2)$$

式中，$0 < \alpha < 1$，$0 < \beta < 1$，$\alpha + \beta = 1$，并且 $P_1(\cdot)$，$P_2(\cdot)$ 均满足归一化条件，即

$$\begin{cases} \sum_{i=1}^{r} P_1(a_i) = 1, \ \sum_{j=1}^{s} P_1(b_j) = 1, \ \sum_{j=1}^{s} P_1(b_j \mid a_i) = 1, \ \sum_{i=1}^{r} \sum_{j=1}^{s} P_1(a_i b_j) = 1 \\ \sum_{i=1}^{r} P_2(a_i) = 1, \ \sum_{j=1}^{s} P_2(b_j) = 1, \ \sum_{j=1}^{s} P_2(b_j \mid a_i) = 1, \ \sum_{i=1}^{r} \sum_{j=1}^{s} P_2(a_i b_j) = 1 \end{cases}$$

$$(\text{附} 3-3)$$

它们均为完备集，并且使得下面的等式恒成立：

$$\sum_{i=1}^{r} P(a_i) = \alpha \sum_{i=1}^{r} P_1(a_i) + \beta \sum_{i=1}^{r} P_2(a_i) \equiv 1 \qquad (\text{附} 3-4)$$

在 $P[b_j|a_i]$ 保持不变，$P(a_i)$ 变化的情况下，得

$$\begin{cases} P(a_i b_j) = P(b_j \mid a_i) P(a_i) \rightarrow \begin{cases} P_1(a_i b_j) = P(b_j \mid a_i) P_1(a_i) \\ P_2(a_i b_j) = P(b_j \mid a_i) P_2(a_i) \end{cases} \\ \\ P(b_j) = \sum_{i=1}^{r} P(a_i) P(b_j \mid a_i) \rightarrow \begin{cases} P_1(b_j) = \sum_{i=1}^{r} P_1(a_i) P(b_j \mid a_i) \\ P_2(b_j) = \sum_{i=1}^{r} P_2(a_i) P(b_j \mid a_i) \end{cases} \end{cases}$$

$$(\text{附} 3-5)$$

得平均互信息 I 与 $P_1(a_i)$、$P_2(a_i)$、$P(a_i)$ 的函数关系为

$$\begin{cases} I[P_1(a_i)] = \sum_{i=1}^{r} \sum_{j=1}^{s} P_1(a_i b_j) \log \frac{P(b_j \mid a_i)}{P_1(b_j)} \\ \\ I[P_2(a_i)] = \sum_{i=1}^{r} \sum_{j=1}^{s} P_2(a_i b_j) \log \frac{P(b_j \mid a_i)}{P_2(b_j)} \\ \\ I[P(a_i)] = \sum_{i=1}^{r} \sum_{j=1}^{s} P(a_i b_j) \log \frac{P(b_j \mid a_i)}{P(b_j)} \end{cases} \qquad (\text{附} 3-6)$$

另一方面，比较 $\alpha I[P_1(a_i)] + \beta I[P_2(a_i)]$ 与 $I[\alpha P_1(a_i) + \beta P_2(a_i)]$ 的大小，我们有

$$\alpha I[P_1(a_i)] + \beta I[P_2(a_i)] - I[\alpha P_1(a_i) + \beta P_2(a_i)]$$

$$= \alpha I[P_1(a_i)] + \beta I[P_2(a_i)] - I[P(a_i)]$$

$$= \alpha \sum_{i=1}^{r} \sum_{j=1}^{s} P_1(a_i b_j) \log \frac{P(b_j \mid a_i)}{P_1(b_j)} + \beta \sum_{i=1}^{r} \sum_{j=1}^{s} P_2(a_i b_j) \log \frac{P(b_j \mid a_i)}{P_2(b_j)}$$

$$- \sum_{i=1}^{r} \sum_{j=1}^{s} P(a_i b_j) \log \frac{P(b_j \mid a_i)}{P(b_j)}$$

$$= \alpha \sum_{i=1}^{r} \sum_{j=1}^{s} P_1(a_i b_j) \log \frac{P(b_j \mid a_i)}{P_1(b_j)} + \beta \sum_{i=1}^{r} \sum_{j=1}^{s} P_2(a_i b_j) \log \frac{P(b_j \mid a_i)}{P_2(b_j)}$$

$$- \sum_{i=1}^{r} \sum_{j=1}^{s} [\alpha P_1(a_i) + \beta P_2(a_i)] P(b_j \mid a_i) \log \frac{P(b_j \mid a_i)}{P(b_j)}$$

$$= \alpha \sum_{i=1}^{r} \sum_{j=1}^{s} P_1(a_i b_j) \log \frac{P(b_j \mid a_i)}{P_1(b_j)} + \beta \sum_{i=1}^{r} \sum_{j=1}^{s} P_2(a_i b_j) \log \frac{P(b_j \mid a_i)}{P_2(b_j)}$$

$$- \alpha \sum_{i=1}^{r} \sum_{j=1}^{s} P_1(a_i b_j) \frac{P(b_j \mid a_i)}{P(b_j)} - \beta \sum_{i=1}^{r} \sum_{j=1}^{s} P_2(a_i b_j) \log \frac{P(b_j \mid a_i)}{P(b_j)}$$

$$= \alpha \sum_{i=1}^{r} \sum_{j=1}^{s} P_1(a_i b_j) \log \frac{P(b_j)}{P_1(b_j)} + \beta \sum_{i=1}^{r} \sum_{j=1}^{s} P_2(a_i b_j) \log \frac{P(b_j)}{P_2(b_j)}$$

利用上凸函数不等式，得

$$\alpha I[P_1(a_i)] + \beta I[P_2(a_i)] - I[\alpha P_1(a_i) + \beta P_2(a_i)]$$

$$= \alpha \sum_{j=1}^{s} P_1(b_j) \log \frac{P(b_j)}{P_1(b_j)} + \beta \sum_{j=1}^{s} P_2(b_j) \log \frac{P(b_j)}{P_2(b_j)}$$

$$\leqslant \alpha \log \left(\sum_{j=1}^{s} P_1(b_j) \frac{P(b_j)}{P_1(b_j)} \right) + \beta \log \left(\sum_{j=1}^{s} P_2(b_j) \frac{P(b_j)}{P_2(b_j)} \right) = 0 \qquad （附 3 - 7）$$

可见，$\alpha I[P_1(a_i)] + \beta I[P_2(a_i)] \leqslant I[\alpha P_1(a_i) + \beta P_2(a_i)]$ 成立，故平均互信息是 $P(a_i)$ 的上凸函数。

附录 3 - 2　定理 3 - 2 的证明

根据平均互信息的数学表达式：

$$\begin{cases} I(X; Y) = \sum_{i=1}^{r} \sum_{j=1}^{s} P(a_i b_j) \log \frac{P(a_i \mid b_j)}{P(a_i)} \\ P(a_i \mid b_j) = \frac{P(a_i b_j)}{P(b_j)} = \frac{P(a_i) P(b_j \mid a_i)}{\sum_{k=1}^{r} P(a_k) P(b_j \mid a_k)} \\ P(a_i b_j) = P(a_i) P(b_j \mid a_i) \end{cases} \qquad （附 3 - 8）$$

当信源 $P(a_i)$ 固定时，平均互信息只是 $P(b_j \mid a_i)$ 的函数，即 $I(X; Y) = I[P(b_j \mid a_i)]$。选取

$$P(b_j \mid a_i) = \alpha P_1(b_j \mid a_i) + \beta P_2(b_j \mid a_i) (i = 1, 2, \cdots, r; j = 1, 2, \cdots, s)$$

$$（附 3 - 9）$$

式中，$0 < \alpha < 1$，$0 < \beta < 1$，$\alpha + \beta = 1$，并且 $P_1(\cdot)$，$P_2(\cdot)$ 均满足归一化条件，即

$$\begin{cases} \sum_{i=1}^{r} P_1(a_i) = 1, & \sum_{j=1}^{s} P_1(b_j) = 1, & \sum_{j=1}^{s} P_1(b_j \mid a_i) = 1, & \sum_{i=1}^{r}\sum_{j=1}^{s} P_1(a_ib_j) = 1 \\ \sum_{i=1}^{r} P_2(a_i) = 1, & \sum_{j=1}^{s} P_2(b_j) = 1, & \sum_{j=1}^{s} P_2(b_j \mid a_i) = 1, & \sum_{i=1}^{r}\sum_{j=1}^{s} P_2(a_ib_j) = 1 \end{cases} \qquad (\text{附 } 3-10)$$

它们均为完备集，并且使得下面的等式恒成立：

$$\sum_{j=1}^{s} P(b_j \mid a_i) = \alpha \sum_{j=1}^{s} P_1(b_j \mid a_i) + \beta \sum_{j=1}^{s} P_2(b_j \mid a_i) \equiv 1 \qquad (\text{附 } 3-11)$$

在 $P(a_i)$ 固定不变，$P(b_j|a_i)$ 变化的情况下，得

$$\begin{cases} P(a_ib_j) = P(b_j \mid a_i)P(a_i) \rightarrow \begin{cases} P_1(a_ib_j) = P_1(b_j \mid a_i)P(a_i) \\ P_2(a_ib_j) = P_2(b_j \mid a_i)P(a_i) \end{cases} \\[4mm] P(a_i \mid b_j) = \dfrac{P(a_ib_j)}{P(b_j)} = \dfrac{P(a_i)P(b_j \mid a_i)}{\sum_{k=1}^{r} P(a_k)P(b_j \mid a_k)} \rightarrow \begin{cases} P_1(a_i \mid b_j) = \dfrac{P(a_i)P_1(b_j \mid a_i)}{\sum_{k=1}^{r} P(a_k)P_1(b_j \mid a_k)} \\[3mm] P_2(a_i \mid b_j) = \dfrac{P(a_i)P_2(b_j \mid a_i)}{\sum_{k=1}^{r} P(a_k)P_2(b_j \mid a_k)} \end{cases} \end{cases}$$

$$(\text{附 } 3-12)$$

得平均互信息 I 与 $P_1(b_j|a_i)$、$P_2(b_j|a_i)$、$P(b_j|a_i)$ 的函数关系为

$$\begin{cases} I[P_1(b_j \mid a_i)] = \sum_{i=1}^{r}\sum_{j=1}^{s} P_1(a_ib_j)\log\dfrac{P_1(a_i \mid b_j)}{P(a_i)} \\[3mm] I[P_2(b_j \mid a_i)] = \sum_{i=1}^{r}\sum_{j=1}^{s} P_2(a_ib_j)\log\dfrac{P_2(a_i \mid b_j)}{P(a_i)} \\[3mm] I[P(b_j \mid a_i)] = \sum_{i=1}^{r}\sum_{j=1}^{s} P(a_ib_j)\log\dfrac{P(a_i \mid b_j)}{P(a_i)} \end{cases} \qquad (\text{附 } 3-13)$$

另一方面，比较 $I[\alpha P_1(b_j|a_i)+\beta P_2(b_j|a_i)]$ 与 $\alpha I[P_1(b_j|a_i)]+\beta I[P_2(b_j|a_i)]$ 的大小，得

$$I[\alpha P_1(b_j \mid a_i) + \beta P_2(b_j \mid a_i)] - \alpha I[P_1(b_j \mid a_i)] - \beta I[P_2(b_j \mid a_i)]$$

$$= I[P(b_j \mid a_i)] - \alpha I[P_1(b_j \mid a_i)] - \beta I[P_2(b_j \mid a_i)]$$

$$= \sum_{i=1}^{r}\sum_{j=1}^{s} P(a_ib_j)\log\frac{P(a_i \mid b_j)}{P(a_i)}$$

$$\quad - \alpha \sum_{i=1}^{r}\sum_{j=1}^{s} P_1(a_ib_j)\log\frac{P_1(a_i \mid b_j)}{P(a_i)} - \beta \sum_{i=1}^{r}\sum_{j=1}^{s} P_2(a_ib_j)\log\frac{P_2(a_i \mid b_j)}{P(a_i)}$$

$$= \sum_{i=1}^{r}\sum_{j=1}^{s} [\alpha P_1(b_j \mid a_i) + \beta P_2(b_j \mid a_i)]P(a_i)\log\frac{P(a_i \mid b_j)}{P(a_i)}$$

$$\quad - \alpha \sum_{i=1}^{r}\sum_{j=1}^{s} P_1(a_ib_j)\log\frac{P_1(a_i \mid b_j)}{P(a_i)} - \beta \sum_{i=1}^{r}\sum_{j=1}^{s} P_2(a_ib_j)\log\frac{P_2(a_i \mid b_j)}{P(a_i)}$$

$$= \alpha \sum_{i=1}^{r}\sum_{j=1}^{s} P_1(a_ib_j)\log\frac{P(a_i \mid b_j)}{P_1(a_i \mid b_j)} + \beta \sum_{i=1}^{r}\sum_{j=1}^{s} P_2(a_ib_j)\log\frac{P(a_i \mid b_j)}{P_2(a_i \mid b_j)}$$

$$\leqslant \alpha\log\Big(\sum_{i=1}^{r}\sum_{j=1}^{s} P_1(a_ib_j)\frac{P(a_i \mid b_j)}{P_1(a_i \mid b_j)}\Big) + \beta\log\Big(\sum_{i=1}^{r}\sum_{j=1}^{s} P_2(a_ib_j)\frac{P(a_i \mid b_j)}{P_2(a_i \mid b_j)}\Big) = 0$$

可见 $I[\alpha P_1(b_j|a_i)+\beta P_2(b_j|a_i)]\leqslant\alpha I[P_1(b_j|a_i)]+\beta I[P_2(b_j|a_i)]$ 成立，故平均互信息是 $P(b_j|a_i)$ 的下凸函数。

附录 3-3　式(3-82)的证明

根据平均互信息的数学表达式：
$$I(X;Y)=H(X)-H(X\mid Y)$$

$$=-\sum_{i=1}^{r}P(a_i)\log P(a_i)+\sum_{i=1}^{r}\sum_{j=1}^{s}P(a_ib_j)\log P(a_i\mid b_j)$$

$$=-\sum_{i=1}^{r}P(a_i)\log P(a_i)+\sum_{i=1}^{r}\sum_{j=1}^{s}P(a_i)P(b_j\mid a_i)\log P(a_i\mid b_j) \quad (\text{附}3-14)$$

当信道固定时，$I(X;Y)=I[P(a_i),P(a_i|b_j)]$，并且在约束条件

$$\sum_{i=1}^{r}P(a_i\mid b_j)=1 \qquad\qquad (\text{附}3-15)$$

的限制下，对 $P(a_i|b_j)$ 求 $I(X;Y)=I[P(a_i),P(a_i|b_j)]$ 达到最大值的极值点 $P^*(a_i|b_j)$。

作辅助函数

$$F=I[P(a_i),P(a_i\mid b_j)]+\lambda\Big[\sum_{i=1}^{r}P(a_i\mid b_j)-1\Big] \qquad (\text{附}3-16)$$

根据求解多元函数条件极值的方法，求得当 $I[P(a_i),P(a_i|b_j)]$ 为最大时的极值点 $P^*(a_i|b_j)$，即

$$\begin{cases}\dfrac{\partial}{\partial P(a_i\mid b_j)}\Big(I[P(a_i),P(a_i\mid b_j)]+\lambda\Big[\sum_{i=1}^{r}P(a_i\mid b_j)-1\Big]\Big)=0 \\[2mm] \sum_{i=1}^{r}P(a_i\mid b_j)=1\end{cases} \quad (\text{附}3-17)$$

$$\dfrac{\partial}{\partial P(a_i\mid b_j)}\Big(I[P(a_i),P(a_i\mid b_j)]+\lambda\Big[\sum_{i=1}^{r}P(a_i\mid b_j)-1\Big]\Big)=\dfrac{P(a_i)P(b_j\mid a_i)}{P(a_i\mid b_j)}+\lambda=0$$

$$(\text{附}3-18)$$

式中：$i=1,2,\cdots,r$；$j=1,2,\cdots,s$。在上面的过程中，为求导简单起见，假定 log 是以 e 为底的对数。根据上式，得

$$\dfrac{P(a_i)P(b_j\mid a_i)}{P(a_i\mid b_j)}+\lambda=0\rightarrow P(a_i\mid b_j)=-\dfrac{P(a_i)P(b_j\mid a_i)}{\lambda}$$

将约束条件代入上式，得

$$\sum_{k=1}^{r}P(a_k\mid b_j)=-\dfrac{1}{\lambda}\sum_{k=1}^{r}P(a_k)P(b_j\mid a_k)=1\rightarrow\lambda=-\sum_{k=1}^{r}P(a_k)P(b_j\mid a_k)$$

将上式代入式(附3-18)中，得

$$P^*(a_i\mid b_j)=\dfrac{P(a_i)P(b_j\mid a_i)}{\sum\limits_{k=1}^{r}P(a_k)P(b_j\mid a_k)}\quad (i=1,2,\cdots,r;j=1,2,\cdots,s)$$

$$(\text{附}3-19)$$

这说明，当 $P(a_i)$ 给定时，$P^*(a_i|b_j)$ 能使 $I(X;Y)=I[P(a_i),P(a_i|b_j)]$ 达到最大值。

附录 3 - 4　式(3 - 86)的证明

根据式(附 3 - 14)，当信道固定时，$I(X;Y) = I[P(a_i), P(a_i|b_j)]$，并且在约束条件

$$\sum_{i=1}^{r} P(a_i) = 1 \tag{附 3 - 20}$$

的限制下，对 $P(a_i)$ 求 $I(X;Y) = I[P(a_i), P(a_i|b_j)]$ 达到最大值的极值点 $P^*(a_i)$。

作辅助函数

$$F = I[P(a_i), P(a_i|b_j)] + \lambda\Big[\sum_{i=1}^{r} P(a_i) - 1\Big] \tag{附 3 - 21}$$

根据求解多元函数条件极值的方法，求得当 $I[P(a_i), P(a_i|b_j)]$ 为最大时的极值点 $P^*(a_i)$，即

$$\begin{cases} \dfrac{\partial}{\partial P(a_i)}\Big(I[P(a_i), P(a_i|b_j)] + \lambda\Big[\sum_{i=1}^{r} P(a_i) - 1\Big]\Big) = 0 \\ \sum_{i=1}^{r} P(a_i) = 1 \end{cases} \tag{附 3 - 22}$$

$$\frac{\partial}{\partial P(a_i)}\Big(I[P(a_i), P(a_i|b_j)] + \lambda\Big[\sum_{i=1}^{r} P(a_i) - 1\Big]\Big)$$

$$= -[1 + \log P(a_i)] + \sum_{j=1}^{s} P(b_j|a_i)\log P(a_i|b_j) + \lambda$$

$$= 0$$

根据上式，得

$$P^*(a_i) = \exp\Big\{\sum_{j=1}^{s} P(b_j|a_i)\log P(a_i|b_j) + \lambda - 1\Big\}$$

$$= \exp\Big\{\sum_{j=1}^{s} P(b_j|a_i)\log P(a_i|b_j)\Big\} \cdot \exp(\lambda - 1) \tag{附 3 - 23}$$

将约束条件代入上式，得

$$\sum_{i=1}^{r} P^*(a_i) = \exp(\lambda - 1) \cdot \sum_{i=1}^{r} \exp\Big\{\sum_{j=1}^{s} P(b_j|a_i)\log P(a_i|b_j)\Big\} = 1$$

从而有

$$\exp(\lambda - 1) = \frac{1}{\sum_{i=1}^{r} \exp\Big\{\sum_{j=1}^{s} P(b_j|a_i)\log P(a_i|b_j)\Big\}} \tag{附 3 - 24}$$

最后将式(附 3 - 24)代入式(附 3 - 23)中，得

$$P^*(a_i) = \frac{\exp\Big\{\sum_{j=1}^{s} P(b_j|a_i)\log P(a_i|b_j)\Big\}}{\sum_{i=1}^{r} \exp\Big\{\sum_{j=1}^{s} P(b_j|a_i)\log P(a_i|b_j)\Big\}}$$

$$= \frac{E_i}{\sum_{i=1}^{r} E_i} (i = 1, 2, \cdots, r; j = 1, 2, \cdots, s) \tag{附 3 - 25}$$

附录 3 - 5 定理 3 - 5 的物理意义解释

(1) 根据定理 3 - 5，若信源无记忆，即 $P(a_i) = P(a_{i1}) P(a_{i2}) \cdots P(a_{iN})$，为什么

$$I(\boldsymbol{X}; \boldsymbol{Y}) \geqslant \sum_{k=1}^{N} I(X_k; Y_k)$$

成立呢? 注意：这种情况说明只是信源无记忆，而信道一般是有记忆的。

为了便于说明问题，我们将上式中的 $I(\boldsymbol{X}; \boldsymbol{Y})$ 以及 $\sum_{k=1}^{N} I(X_k; Y_k)$ 分别表示为信源的熵减去损失熵(疑义度)的形式：

$$\begin{cases} I(\boldsymbol{X}; \boldsymbol{Y}) = H(\boldsymbol{X}) - H(\boldsymbol{X} \mid \boldsymbol{Y}) \\ \sum_{k=1}^{N} I(X_k; Y_k) = \sum_{k=1}^{N} \left[H(X_k) - H(X_k \mid Y_k) \right] = \sum_{k=1}^{N} H(X_k) - \sum_{k=1}^{N} H(X_k \mid Y_k) \end{cases}$$

$$\text{(附 3 - 26)}$$

当信源无记忆时，信源就成为了无记忆的 N 次扩展信源，即 $H(\boldsymbol{X}) = H(X^N)$，故式(附 3 - 26)中的第一项是相同的，满足

$$H(\boldsymbol{X}) = \sum_{k=1}^{N} H(X_k) \qquad \text{(附 3 - 27)}$$

因此，我们只需比较第二项的情况。

式(附 3 - 26)中的第二项代表损失熵(或疑义度)。在信道有记忆的情况下，损失熵 $H(\boldsymbol{X} | \boldsymbol{Y})$ 说明在 k 时刻输出的随机变量 Y_k，不仅与当前的输入 X_k 有关，而且还与其它时刻的输入都有关，都可以从它们当中获取关于 X_k 的信息，疑义度要小一些，这正是"有记忆信道"具有"记忆效应"的合理解释，因而这种不确定性相对来说要小一些。对于损失熵(或疑义度)

$$\sum_{k=1}^{N} H(X_k \mid Y_k)$$

则不管信道是否有记忆，它总是按照信道无记忆的情况来计算的，即在 k 时刻输出的随机变量 Y_k 仅与当前的输入 X_k 有关，与其它时刻的输入无关，因而获取关于 X_k 的信息相对要小一些，疑义度会更大一些，或者说关于 X_k 的不确定性相对来说要大一些。

我们也可以从另一个方面来理解这个问题。在获取信息的能力方面，$H(\boldsymbol{X} | \boldsymbol{Y})$ 表明在收到 Y_k 后获取关于输入 X_k 信息的"渠道"要多，而 $\sum H(X_k \mid Y_k)$ 表明在收到 Y_k 后获取关于输入 X_k 信息的"渠道"相对要少，或者说前者获取信息的"来源"要多于后者获取信息的"来源"，前者所获得的消息要比后者所获得的消息更为"灵通"，疑义度更小，故前者在收到 Y_k 之后关于输入 X_k 的不确定性要小于后者在收到 Y_k 之后关于输入 X_k 的不确定性。

通过上述比较可知，前者的不确定性要小于后者的不确定性，而熵的物理意义表明不管是哪种形式的熵，都是关于不确定性的度量，不确定性大的熵大于不确定小的熵，故

$$H(\boldsymbol{X} \mid \boldsymbol{Y}) \leqslant \sum_{k=1}^{N} H(X_k \mid Y_k) \qquad \text{(附 3 - 28)}$$

成立，从而使得不等式

$$I(\boldsymbol{X};\boldsymbol{Y}) \geqslant \sum_{k=1}^{N} I(X_k;Y_k)$$

成立。

（2）若信道无记忆，即 $P(b_{j1}\cdots b_{jN}\,|\,a_{i1}\cdots a_{iN})=P(b_{j1}\,|\,a_{i1})\cdots P(b_{jN}\,|\,a_{iN})$，为什么

$$I(\boldsymbol{X};\boldsymbol{Y}) \leqslant \sum_{k=1}^{N} I(X_k;Y_k)$$

成立呢？注意到这种情况说明只是信道无记忆，而信源一般是有记忆的。

根据式（附 3-26），当信道无记忆时，在 k 时刻输出的随机变量 Y_k 仅与当前的输入 X_k 有关，与其它时刻的输入都无关，即满足

$$H(\boldsymbol{X}\,|\,\boldsymbol{Y}) = \sum_{k=1}^{N} H(X_k\,|\,Y_k) \qquad\qquad (\text{附} 3-29)$$

需要注意到 $\sum\limits_{k=1}^{N} H(X_k)$ 这一项本身就说明，不管信源是否有记忆，总是按信源无记忆的情况来计算信源的熵的。因此，当信源有记忆时，不等式

$$H(\boldsymbol{X}) \leqslant \sum_{k=1}^{N} H(X_k) \qquad\qquad (\text{附} 3-30)$$

显然成立。根据式（附 3-26），最后得出

$$I(\boldsymbol{X};\boldsymbol{Y}) \leqslant \sum_{k=1}^{N} I(X_k;Y_k)$$

这一结论成立。

（3）综合上述两种情况，若信道和信源均无记忆，显然有

$$I(\boldsymbol{X};\boldsymbol{Y}) = \sum_{k=1}^{N} I(X_k;Y_k)$$

其结论和物理意义都是十分明确的。

（4）通过上述分析和讨论，我们可得出这样一个较为普遍的结论：记忆性的强弱和不确定性的大小紧密联系，而不确定性的大小又和信息熵的大小紧密相联，越是有记忆的信源或信道，其相关性就越强，不确定性就越小，对应的信息熵也就越小；反之，越是无记忆的信源或信道，其相关性就越弱，不确定性就越大。三者之间的关系如图 3-21 所示。

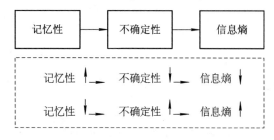

图 3-21　记忆性、不确定性和信息熵的关系

习　题　3

3-1　设信源

$$\begin{bmatrix} X \\ P(X) \end{bmatrix} = \begin{bmatrix} a_1 & a_2 \\ 0.6 & 0.4 \end{bmatrix}$$

通过一个干扰信道，接收符号为 $Y=[b_1, b_2]$，信道传递概率如图 3-22 所示。求

(1) 信源 X 中事件各自所含有的自信息；

(2) 收到消息 $b_j(j=1, 2)$ 后，获得关于 $a_i(i=1, 2)$ 的信息量；

(3) 信源 X 和信源 Y 的信息熵；

(4) 信道疑义度 $H(X|Y)$ 的噪声熵 $H(Y|X)$；

(5) 接收到消息 Y 后获得的平均互信息量。

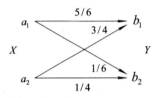

图 3-22　题 3-1 的二元信道

3-2　设二元对称信道的传递矩阵为

$$[P(Y \mid X)] = \begin{matrix} & b_1 & b_2 \\ a_1 \\ a_2 \end{matrix} \begin{bmatrix} \dfrac{2}{3} & \dfrac{1}{3} \\ \dfrac{1}{3} & \dfrac{2}{3} \end{bmatrix}$$

(1) 若信源为 $P(0)=\dfrac{3}{4}$，$P(1)=\dfrac{1}{4}$，求 $H(X)$、$H(X|Y)$、$H(Y|X)$ 和 $I(X; Y)$；

(2) 求该信道的信道容量及其达到信道容量时的输入概率分布。

3-3　有一个二元对称信道，其信道特性如图 3-23 所示。设该信道以 1500 个二元符号/秒的速率传输输入符号。现有一个消息序列共有 14 000 个二元符号，并设在该消息中 $P(0)=P(1)=1/2$，从信息传输的角度来看，10 s 内能否将该消息序列无失真地传送完？

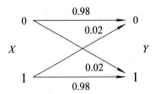

图 3-23　题 3-3 的二元信道

3-4　求下列两个信道的信道容量，并加以比较。

$$(1) \ [P(Y|X)] = \begin{matrix} & b_1 & b_2 & b_2 \\ a_1 \\ a_2 \end{matrix} \begin{bmatrix} \overline{p}-\varepsilon & p-\varepsilon & 2\varepsilon \\ p-\varepsilon & \overline{p}-\varepsilon & 2\varepsilon \end{bmatrix}$$

$$(2)\ [P(Y|X)] = \begin{array}{c} \\ a_1 \\ a_2 \end{array} \begin{array}{cccc} b_1 & b_2 & b_2 & b_3 \\ \left[\begin{matrix} \bar{p}-\varepsilon & p-\varepsilon & 2\varepsilon & 0 \\ p-\varepsilon & \bar{p}-\varepsilon & 0 & 2\varepsilon \end{matrix}\right] \end{array}$$

3-5　若有两个串接的离散信道，它们的信道矩阵都是

$$[P(Y\mid X)] = \begin{array}{c} \\ a_1 \\ a_2 \\ a_3 \\ a_4 \end{array} \begin{array}{cccc} b_1 & b_2 & b_2 & b_2 \\ \left[\begin{matrix} 0 & 0 & 0 & 1 \\ 0 & 0 & 0 & 1 \\ 0.5 & 0.5 & 0 & 0 \\ 0 & 0 & 1 & 0 \end{matrix}\right] \end{array}$$

并设第一个信道的输入符号 $X \in \{a_1, a_2, a_3, a_4\}$ 为等概分布，求 $I(X; Z)$ 和 $I(X; Y)$ 并加以比较。

3-6　证明：若 (XYZ) 是马氏链，则 (ZYX) 也是马氏链。

第 4 章　连续信源与连续信道

在前面各章中，我们讨论了各种离散信源和离散信道的信息熵、平均互信息及信道容量等问题。在实际情况当中，有些信源的输出是时间和取值都连续的消息。例如，语音信号和电视信号等都是时间 t 的连续函数，并且在某一固定时刻 t_0，它们可能的取值也都是连续的，这样的信源称为连续信源。连续信源输出的每个可能的消息是随机过程 $\{x(t)\}$ 中的一个样本函数，它是一个时间 t 的连续函数。在某一固定时刻 t_0，信源的输出成为一个取值连续的随机变量 X。这个取值连续的随机变量 X 对应一维连续信源。对于一个信道来说，如果输入和输出均是一个取值连续的随机变量，则这个信道称为一维连续信道。但如果输入是一个随机过程 $\{x(t)\}$，输出也是一个随机过程 $\{y(t)\}$，则称这个信道为 N 维连续信道。一维连续信源和一维连续信道是连续系统中最基本的信源和信道。在本章里，我们将在离散信源和离散信道有关理论的基础上，讨论连续信源和连续信道的信息特性。

4.1　一维连续随机变量的离散化及其差熵

最基本的连续信源是一维连续信源，即单变量连续信源，它由一个取值连续的随机变量 X 来表示。我们知道，要描述一个取值连续的随机变量 X，首先要确定其取值范围。一般来说，这个取值范围可能是全实数轴 R，也可能是有限实数区域 $[a, b]$。其次，还必须测定连续随机变量 X 在取值范围内的概率密度分布函数 $p(x)$，并且还假定概率分布不随时间而变化，因而是平稳的。注意到在离散信源与离散信道中，我们用 P 表示概率分布，在本章中则用 p 表示概率密度分布，以示区别。

4.1.1　连续信源空间的数学模型

如果 X 的取值范围是全实数轴，则归一化条件要求满足

$$\int_R p(x)\mathrm{d}x = 1 \tag{4-1}$$

对应的信源空间的数学模型为

$$\begin{cases} \begin{bmatrix} X \\ p(X) \end{bmatrix} = \begin{bmatrix} R \\ p(x) \end{bmatrix} \\ \int_R p(x)\mathrm{d}x = 1 \end{cases} \tag{4-2}$$

如果 X 的取值范围是有限的实数区域 $[a, b]$，则有

$$\int_a^b p(x)\mathrm{d}x = 1 \tag{4-3}$$

这意味着，X 在 $[a, b]$ 之外的所有概率密度分布均为零，亦即信源的取值被限定在某个有限范围 $[a, b]$ 之内，因此，这种信源的峰值功率（即瞬时功率）是受限的，称之为峰值功率受限信源。对应的信源空间的数学模型为

$$\begin{cases} \begin{bmatrix} X \\ p(X) \end{bmatrix} = \begin{bmatrix} [a, b] \\ p(x) \end{bmatrix} \\ \int_a^b p(x)\mathrm{d}x = 1 \end{cases} \tag{4-4}$$

4.1.2　连续信源的离散化及其差熵

在建立了连续信源空间数学模型的基础上，我们来讨论连续信源的信息测度问题。为了能借助于离散信源信息测度的已有结果，我们首先需要对连续信源和连续随机变量作离散化处理，这是因为连续变量总是可以由离散变量来逼近，把连续变量看成是离散变量的极限情况。所以在讨论连续信源的信息熵中，我们总的思路是：在 X 的取值区间中，以等间隔对 X 进行分层量化，则得相对应的离散随机变量 X_n 和离散信源的熵 $H(X_n)$。然后，令分层间隔趋于零，得离散熵 $H(X_n)$ 的极限值。这个极限值就可认为是连续信源的信息熵。

假设连续信源 X 的概率密度分布函数为 $p(x)$，取值区间为 $[a, b]$，且 $p(x)$ 是 x 在取值区间 $[a, b]$ 中的连续函数。

首先，将 X 的取值区间 $[a, b]$ 分割为 n 个小区间，并且各个小区间等宽，即

$$\Delta = \frac{b-a}{n} \tag{4-5}$$

那么，X 落在第 i 个区间 $[a+(i-1)\Delta, a+i\Delta]$ 中的概率为

$$P_i = P\{[a+(i-1)\Delta] \leqslant X \leqslant [a+i\Delta]\} = \int_{a+(i-1)\Delta}^{a+i\Delta} p(x)\mathrm{d}x \, (i=1, 2, \cdots, n) \tag{4-6}$$

概率密度分布及其等间隔 Δ 分割离散化的示意图如图 4-1 所示。

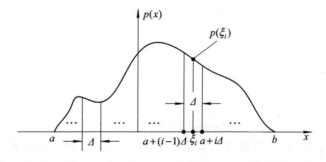

图 4-1　概率密度分布及其等间隔 Δ 分割离散化的示意图

根据积分中值定理，在区间 $[a+(i-1)\Delta, a+i\Delta]$ 中必定存在一个 ξ_i，满足

$$\begin{cases} P_i = \int_{a+(i-1)\Delta}^{a+i\Delta} p(x)\mathrm{d}x = p(\xi_i)\Delta \, (i=1, 2, \cdots, n) \\ \sum_{i=1}^n P_i = 1 \end{cases} \tag{4-7}$$

所以，我们有理由把所有落在第 i 个区间 $[a+(i-1)\Delta, a+i\Delta]$ 中的 x 都由 ξ_i 来代表，亦即将所有落在第 i 个区间 $[a+(i-1)\Delta, a+i\Delta]$ 中连续取值的 x 量化为 $\xi_i(i=1, 2, \cdots, n)$。这样，在整个取值区间 $[a, b]$ 中连续取值的连续随机变量 X，量化为取离散值 $\xi_i(i=1, 2, \cdots, n)$ 的离散随机变量。我们记这个离散随机变量为 X_n，其对应的熵为 $H(X_n)$。

根据式(4-7)，可得离散化后信源空间的数学模型为

$$\begin{cases} \begin{bmatrix} X_n \\ P(X_n) \end{bmatrix} = \begin{bmatrix} \xi_1 & \xi_2 & \cdots & \xi_n \\ P_1 & P_2 & \cdots & P_n \end{bmatrix} = \begin{bmatrix} \xi_1 & \xi_2 & \cdots & \xi_n \\ p(\xi_1)\Delta & p(\xi_2)\Delta & \cdots & p(\xi_n)\Delta \end{bmatrix} \\ \sum_{i=1}^{n} P_i = \sum_{i=1}^{n} p(\xi_i)\Delta = 1 \end{cases} \quad (4-8)$$

可见，通过量化所得离散信源 X_n 的概率空间是一个完备集。

根据式(4-8)，得离散信源 X_n 的信息熵 $H(X_n)$ 为

$$\begin{aligned} H(X_n) &= -\sum_{i=1}^{n} P_i \log P_i = -\sum_{i=1}^{n} p(\xi_i)\Delta \log[p(\xi_i)\Delta] \\ &= -\sum_{i=1}^{n} p(\xi_i)\Delta \log p(\xi_i) - \sum_{i=1}^{n} p(\xi_i)\Delta \log\Delta \\ &= -\sum_{i=1}^{n} p(\xi_i)\log p(\xi_i)\Delta - (\log\Delta) \cdot \sum_{i=1}^{n} p(\xi_i)\Delta \\ &= -\sum_{i=1}^{n} p(\xi_i)\log p(\xi_i)\Delta - (\log\Delta) \end{aligned} \quad (4-9)$$

当 $n \to \infty$，$\Delta \to 0$ 时，离散随机变量 X_n：$\{\xi_1, \xi_2, \cdots, \xi_n\}$ 无限逼近连续随机变量 X：$[a, b]$，则离散信源 X_n 的信息熵 $H(X_n)$ 的极限值就是连续信源 X 的信息熵，即对上式取极限，得

$$\begin{aligned} H(X) &= \lim_{\substack{n\to\infty \\ \Delta\to 0}} H(X_n) \\ &= \lim_{\substack{n\to\infty \\ \Delta\to 0}} \left\{ -\sum_{i=1}^{n} p(\xi_i)\log p(\xi_i)\Delta - (\log\Delta) \right\} \\ &= -\int_a^b p(x)\log p(x)\mathrm{d}x - \lim_{\substack{n\to\infty \\ \Delta\to 0}}\log\Delta \\ &= h(X) + (\text{无限大的常数项}) \end{aligned} \quad (4-10)$$

根据式(4-10)，定义

$$h(X) = -\int_a^b p(x)\log p(x)\mathrm{d}x \quad (4-11)$$

为连续信源 X 的熵，常称之为连续信源 X 的差熵。

由式(4-10)可知，连续信源 X 的熵 $H(X)$ 应为无穷大。这一点是很好理解的，因为连续信源 X 的可能取值有无穷多个，不妨假定这些无穷多个取值为等概分布，由离散信源等概分布时信息熵的计算公式 $H(X)=\log r$，并令 $r \to \infty$，得信源 X 每发出一个符号（即取一个数值）所提供的平均信息量为

$$H(X) = \lim_{r\to\infty}\log r \to \infty \quad (4-12)$$

对于式(4-11)所定义的连续信源 X 的信息熵 $h(X)$，它由 X 的取值区间 $[a, b]$ 和 X 在该区间中的概率密度分布 $p(x)$ 所决定，它是连续信源 X 的熵 $H(X)$ 中的有确定值的一

部分，它已不能代表连续信源 X 的平均不确定性，即不能代表连续信源 X 每发一个符号（即每取一个数值）所提供的平均信息量。所以，对于连续信源 X 本身来说，我们所定义的熵 $h(X)$ 并不包含信息的含义。既然如此，那我们又为什么要用式(4-11)来定义 $h(X)$ 为连续信源 X 的熵呢？要回答这个问题，必须把 $h(X)$ 放到信息传输，即差熵问题的讨论中才能够完全解释清楚，下面就讨论这个重要问题。

　　假设另有一个连续信源 Y，其概率密度分布函数为 $p(y)$，取值区间为 $[c,d]$，并且 $p(y)$ 是 y 在取值区间 $[c,d]$ 中的连续函数。我们用同样的方法得到其对应的离散信源 Y_m 如下：

$$\begin{cases} \begin{bmatrix} Y_m \\ P(Y_m) \end{bmatrix} = \begin{bmatrix} \eta_1 & \eta_2 & \cdots & \eta_m \\ P_1 & P_2 & \cdots & P_m \end{bmatrix} = \begin{bmatrix} \eta_1 & \eta_2 & \cdots & \eta_m \\ p(\eta_1)\delta & p(\eta_2)\delta & \cdots & p(\eta_m)\delta \end{bmatrix} \\ \sum_{j=1}^{m} P_j = \sum_{j=1}^{m} p(\eta_j)\delta = 1 \end{cases} \quad (4-13)$$

对于连续信源 X 和 Y，其联合概率密度分布 $p(xy)$ 和条件概率密度分布 $p(x|y)$ 也有与离散信源中的联合概率和条件概率相对应的公式，例如：

$$\begin{cases} p(xy) = p(x)p(y|x) = p(y)p(x|y) \\ p(x) = \int_R p(xy)\mathrm{d}y \\ p(y) = \int_R p(xy)\mathrm{d}x \end{cases} \quad (4-14)$$

可以证明，按离散条件熵的定义，可得离散随机变量 X_n 和 Y_m 的条件熵 $H(X_n|Y_m)$ 为

$$\begin{aligned} H(X|Y) &= \lim_{\substack{n\to\infty, m\to\infty \\ \Delta\to 0, \delta\to 0}} H(X_n|Y_m) \\ &= -\int_R\int_R p(xy)\log p(x|y)\mathrm{d}x\,\mathrm{d}y - \lim_{\substack{n\to\infty \\ \Delta\to 0}}\log\Delta \\ &= -\int_R\int_R p(xy)\log p(x|y)\mathrm{d}x\,\mathrm{d}y + (\text{无限大的常数项}) \end{aligned} \quad (4-15)$$

　　用同样的方法，避开式(4-15)中的第二项，定义连续随机变量 X 和 Y 的条件熵为

$$h(X|Y) = -\int_R\int_R p(xy)\log p(x|y)\mathrm{d}x\,\mathrm{d}y \quad (4-16)$$

$h(X|Y)$ 物理意义的阐述与前面 $h(X)$ 物理意义的阐述完全相同，此处不再详述。

　　重要的不在于式(4-11)和式(4-16)本身，而在于"通信前后关于信源不确定性的消除，就等于通信中获得的信息量"这一根本观点，可得从连续随机变量 Y 中获取关于连续随机变量 X 的平均信息量为

$$\begin{aligned} I(X;Y) &= H(X) - H(X|Y) \\ &= \Big(h(X) - \lim_{\substack{n\to\infty \\ \Delta\to 0}}\log\Delta\Big) - \Big(h(X|Y) - \lim_{\substack{n\to\infty \\ \Delta\to 0}}\log\Delta\Big) \\ &= h(X) - h(X|Y) \end{aligned} \quad (4-17)$$

上式正好就是信息熵 $H(X)$ 和信息条件熵 $H(X|Y)$ 中有确定值的部分 $h(X)$ 和 $h(X|Y)$ 的差值。这就是说，在信息流通问题的领域中，即考虑差熵问题的领域中，原来的两信息熵之差 $I(X;Y) = H(X) - H(X|Y)$ 的问题，在数值上等效于两个差熵相减 $I(X;Y) = h(X) - h(X|Y)$。另一方面，$h(X)$ 和 $h(X|Y)$ 的形式与离散信源中 $H(X)$ 和 $H(X|Y)$ 的形

式完全相似,只不过用积分代替求和。鉴于上述两个原因,用 $h(X)$ 和 $h(X|Y)$ 定义连续信源的信息熵是合理的。

4.2 N 维连续随机变量的差熵

对于 N 维连续平稳信源,它由 N 个取值连续的随机变量 X_1,X_2,$\cdots$,X_N 来表示,由这些随机变量组成一个随机矢量 $\boldsymbol{X}=X_1X_2\cdots X_N$,常称之为 N 维连续随机变量,注意到这里的每一个 $X_i(i=1,2,\cdots,N)$ 就是在 4.1 节中介绍的一维连续随机变量。设 N 维连续随机变量的概率密度函数为 $p(\boldsymbol{x})=p(x_1x_2\cdots x_N)$,其中 $x_i \in X_i(i=1,2,\cdots,N)$,并且满足归一化条件

$$\int_R\int_R\cdots\int_R p(\boldsymbol{x})\mathrm{d}\boldsymbol{x} = \int_R\int_R\cdots\int_R p(x_1x_2\cdots x_N)\mathrm{d}x_1\mathrm{d}x_2\cdots\mathrm{d}x_N = 1$$

式中,$\boldsymbol{x}=x_1x_2\cdots x_N$,$\boldsymbol{x}\in\boldsymbol{X}$,$x_1x_2\cdots x_N\in X_1X_2\cdots X_N$,$\mathrm{d}\boldsymbol{x}=\mathrm{d}x_1\mathrm{d}x_2\cdots\mathrm{d}x_N$。

同理,与多符号离散平稳信源相类似,若随机矢量 $\boldsymbol{X}$ 中的每一个分量 $X_i(i=1,2,\cdots,N)$ 均取自于同一个一维连续平稳信源 X,即 $x_i\in X(i=1,2,\cdots,N)$,那么,这个 N 维随机变量一定是平稳的。如果随机矢量 $\boldsymbol{X}=X_1X_2\cdots X_N$ 中的每一个分量彼此统计独立,满足

$$p(\boldsymbol{x}) = p(x_1x_2\cdots x_N) = \prod_{i=1}^{N} p(x_i) \tag{4-18}$$

则为 N 维连续平稳无记忆信源。

在本节中,我们还需要进一步将一维连续平稳信源信息熵的结论推广到 N 维连续平稳信源的情况中,其中包括 N 维联合差熵、N 维条件差熵等。

4.2.1 N 维联合差熵

N 维联合差熵的定义为

$$h(\boldsymbol{X}) = h(X_1X_2\cdots X_N) = -\int_R\int_R\cdots\int_R p(\boldsymbol{x})\log p(\boldsymbol{x})\mathrm{d}\boldsymbol{x}$$

$$= -\int_R\int_R\cdots\int_R p(x_1x_2\cdots x_N)\log p(x_1x_2\cdots x_N)\mathrm{d}x_1\mathrm{d}x_2\cdots\mathrm{d}x_N \tag{4-19}$$

当 $N=2$ 时,得二维联合差熵为

$$h(X_1X_2) = -\int_R\int_R p(x_1x_2)\log p(x_1x_2)\mathrm{d}x_1\mathrm{d}x_2 \tag{4-20}$$

4.2.2 N 维条件差熵

N 维条件差熵的定义为

$$h(X_N \mid X_1X_2\cdots X_{N-1})$$

$$= -\int_R\int_R\cdots\int_R p(x_1x_2\cdots x_N)\log p(x_N \mid x_1x_2\cdots x_{N-1})\mathrm{d}x_1\mathrm{d}x_2\cdots\mathrm{d}x_N \tag{4-21}$$

当 $N=2$ 时,得二维条件差熵为

$$h(X_2 \mid X_1) = -\int_R\int_R p(x_1x_2)\log p(x_2 \mid x_1)\mathrm{d}x_1\mathrm{d}x_2 \tag{4-22}$$

和离散信源的信息熵一样,我们将在 4.5 节中证得以下各种差熵之间的关系:

$$h(X_2 \mid X_1) \leqslant h(X_2) \qquad\qquad (4-23)$$

当且仅当相互独立时等式才成立。

$$h(\boldsymbol{X}) = h(X_1 X_2 \cdots X_N)$$
$$= h(X_1) + h(X_2 \mid X_1) + h(X_3 \mid X_1 X_2) + \cdots + h(X_N \mid X_1 X_2 \cdots X_{N-1}) \quad (4-24)$$

以及

$$h(\boldsymbol{X}) = h(X_1 X_2 \cdots X_N) \leqslant h(X_1) + h(X_2) + h(X_3) + \cdots + h(X_N) \qquad (4-25)$$

当且仅当各个随机变量彼此统计独立时等式才成立。

4.3　平稳随机过程的 N 维和无穷维差熵

在自然界中，事物变化过程可分为两类：一是确定性变化过程，用确定性的时间函数来描述；二是随机过程，它的每次出现是用一个样本函数（或称为一个实现）来描述的，如果是平稳随机过程，其统计平均可以用时间平均来代替。平稳随机过程的基本特征是：

（1）它是时间 t 的函数，但在某一时刻上观察到的值是不确定的，是一个随机变量；

（2）每一个实现（即一个样本函数）都是一个确定的时间函数，但究竟出现哪一个可能的实现，事先无法确定。

下面举一个实例来加以说明。设有 n 台完全相同的通信机同时记录它们输出的噪声波形。实验结果表明，这 n 个记录波形并不因这 n 台通信机完全相同而输出相同的波形，而是输出 n 个可能的实现。它们各不相同，每次记录是一个实现，当 $n \to \infty$ 时，无数个记录构成的总体是一个随机过程 $\{x(t)\}$，如图 4-2 所示。

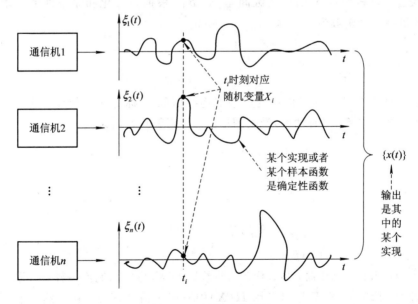

图 4-2　随机过程图示

根据图 4-2，随机过程 $\{x(t)\}$ 是时间 t 的函数，但在某一时刻上观察到的结果对应一个随机变量。设随机过程在 t_1 时刻对应的随机变量为 X_1：$\{\xi_1(t_1), \xi_2(t_1), \cdots, \xi_n(t_1), \cdots\}$，在 t_2 时刻对应的随机变量为 X_2：$\{\xi_1(t_2), \xi_2(t_2), \cdots, \xi_n(t_2), \cdots\}$，依此类推，在 t_N 时刻对应的随机变量为 X_N：$\{\xi_1(t_N), \xi_2(t_N), \cdots, \xi_n(t_N), \cdots\}$。基于同样的理由，可以将这

N 个随机变量组成一个随机矢量 $\boldsymbol{X}=X_1X_2\cdots X_N$，称之为 N 维随机变量。若为平稳随机过程，则每个 $X_i(i=1,2,\cdots,N)$ 的概率密度分布都相同。这样，我们就能将随机过程与前面已介绍过的 N 维随机变量联系起来了。也就是说，可以用 N 维随机变量来逼近一个随机过程。同理，用 N 维随机变量的联合差熵 $h(\boldsymbol{X})=h(X_1X_2\cdots X_N)$ 或条件差熵 $h(X_N\mid X_1X_2\cdots X_{N-1})$ 来逼近随机过程的联合差熵或条件差熵。特别是，当 $N\to\infty$ 时，可用无穷维随机变量来精确地逼近随机过程，即

$$\lim_{N\to\infty}\boldsymbol{X}=\lim_{N\to\infty}X_1X_2\cdots X_N\to\{x(t)\} \tag{4-26}$$

因此，可以用无穷维随机变量的差熵来精确地逼近随机过程的差熵，即

$$h(x(t))=\lim_{N\to\infty}h(\boldsymbol{X})=\lim_{N\to\infty}h(X_1X_2\cdots X_N) \tag{4-27}$$

对于限频 F（带宽 $\leqslant F$）和限时 T（时间 $\leqslant T$）的平稳随机过程，根据时频取样定理，限时限频的随机过程可以近似地用 $N(=2FT)$ 维随机变量来表示。这样，一个频带和时间均为有限的随机过程就可转化为 N 维平稳随机变量（即 N 维平稳信源）来处理。

4.4 两种特殊连续信源的差熵

在本节中，我们具体计算两种特殊分布的连续信源的差熵，以便对连续信源的差熵有更进一步的理解和认识。

4.4.1 一维均匀分布连续信源的差熵

设一维连续随机变量 X 的取值区间是 $[a,b]$，根据归一化和完备性的要求，得区间 $[a,b]$ 中的概率密度函数为

$$p(x)=\begin{cases}\dfrac{1}{b-a} & (x\in[a,b])\\[2mm] 0 & (x\notin[a,b])\end{cases} \tag{4-28}$$

则由一维连续随机变量 X 表示的单变量基本连续信源 X 称为均匀分布的连续信源，因而该信源是一个峰值功率（瞬时功率）受限的信源。计算得其差熵为

$$\begin{aligned}h(X)&=-\int_a^b p(x)\log p(x)\mathrm{d}x\\&=-\int_a^b\frac{1}{b-a}\log\frac{1}{b-a}\mathrm{d}x=-\frac{1}{b-a}\log\frac{1}{b-a}\int_a^b\mathrm{d}x\\&=-\frac{1}{b-a}\log\frac{1}{b-a}\cdot(b-a)\\&=\log(b-a)\end{aligned} \tag{4-29}$$

上式表明，当 $b-a<1$ 时，$h(X)<0$，即差熵 $h(X)$ 与信息熵不一样，可以为负值。这一点很好理解，因为 $h(X)$ 只是信息熵 $H(X)$ 中有确定值的部分。它虽然可能为负，但与 $\lim\limits_{\Delta\to0}\log\Delta$ 相加后，仍然是一个正的无穷大的数。

4.4.2 N 维均匀分布连续信源的差熵

设有 N 个取值连续的随机变量 $X_1,X_2,\cdots,X_N$，组成一个随机矢量 $\boldsymbol{X}=X_1X_2\cdots X_N$。

若随机变量 $X_i(i=1,2,\cdots,N)$ 的取值区间为 $[a_i,b_i](i=1,2,\cdots,N)$，随机矢量 $\boldsymbol{X}=X_1X_2\cdots X_N$ 的概率密度函数为

$$p(x_1x_2\cdots x_N)= \begin{cases} \dfrac{1}{(b_1-a_1)(b_2-a_2)\cdots(b_N-a_N)}=\dfrac{1}{\prod\limits_{i=1}^{N}(b_i-a_i)} & \boldsymbol{x}\in\prod\limits_{i=1}^{N}(b_i-a_i) \\[4ex] 0 & \boldsymbol{x}\notin\prod\limits_{i=1}^{N}(b_i-a_i) \end{cases}$$

$$(4-30)$$

则称随机矢量 $\boldsymbol{X}=X_1X_2\cdots X_N$ 在 N 维区域体积 $\prod\limits_{i=1}^{N}(b_i-a_i)$ 中均匀分布。因为

$$\int_{a_1}^{b_1}\int_{a_2}^{b_2}\cdots\int_{a_N}^{b_N}p(x_1x_2\cdots x_N)\mathrm{d}x_1\mathrm{d}x_2\cdots\mathrm{d}x_N=1$$

显见该信源是完备的。计算得其差熵为

$$\begin{aligned} h(X_1X_2\cdots X_N) &=-\int_{a_1}^{b_1}\int_{a_2}^{b_2}\cdots\int_{a_N}^{b_N}\frac{1}{\prod\limits_{i=1}^{N}(b_i-a_i)}\log\frac{1}{\prod\limits_{i=1}^{N}(b_i-a_i)}\mathrm{d}x_1\mathrm{d}x_2\cdots\mathrm{d}x_N \\[2ex] &=-\frac{1}{\prod\limits_{i=1}^{N}(b_i-a_i)}\log\frac{1}{\prod\limits_{i=1}^{N}(b_i-a_i)}\int_{a_1}^{b_1}\int_{a_2}^{b_2}\cdots\int_{a_N}^{b_N}\mathrm{d}x_1\mathrm{d}x_2\cdots\mathrm{d}x_N \\[2ex] &=-\frac{1}{\prod\limits_{i=1}^{N}(b_i-a_i)}\log\frac{1}{\prod\limits_{i=1}^{N}(b_i-a_i)}\cdot\prod\limits_{i=1}^{N}(b_i-a_i) \\[2ex] &=\log\prod\limits_{i=1}^{N}(b_i-a_i) \\[2ex] &=\sum_{i=1}^{N}h(X_i) \end{aligned}$$

$$(4-31)$$

说明这种均匀分布的 N 维信源 $\boldsymbol{X}=X_1X_2\cdots X_N$ 中的 N 个变量 X_1，X_2，$\cdots$，X_N 彼此统计独立。

下面讨论将上述结果应用于一个限时和限频的连续随机过程 $\{x(t)\}$ 的情况。我们可以利用时频取样定理对其取样，得 $N(=2FT)$ 个随机变量，若每个随机变量都在区间 $[a,b]$ 内均匀分布，则该限时限频且均匀分布的连续随机过程所对应的差熵为

$$h(X_1X_2\cdots X_N)=2FT\log(b-a) \qquad (4-32)$$

4.4.3　一维高斯分布连续信源的差熵

设一维随机变量 X 的取值范围是整个实数轴 R，概率密度函数

$$p(x)=\frac{1}{\sqrt{2\pi\sigma^2}}\exp\left\{-\frac{(x-m)^2}{2\sigma^2}\right\} \qquad (4-33)$$

其中随机变量 X 的均值 m 为

$$m=E[X]=\int_{-\infty}^{+\infty}xp(x)\mathrm{d}x \qquad (4-34)$$

随机变量 X 的方差 σ^2 为

$$\sigma^2 = E[(X-m)^2] = \int_{-\infty}^{+\infty} (x-m)^2 p(x) \mathrm{d}x \qquad (4-35)$$

另一方面，根据平均功率的定义，得

$$\overline{P} = E[X^2] = \int_{-\infty}^{+\infty} x^2 p(x) \mathrm{d}x \qquad (4-36)$$

比较式(4-35)和式(4-36)，可知当均值 $m=0$ 时，$\sigma^2 = \overline{P}$，在这种情况下，方差就是随机变量的平均功率，该结论十分重要。又因为

$$\int_{-\infty}^{+\infty} p(x) \mathrm{d}x = 1 \qquad (4-37)$$

因此，一维高斯信源是完备的。计算得对应的差熵为

$$\begin{aligned}
h(X) &= -\int_{-\infty}^{+\infty} p(x) \log p(x) \mathrm{d}x \\
&= -\int_{-\infty}^{+\infty} p(x) \log\left(\frac{1}{\sqrt{2\pi\sigma^2}} \exp\left\{-\frac{(x-m)^2}{2\sigma^2}\right\}\right) \mathrm{d}x \\
&= \log\sqrt{2\pi\sigma^2} \int_{-\infty}^{+\infty} p(x) \mathrm{d}x - \int_{-\infty}^{+\infty} p(x) \log\left(\exp\left\{-\frac{(x-m)^2}{2\sigma^2}\right\}\right) \mathrm{d}x \\
&= \log\sqrt{2\pi\sigma^2} \int_{-\infty}^{+\infty} p(x) \mathrm{d}x + \int_{-\infty}^{+\infty} p(x) \left\{-\frac{(x-m)^2}{2\sigma^2}\right\} \log e \, \mathrm{d}x \\
&= \log\sqrt{2\pi\sigma^2} \cdot \int_{-\infty}^{+\infty} p(x) \mathrm{d}x + \frac{\log e}{2\sigma^2} \cdot \int_{-\infty}^{+\infty} p(x)(x-m)^2 \mathrm{d}x
\end{aligned} \qquad (4-38)$$

根据式(4-35)和式(4-37)，得

$$h(X) = \log\sqrt{2\pi\sigma^2} + \frac{\log e}{2\sigma^2} \cdot \sigma^2 = \frac{1}{2}\log(2\pi e \sigma^2) \qquad (4-39)$$

若均值 $m=0$，则 $\sigma^2 = \overline{P}$，$\overline{P}$ 为平均功率，故有

$$h(X) = \frac{1}{2}\log(2\pi e \overline{P}) \qquad (4-40)$$

一维高斯分布连续信源的特点是，由于随机变量 X 的取值范围是整个实数轴 R，因而它不是峰值功率(即瞬时功率)受限的。如果均值 $m=0$，方差 $\sigma^2 = \overline{P}$，在方差 σ^2 受限的情况下，则平均功率 $\overline{P}$ 是受限的。亦即一维高斯分布连续信源不是瞬时功率受限，而是平均功率受限的一类连续平稳信源。

4.4.4　N 维高斯分布连续信源的差熵

如果 N 维连续平稳信源输出的 N 维随机矢量 $\boldsymbol{X} = X_1 X_2 \cdots X_N$ 是高斯分布，则称此信源为 N 维高斯平稳信源。

根据式(4-39)，得一维高斯随机变量 $X_i (i=1, 2, \cdots, N)$ 的差熵为

$$h(X_i) = \frac{1}{2}\log(2\pi e \sigma_i^2) \qquad (4-41)$$

若 N 维高斯随机矢量的各个随机变量彼此统计独立，则

$$h(\boldsymbol{X}) = h(X_1 X_2 \cdots X_N) = \sum_{i=1}^{N} h(X_i) = \frac{1}{2}\sum_{i=1}^{N} \log(2\pi e \sigma_i^2)$$

化简上式，得

$$h(\boldsymbol{X}) = \sum_{i=1}^{N} h(X_i) = \frac{1}{2} \sum_{i=1}^{N} \log(2\pi e \sigma_i^2)$$

$$= \frac{1}{2} \log[(2\pi e)^N \cdot (\sigma_1^2 \cdot \sigma_2^2 \cdots \sigma_N^2)]$$

$$= \frac{N}{2} \log[(2\pi e) \cdot (\sigma_1^2 \cdot \sigma_2^2 \cdots \sigma_N^2)^{\frac{1}{N}}] \qquad (4-42)$$

4.5　差熵的基本性质

1. 差熵可为负值

只需列举一个实例便可说明此问题。例如，在式(4-29)中，峰值功率受限的均匀分布的一维随机变量的差熵为

$$h(X) = \log(b-a)$$

上式表明，当 $b-a < 1$ 时，$h(X) < 0$。差熵为负的原因在前面已有说明，此处不再详述。

2. 条件差熵小于无条件差熵

设无条件差熵为

$$h(X_2) = -\int_R p(x_2) \log p(x_2) \mathrm{d}x_2$$

条件差熵为

$$h(X_2 \mid X_1) = -\int_R \int_R p(x_1 x_2) \log p(x_2 \mid x_1) \mathrm{d}x_1 \mathrm{d}x_2$$

考虑它们之间的差值，根据詹森不等式的积分形式，得

$$h(X_2 \mid X_1) - h(X_2)$$

$$= -\int_R \int_R p(x_1 x_2) \log p(x_2 \mid x_1) \mathrm{d}x_1 \mathrm{d}x_2 + \int_R p(x_2) \log p(x_2) \mathrm{d}x_2$$

$$= \int_R \int_R p(x_1 x_2) \log p(x_2) \mathrm{d}x_1 \mathrm{d}x_2 - \int_R \int_R p(x_1 x_2) \log p(x_2 \mid x_1) \mathrm{d}x_1 \mathrm{d}x_2$$

$$= \int_R \int_R p(x_1 x_2) \log \frac{p(x_2)}{p(x_2 \mid x_1)} \mathrm{d}x_1 \mathrm{d}x_2$$

$$\leqslant \log\left(\int_R \int_R p(x_1 x_2) \frac{p(x_2)}{p(x_2 \mid x_1)} \mathrm{d}x_1 \mathrm{d}x_2\right)$$

$$= \log\left(\int_R \int_R p(x_1) p(x_2) \mathrm{d}x_1 \mathrm{d}x_2\right)$$

$$= \log\left(\int_R p(x_1) \mathrm{d}x_1 \int_R p(x_2) \mathrm{d}x_2\right)$$

$$= 0$$

式中运用了 $p(x_2) = \int_R p(x_1 x_2) \mathrm{d}x_1$。根据上式，便可证得

$$h(X_2 \mid X_1) \leqslant h(X_2) \qquad (4-43)$$

用同样的方法可证得相关大的条件熵小于相关小的条件熵，例如：

$$h(X_N \mid X_1 X_2 \cdots X_{N-1}) \leqslant h(X_N \mid X_2 \cdots X_{N-1}) \tag{4-44}$$

其中 $N = 3, 4, \cdots$。同样考虑这两者之间的差值，根据詹森不等式的积分形式，得

$$h(X_N \mid X_1 X_2 \cdots X_{N-1}) - h(X_N \mid X_2 \cdots X_{N-1})$$

$$= \int_R \cdots \int_R p(x_2 x_3 \cdots x_N) \log p(x_N \mid x_2 x_3 \cdots x_{N-1}) \mathrm{d}x_2 \mathrm{d}x_3 \cdots \mathrm{d}x_{N-1}$$

$$- \int_R \cdots \int_R p(x_1 x_2 x_3 \cdots x_N) \log p(x_N \mid x_1 x_2 x_3 \cdots x_{N-1}) \mathrm{d}x_1 \mathrm{d}x_2 \mathrm{d}x_3 \cdots \mathrm{d}x_N$$

$$= \int_R \cdots \int_R p(x_1 x_2 x_3 \cdots x_N) [\log p(x_N \mid x_2 x_3 \cdots x_{N-1})$$

$$- \log p(x_N \mid x_1 x_2 x_3 \cdots x_{N-1})] \mathrm{d}x_1 \mathrm{d}x_2 \mathrm{d}x_3 \cdots \mathrm{d}x_N$$

$$= \int_R \cdots \int_R p(x_1 x_2 x_3 \cdots x_N) \log \frac{p(x_N \mid x_2 x_3 \cdots x_{N-1})}{p(x_N \mid x_1 x_2 x_3 \cdots x_{N-1})} \mathrm{d}x_1 \mathrm{d}x_2 \mathrm{d}x_3 \cdots \mathrm{d}x_N$$

$$\leqslant \log \left(\int_R \cdots \int_R p(x_1 x_2 x_3 \cdots x_N) \frac{p(x_N \mid x_2 x_3 \cdots x_{N-1})}{p(x_N \mid x_1 x_2 x_3 \cdots x_{N-1})} \mathrm{d}x_1 \mathrm{d}x_2 \mathrm{d}x_3 \cdots \mathrm{d}x_N \right)$$

$$= \log \left(\int_R \cdots \int_R p(x_1 x_2 x_3 \cdots x_{N-1}) p(x_N \mid x_2 x_3 \cdots x_{N-1}) \mathrm{d}x_1 \mathrm{d}x_2 \mathrm{d}x_3 \cdots \mathrm{d}x_N \right)$$

$$= \log 1 = 0$$

从而证明了式(4-44)成立。反复运用上述方法，可证得

$$h(X_N \mid X_1 X_2 \cdots X_{N-1}) \leqslant h(X_N \mid X_2 \cdots X_{N-1})$$

$$\leqslant h(X_N \mid X_3 \cdots X_{N-1}) \tag{4-45}$$

$$\leqslant \cdots \leqslant h(X_N \mid X_{N-1})$$

式中，$N = 3, 4, \cdots$。最后根据式(4-43)和式(4-45)，有

$$h(\boldsymbol{X}) = h(X_1 X_2 \cdots X_N)$$

$$= h(X_1) + h(X_2 \mid X_1) + h(X_3 \mid X_1 X_2) + \cdots + h(X_N \mid X_1 X_2 \cdots X_{N-1})$$

$$\leqslant h(X_1) + h(X_2 \mid X_1) + h(X_3 \mid X_2) + \cdots + h(X_N \mid X_{N-1})$$

$$\leqslant h(X_1) + h(X_2) + h(X_3) + \cdots + h(X_N) \tag{4-46}$$

4.6 差熵的极值性与上凸性

4.6.1 差熵的极值性

在离散信源中，熵的极值性由完备的自熵小于完备的互熵来表征：

$$\begin{cases} \sum_{i=1}^{k} P_i \log P_i \geqslant \sum_{i=1}^{k} P_i \log Q_i \leftrightarrow - \sum_{i=1}^{k} P_i \log P_i \leqslant - \sum_{i=1}^{k} P_i \log Q_i \\ \sum_{i=1}^{r} P_i = 1, \ 0 < P_i < 1 (i = 1, 2, \cdots, r) \\ \sum_{i=1}^{r} Q_i = 1, \ 0 < Q_i < 1 (i = 1, 2, \cdots, r) \end{cases}$$

在连续信源中，我们同样可证得下式成立：

$$\begin{cases} -\int_R p(x)\log p(x)\mathrm{d}x \leqslant -\int_R p(x)\log q(x)\mathrm{d}x \\ \int_R p(x)\log p(x)\mathrm{d}x \geqslant \int_R p(x)\log q(x)\mathrm{d}x \\ \int_R p(x)\mathrm{d}x = 1, \int_R q(x)\mathrm{d}x = 1 \end{cases} \quad (4-47)$$

即差熵的极值性也同样由完备的自熵小于完备的互熵来表征。

事实上，根据 $f(x) = \log x(x > 0)$ 为上凸函数的性质，考虑两者的差值，得

$$\int_R p(x)\log q(x)\mathrm{d}x - \int_R p(x)\log p(x)\mathrm{d}x$$

$$= \int_R p(x)\log\frac{q(x)}{p(x)}\mathrm{d}x \leqslant \log\left(\int_R p(x)\frac{q(x)}{p(x)}\mathrm{d}x\right)$$

$$= \log\left(\int_R q(x)\mathrm{d}x\right)$$

$$= \log 1 = 0 \quad (4-48)$$

因此有

$$\begin{cases} \int_R p(x)\log q(x)\mathrm{d}x \leqslant \int_R p(x)\log p(x)\mathrm{d}x \\ -\int_R p(x)\log q(x)\mathrm{d}x \geqslant -\int_R p(x)\log p(x)\mathrm{d}x \end{cases} \quad (4-49)$$

4.6.2　差熵的上凸性

设有完备的概率密度函数 $p_1(x)$、$p_2(x)$ 和两个常数 α、β，$0 < \alpha, \beta < 1$，$\alpha + \beta = 1$，满足 $p(x) = \alpha p_1(x) + \beta p_2(x)$，如果不等式

$$h[\alpha p_1(x) + \beta p_2(x)] \geqslant \alpha h[p_1(x)] + \beta h[p_2(x)] \quad (4-50)$$

成立，则差熵 $h(X)$ 为上凸函数，这与离散信源的 $H(X)$ 为上凸函数是相似的。

事实上，根据式(4-47)，考察 $\alpha h[p_1(x)] + \beta h[p_2(x)]$ 和 $h[\alpha p_1(x) + \beta p_2(x)]$ 的差，得

$$\alpha h[p_1(x)] + \beta h[p_2(x)] - h[\alpha p_1(x) + \beta p_2(x)]$$

$$= \alpha h[p_1(x)] + \beta h[p_2(x)] - h[p(x)]$$

$$= -\alpha \int_R p_1(x)\log p_1(x)\mathrm{d}x - \beta \int_R p_2(x)\log p_2(x)\mathrm{d}x + \int_R p(x)\log p(x)\mathrm{d}x$$

$$= -\alpha \int_R p_1(x)\log p_1(x)\mathrm{d}x - \beta \int_R p_2(x)\log p_2(x)\mathrm{d}x$$

$$\quad + \int_R (\alpha p_1(x) + \beta p_2(x))\log p(x)\mathrm{d}x$$

$$= \alpha \int_R p_1(x)\log\frac{p(x)}{p_1(x)}\mathrm{d}x + \beta \int_R p_2(x)\log\frac{p(x)}{p_2(x)}\mathrm{d}x$$

$$\leqslant \alpha\log\left(\int_R p_1(x)\frac{p(x)}{p_1(x)}\mathrm{d}x\right) + \beta\log\left(\int_R p_2(x)\frac{p(x)}{p_2(x)}\mathrm{d}x\right)$$

$$= \alpha\log\left(\int_R p(x)\mathrm{d}x\right) + \beta\log\left(\int_R p(x)\mathrm{d}x\right)$$

$$= 0 \quad (4-51)$$

由此证得了式(4-50)成立。

4.7 最大差熵定理

通过上一节的讨论我们知道，连续信源 X 的差熵是概率密度函数 $p(x)$ 的上凸函数，而且具有极值性，因此，差熵一定会在某一概率密度函数时取得最大值。我们也已经知道，在离散信源中，当信源是等概分布时达到最大值。但在连续信源中情况有所不同，主要是当约束条件不同时，信源就有不同的最大值。下面分析和讨论在不同约束条件下的最大差熵定理。

4.7.1 峰值功率受限条件下连续信源的最大差熵定理

定理 4-1 若某信源的峰值功率受限，则概率密度为均匀分布时差熵达到最大值。

证明 设 N 维连续信源输出 N 维随机矢量 $X = X_1 X_2 \cdots X_N$，它们在有限区域

$$x \in \prod_{i=1}^{N} (b_i - a_i)(b_i > a_i) \tag{4-52}$$

中取值，当 $X = X_1 X_2 \cdots X_N$ 为均匀分布并满足归一化的条件时，其概率密度函数为

$$p(x) = \begin{cases} \dfrac{1}{\prod\limits_{i=1}^{N} (b_i - a_i)} & x \in \prod\limits_{i=1}^{N} (b_i - a_i) \\ 0 & x \notin \prod\limits_{i=1}^{N} (b_i - a_i) \end{cases} \tag{4-53}$$

假如说当 $X = X_1 X_2 \cdots X_N$ 除了上述均匀分布以外，还有一种概率密度分布为 $q(x)$，并且也同样在式(4-52)所示的有限区域中取值，它们的峰值功率受到相同的限制，即满足

$$\int_{x \in \prod\limits_{i=1}^{N} (b_i - a_i)} p(x) \mathrm{d}x = \int_{x \in \prod\limits_{i=1}^{N} (b_i - a_i)} q(x) \mathrm{d}x = 1 \tag{4-54}$$

将概率密度分布为 $p(x)$ 时 $X = X_1 X_2 \cdots X_N$ 的熵记为 $h_p(X)$，将概率密度分布为 $q(x)$ 时 $X = X_1 X_2 \cdots X_N$ 的熵记为 $h_q(X)$。根据差熵的极值性式(4-47)，得

$$h_q(X) = -\int_{x \in \prod\limits_{i=1}^{N} (b_i - a_i)} q(x) \log q(x) \mathrm{d}x \leqslant -\int_{x \in \prod\limits_{i=1}^{N} (b_i - a_i)} q(x) \log p(x) \mathrm{d}x \tag{4-55}$$

将式(4-53)代入式(4-55)，得

$$\begin{aligned} h_q(X) &= -\int_{x \in \prod\limits_{i=1}^{N} (b_i - a_i)} q(x) \log q(x) \mathrm{d}x \leqslant -\int_{x \in \prod\limits_{i=1}^{N} (b_i - a_i)} q(x) \log p(x) \mathrm{d}x \\ &= \int_{x \in \prod\limits_{i=1}^{N} (b_i - a_i)} q(x) \log \prod_{i=1}^{N} (b_i - a_i) \mathrm{d}x = \log \prod_{i=1}^{N} (b_i - a_i) \cdot \int_{x \in \prod\limits_{i=1}^{N} (b_i - a_i)} q(x) \mathrm{d}x \\ &= \log \prod_{i=1}^{N} (b_i - a_i) = h_p(X) \end{aligned} \tag{4-56}$$

这就证明了，在取值范围有限的限制条件下，在各种分布中，均匀分布连续信源的差熵为最大。所以，上述定理称为峰值受限条件下的最大差熵定理。

4.7.2　平均功率受限条件下连续信源的最大差熵定理

定理 4 - 2　若某信源输出信号的平均功率和均值均被限定，则其输出信号幅度的概率密度函数是高斯分布时，信源达到最大差熵值。

证明　对于一般 N 维连续信源的情况，证明难度较大，这里只就一维连续信源的情况加以证明。设一维连续信源 X 为高斯分布时的概率密度函数为

$$p(x) = \frac{1}{\sqrt{2\pi\sigma^2}}\exp\left\{-\frac{(x-m)^2}{2\sigma^2}\right\} \tag{4-57}$$

由约束条件，对于 $p(x)$ 来说，有

$$\begin{cases} \displaystyle\int_{-\infty}^{+\infty} xp(x)\mathrm{d}x = 1 \\[2mm] \displaystyle\int_{-\infty}^{+\infty} xp(x)\mathrm{d}x = m_p \\[2mm] \displaystyle\int_{-\infty}^{+\infty} (x-m)^2 p(x)\mathrm{d}x = \sigma_p^2 \end{cases} \tag{4-58}$$

当 X 除了高斯分布以外，其它任何一种分布的概率密度函数记为 $q(x)$。由约束条件，得

$$\begin{cases} \displaystyle\int_{-\infty}^{+\infty} xq(x)\mathrm{d}x = 1 \\[2mm] \displaystyle\int_{-\infty}^{+\infty} xq(x)\mathrm{d}x = m_q \\[2mm] \displaystyle\int_{-\infty}^{+\infty} (x-m)^2 q(x)\mathrm{d}x = \sigma_q^2 \end{cases} \tag{4-59}$$

当均值 $m_p = m_q = 0$ 时，得

$$\int_{-\infty}^{+\infty} x^2 p(x)\mathrm{d}x = \sigma_p^2 = \overline{P}_p, \quad \int_{-\infty}^{+\infty} x^2 q(x)\mathrm{d}x = \sigma_q^2 = \overline{P}_q \tag{4-60}$$

所谓受限，是指均值和方差都应取有限的确定值。注意到平均功率和均值受限的限制条件，相当于方差受限的限制条件。特别是当均值为零时，这时的平均功率就等于方差。或者说，平均功率受限和均值为零的两种限制条件就等于方差受限的限制条件，且方差限定值就等于平均功率限定值。这样，就可以将该问题转变为方差受限问题来讨论。

我们设 X 为高斯分布 $p(x)$ 时，对应的差熵记为 $h_p(X)$，其它任何一个非高斯分布 $q(x)$ 时，对应的差熵记为 $h_q(X)$，根据差熵的极值性式(4-47)，得

$$h_q(X) = -\int_{-\infty}^{+\infty} q(x)\log q(x)\mathrm{d}x \leqslant -\int_{-\infty}^{+\infty} q(x)\log p(x)\mathrm{d}x$$

$$\leqslant -\int_{-\infty}^{+\infty} q(x)\log\left(\frac{1}{\sqrt{2\pi\sigma_p^2}}\exp\left\{-\frac{(x-m_p)^2}{2\sigma_p^2}\right\}\right)\mathrm{d}x$$

$$= -\int_{-\infty}^{+\infty} q(x)\log\left(\frac{1}{\sqrt{2\pi\sigma_p^2}}\right)\mathrm{d}x - \int_{-\infty}^{+\infty} q(x)\log\left(\exp\left\{-\frac{(x-m_p)^2}{2\sigma_p^2}\right\}\right)\mathrm{d}x$$

$$= \frac{1}{2}\log(2\pi\sigma_p^2) + \frac{\log e}{2\sigma_p^2}\int_{-\infty}^{+\infty} q(x)(x-m_p)^2\mathrm{d}x \tag{4-61}$$

注意到如果只是在式(4-58)和式(4-59)的条件下，上式中 $\displaystyle\int_{-\infty}^{+\infty} q(x)(x-m_p)^2\mathrm{d}x \neq \sigma_q^2 \neq \sigma_p^2$。

但我们如果进一步对受限条件加以限制，也就是对高斯分布 $p(x)$ 和其它任何一种非高斯分布 $q(x)$，限定它们的均值和方差相等，即均值 $m_p = m_q = m$，方差 $\sigma_p^2 = \sigma_q^2 = \sigma^2$，并且都为有限的确定值，这样，可将式(4-58)～式(4-60)合写为如下的一般形式：

$$\begin{cases} \int_{-\infty}^{+\infty} xp(x)\mathrm{d}x = \int_{-\infty}^{+\infty} xq(x)\mathrm{d}x = 1 \\[2mm] \int_{-\infty}^{+\infty} xp(x)\mathrm{d}x = \int_{-\infty}^{+\infty} xq(x)\mathrm{d}x = m \\[2mm] \int_{-\infty}^{+\infty} (x-m)^2 p(x)\mathrm{d}x = \int_{-\infty}^{+\infty} (x-m)^2 q(x)\mathrm{d}x = \sigma^2 \\[2mm] \int_{-\infty}^{+\infty} x^2 p(x)\mathrm{d}x = \int_{-\infty}^{+\infty} x^2 q(x)\mathrm{d}x = \overline{P} = \sigma^2 \text{(当 } m=0 \text{ 时)} \end{cases} \tag{4-62}$$

式中，$m < \infty$，$\sigma^2 < \infty$，$\overline{P} < \infty$。将限制条件式(4-62)代入式(4-61)，得

$$h_q(X) \leqslant \frac{1}{2}\log(2\pi\sigma^2) + \frac{1}{2}\log e = \frac{1}{2}\log(2\pi e\sigma^2) = h_p(X) \tag{4-63}$$

如果进一步限制均值 $m=0$，此时方差就等于平均功率，即 $\sigma^2 = \overline{P}$，将其代入上式，得

$$h_q(X) \leqslant \frac{1}{2}\log(2\pi\sigma^2) + \frac{1}{2}\log e = \frac{1}{2}\log(2\pi e\overline{P}) = h_p(X) \tag{4-64}$$

这就证明了当信源输出信号的均值为零、平均功率受限时，只有当输出信号的幅度为高斯分布时，才会有最大熵值。从直观上看这也是合理的，因为高斯噪声是一个最不确定的随机过程，而最大的熵值只能从最不确定的事件中获得。

4.8 差熵的变换

首先，我们有必要从数学的角度，讨论一下有关变换的问题。变换可分为两种情况，第一种情况是一一对应变换，第二种情况不是一一对应变换。对于线性变换

$$\begin{bmatrix} y_1 \\ y_2 \\ \vdots \\ y_N \end{bmatrix} = \begin{bmatrix} a_{11} & a_{12} & \cdots & a_{1N} \\ a_{21} & a_{22} & \cdots & a_{2N} \\ \vdots & \vdots & & \vdots \\ a_{N1} & a_{N2} & \cdots & a_{NN} \end{bmatrix} \begin{bmatrix} x_1 \\ x_2 \\ \vdots \\ x_N \end{bmatrix} + \begin{bmatrix} b_1 \\ b_2 \\ \vdots \\ b_N \end{bmatrix} \rightarrow \boldsymbol{Y} = \boldsymbol{AX} + \boldsymbol{B}$$

若 $|\boldsymbol{A}| \neq 0$，则有 $\boldsymbol{X} = \boldsymbol{A}^{-1}(\boldsymbol{Y} - \boldsymbol{B})$，因而在 $|\boldsymbol{A}| \neq 0$ 的条件下，线性变换是一一对应变换，下面讨论的线性变换都是针对 $|\boldsymbol{A}| \neq 0$ 而言的，其中包括我们熟知的坐标变换，如坐标平移和坐标旋转等都是线性变换，如图 4-3 所示。

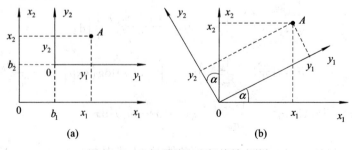

图 4-3 坐标平移和坐标旋转变换

对于坐标平移，有

$$\begin{cases} x_1 = y_1 + b_1 \\ x_2 = y_2 + b_2 \end{cases}$$

对于坐标旋转，有

$$\begin{cases} x_1 = y_1 \cos\alpha - y_2 \sin\alpha \\ x_2 = y_1 \sin\alpha + y_2 \cos\alpha \end{cases}$$

显然它们都是线性变换。

对于非线性变换，虽然有一些是一一对应变换，但通常情况下，它们都不是一一对应变换。例如 $y = ax^2$ 就不是一一对应变换，而是一对多的变换，因为在这种情况下，一个 y 可以对应两个 x，显然不是一一对应变换。

对于离散信源和离散信道，在一一对应变换的情况下，信源的熵 $H(\boldsymbol{X})$ 和平均互信息 $I(\boldsymbol{X}; \boldsymbol{Y})$ 都不会发生变化。例如，在离散情况下，对于一一对应变换的线性变换来说，变换后不会改变原有的概率分布，即变换前后的概率分布完全相同，由于信源的熵和平均互信息都是以概率为基础来进行计算的，是绝对熵，既然变换前后的概率分布保持不变，那么信源的熵和平均互信息也就不会发生任何变化。进一步，如果我们将一一对应变换也看成一种"数据处理"的话，则这种"数据处理"显然不会对信息造成任何损失。

对于连续信源和连续信道，即便是在一一对应变换的情况下，由于是差熵，是一种相对熵，故信源的熵 $h(\boldsymbol{X})$ 也会发生变化，可能是增加，也可能是减少。这一结论揭示了连续差熵与离散熵之间的一个重大差别。同时，我们还要注意到，在一一对应变换的条件下，对于连续情况来说，平均互信息 $I(\boldsymbol{X}; \boldsymbol{Y})$ 是不会发生变化的，这一结论将在后面给予证明。同理，如果我们将一一对应变换也看成一种"数据处理"的话，在连续情况下，则这种"数据处理"同样也不会对信息造成任何损失。

为了使得信源与信道匹配，信源输出的消息一般都要进行一一对应变换后才通过信道传输，如图 4 - 4 所示。

图 4 - 4　信源输出信号的一一对应变换

从数学的角度来看，这种一一对应的变换可以归结为一种上面提及的坐标变换问题。当坐标 (x, y) 变为另一坐标 (u, v) 时，设 u, v 均为 x, y 的单值函数，即

$$\begin{cases} u = u(x, y) \\ v = v(x, y) \end{cases} \tag{4 - 65}$$

而且，可以从中唯一解出 x, y，即

$$\begin{cases} x = x(u, v) \\ y = y(u, v) \end{cases} \tag{4 - 66}$$

并且偏导数连续。

根据高等数学的相关知识，从 (x, y) 的 D_{xy} 域变换到 (u, v) 的 D_{uv} 域，两者间的变换关系为

$$\begin{cases} \iint\limits_{D_{xy}} f(xy)\mathrm{d}x\mathrm{d}y = \iint\limits_{D_{uv}} f(x(u, v), y(u, v)) \left| J\left(\dfrac{xy}{uv}\right) \right| \mathrm{d}u\mathrm{d}v \\ \mathrm{d}u\mathrm{d}v = \left| J\left(\dfrac{uv}{xy}\right) \right| \mathrm{d}x\mathrm{d}y, \ \mathrm{d}x\mathrm{d}y = \left| J\left(\dfrac{xy}{uv}\right) \right| \mathrm{d}u\mathrm{d}v \end{cases} \tag{4-67}$$

这种变换的几何意义如图 4-5 所示。

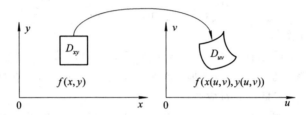

图 4-5 函数的坐标变换

式(4-67)中的雅可比行列式定义为

$$J\left(\frac{xy}{uv}\right) = \begin{vmatrix} \dfrac{\partial x}{\partial u} & \dfrac{\partial x}{\partial v} \\ \dfrac{\partial y}{\partial u} & \dfrac{\partial y}{\partial v} \end{vmatrix} \tag{4-68}$$

并且在式(4-67)的积分区域中还要求

$$J\left(\frac{xy}{uv}\right) \neq 0, \ J\left(\frac{xy}{uv}\right) \cdot J\left(\frac{uv}{xy}\right) = 1 \tag{4-69}$$

4.8.1 概率守恒和概率密度的坐标变换

坐标变换前后概率密度函数之间的关系，同样由雅可比行列式相联系。在图 4-4 中，设输入随机矢量为 $\boldsymbol{X} = X_1 X_2 \cdots X_N$ 与输出随机矢量为 $\boldsymbol{Y} = Y_1 Y_2 \cdots Y_N$ 有确定的函数关系：

$$\begin{cases} y_1 = y_1(x_1, x_2, \cdots, x_N) \\ y_2 = y_2(x_1, x_2, \cdots, x_N) \\ \cdots \\ y_N = y_N(x_1, x_2, \cdots, x_N) \end{cases} \tag{4-70}$$

而且，可以从中唯一解出 $x_1, x_2, \cdots, x_N$，即

$$\begin{cases} x_1 = x_1(y_1, y_2, \cdots, y_N) \\ x_2 = x_2(y_1, y_2, \cdots, y_N) \\ \cdots \\ x_N = x_N(y_1, y_2, \cdots, y_N) \end{cases} \tag{4-71}$$

若一个多维随机变量映射成为另一个多维随机变量，例如，设图 4-4 中输入的多维随机变量 $\boldsymbol{X} = X_1 X_2 \cdots X_N$ 的概率密度函数为 $p_X(\boldsymbol{x}) = p_X(x_1, x_2, \cdots, x_N)$，输出的多维随机变量 $\boldsymbol{Y} = Y_1 Y_2 \cdots Y_N$ 的概率密度函数为 $p_Y(\boldsymbol{y}) = p_Y(y_1, y_2, \cdots, y_N)$，则通过图 4-4 中的变换后，应满足概率守恒(这个守恒量为 1)。即

$$\iint_{x \in A} \cdots \int p_X(x_1, x_2, \cdots, x_N)\mathrm{d}x_1\mathrm{d}x_2 \cdots \mathrm{d}x_N$$

$$= \iint_{y \in B} \cdots \int p_Y(y_1, y_2, \cdots, y_N)\mathrm{d}y_1\mathrm{d}y_2 \cdots \mathrm{d}y_N \tag{4-72}$$

根据式(4-67)和式(4-71)，得

$$\iint_{x \in A} \cdots \int p_X(x_1, x_2, \cdots, x_N) \mathrm{d}x_1 \mathrm{d}x_2 \cdots \mathrm{d}x_N$$

$$= \iint_{y \in B} \cdots \int p_X(x_1(y_1,\cdots,y_N), x_2(y_1,\cdots,y_N), \cdots, x_N(y_1,\cdots,y_N)) \left| J\left(\frac{x_1 x_2 \cdots x_N}{y_1 y_2 \cdots y_N}\right) \right| \mathrm{d}y_1 \mathrm{d}y_2 \cdots \mathrm{d}y_N$$

$$(4-73)$$

比较式(4-72)和式(4-73)的右边，得

$$p_Y(y_1, y_2, \cdots, y_N) = p_X(x_1(y_1, \cdots, y_N), x_2(y_1, \cdots, y_N), \cdots,$$

$$x_N(y_1, \cdots, y_N)) \left| J\left(\frac{x_1 x_2 \cdots x_N}{y_1 y_2 \cdots y_N}\right) \right| \qquad (4-74)$$

这种概率密度函数的坐标变换关系如图 4-6 所示。上式中的雅可比行列式为

$$J\left(\frac{x_1 x_2 \cdots x_N}{y_1 y_2 \cdots y_N}\right) = \begin{vmatrix} \dfrac{\partial x_1}{\partial y_1} & \dfrac{\partial x_1}{\partial y_2} & \cdots & \dfrac{\partial x_1}{\partial y_N} \\ \dfrac{\partial x_2}{\partial y_1} & \dfrac{\partial x_2}{\partial y_2} & \cdots & \dfrac{\partial x_2}{\partial y_N} \\ \vdots & \vdots & & \vdots \\ \dfrac{\partial x_N}{\partial y_1} & \dfrac{\partial x_N}{\partial y_2} & \cdots & \dfrac{\partial x_N}{\partial y_N} \end{vmatrix} \qquad (4-75)$$

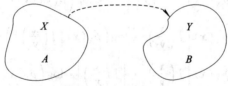

图 4-6　概率密度函数的坐标变换

例 4-1　设输入消息的电压分布的概率密度函数为

$$p_X(x) = \frac{1}{\sqrt{2\pi}} \exp\left\{-\frac{x^2}{2}\right\}$$

经变换后，其输出为 $Y = \sigma X + a$，如图 4-7 所示。试求输出电压分布的概率密度函数 $p_Y(x)$。

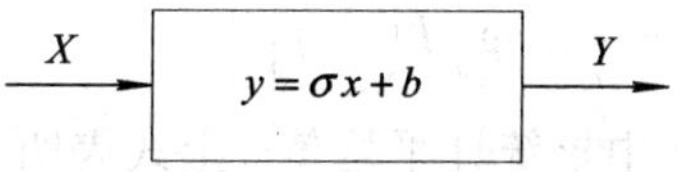

$$X \longrightarrow \boxed{y = \sigma x + b} \longrightarrow Y$$

图 4-7　电压信号变换示意图

解　根据已知变换 $Y = \sigma X + a$，得 $x = x(y) = (y-a)/\sigma$，对应的雅可比行列式为

$$\left| J\left(\frac{x}{y}\right) \right| = \left| \frac{1}{\sigma} \right|$$

故变换后的输出电压分布的概率密度函数为

$$p_Y(y) = p_X(x(y)) \left| J\left(\frac{x}{y}\right) \right| = \frac{1}{\sqrt{2\pi}} \exp\left\{-\frac{(y-a)^2}{2\sigma^2}\right\} \cdot \left| \frac{1}{\sigma} \right| = \frac{1}{\sqrt{2\pi\sigma^2}} \exp\left\{-\frac{(y-a)^2}{2\sigma^2}\right\}$$

这表明，具有归一化高斯分布的输入电压信号，经一个放大倍数为 σ、直流分量为 a 的放大

器后，输出电压信号成为了均值为 a、方差为 σ^2 的高斯随机变量。

4.8.2　差熵的坐标变换

设图 4-4 中输入多维随机变量为 $\boldsymbol{X}=X_1X_2\cdots X_N$，输出多维随机变量为 $\boldsymbol{Y}=Y_1Y_2\cdots Y_N$，它们之间的变换关系为

$$\begin{cases}\boldsymbol{y}=y(\boldsymbol{x})\\\boldsymbol{x}=x(\boldsymbol{y})\end{cases} \tag{4-76}$$

根据式(4-74)和归一化条件，得

$$\int_y p_Y(\boldsymbol{y})\mathrm{d}\boldsymbol{y}=\int_y p_X(x(\boldsymbol{y}))\left|J\left(\frac{\boldsymbol{x}}{\boldsymbol{y}}\right)\right|\mathrm{d}\boldsymbol{y}=1 \tag{4-77}$$

同时有

$$\mathrm{d}\boldsymbol{x}=\left|J\left(\frac{\boldsymbol{x}}{\boldsymbol{y}}\right)\right|\mathrm{d}\boldsymbol{y}\leftrightarrow\mathrm{d}\boldsymbol{y}=\left|J\left(\frac{\boldsymbol{y}}{\boldsymbol{x}}\right)\right|\mathrm{d}\boldsymbol{x}\left(\left|J\left(\frac{\boldsymbol{x}}{\boldsymbol{y}}\right)\right|\neq 0\right) \tag{4-78}$$

根据式(4-77)和式(4-78)，得变换后输出的差熵为

$$\begin{aligned}h(\boldsymbol{Y})&=h(Y_1Y_2\cdots Y_N)\\&=-\int_y p_Y(\boldsymbol{y})\log p_Y(\boldsymbol{y})\mathrm{d}\boldsymbol{y}\\&=-\int_y p_X(x(\boldsymbol{y}))\cdot\left|J\left(\frac{\boldsymbol{x}}{\boldsymbol{y}}\right)\right|\cdot\log\left(p_X(x(\boldsymbol{y}))\left|J\left(\frac{\boldsymbol{x}}{\boldsymbol{y}}\right)\right|\right)\mathrm{d}\boldsymbol{y}\\&=-\int_x p_X(\boldsymbol{x})\left|J\left(\frac{\boldsymbol{x}}{\boldsymbol{y}}\right)\right|\cdot\log\left(p_X(\boldsymbol{x})\left|J\left(\frac{\boldsymbol{x}}{\boldsymbol{y}}\right)\right|\right)\cdot\left|J\left(\frac{\boldsymbol{y}}{\boldsymbol{x}}\right)\right|\mathrm{d}\boldsymbol{x}\\&=-\int_x p_X(\boldsymbol{x})\left|J\left(\frac{\boldsymbol{x}}{\boldsymbol{y}}\right)\right|\cdot\left|J\left(\frac{\boldsymbol{y}}{\boldsymbol{x}}\right)\right|\cdot\log\left(p_X(\boldsymbol{x})\left|J\left(\frac{\boldsymbol{x}}{\boldsymbol{y}}\right)\right|\right)\mathrm{d}\boldsymbol{x}\end{aligned} \tag{4-79}$$

将 $\left|J\left(\frac{\boldsymbol{x}}{\boldsymbol{y}}\right)\right|\cdot\left|J\left(\frac{\boldsymbol{y}}{\boldsymbol{x}}\right)\right|=1$ 代入上式，得

$$\begin{aligned}h(\boldsymbol{Y})&=-\int_x p_X(\boldsymbol{x})\log\left(p_X(\boldsymbol{x})\left|J\left(\frac{\boldsymbol{x}}{\boldsymbol{y}}\right)\right|\right)\mathrm{d}\boldsymbol{x}\\&=-\int_x p_X(\boldsymbol{x})\log p_X(\boldsymbol{x})\mathrm{d}\boldsymbol{x}-\int_x p_X(\boldsymbol{x})\log\left|J\left(\frac{\boldsymbol{x}}{\boldsymbol{y}}\right)\right|\mathrm{d}\boldsymbol{x}\\&=h(\boldsymbol{X})-E_x\left[\log\left|J\left(\frac{\boldsymbol{x}}{\boldsymbol{y}}\right)\right|\right]\end{aligned} \tag{4-80}$$

式中，$E_x[\cdot]$ 表示在其概率空间中求统计平均值。上式表明，只有在

$$\left|J\left(\frac{\boldsymbol{x}}{\boldsymbol{y}}\right)\right|=1$$

的情况下，输入随机矢量 $\boldsymbol{X}=X_1X_2\cdots X_N$ 经过变换后的输出随机矢量 $\boldsymbol{Y}=Y_1Y_2\cdots Y_N$ 的差熵才不会发生变化，否则差熵就会发生变化。这一原因在前面已作了解释和说明，即离散熵是以绝对熵的方式来度量随机变量的随机性的，而连续熵不是以绝对熵的方式来度量的，而是以差熵或相对熵的形式来度量的。

例 4-2　求解例 4-1 中输出电压的差熵。

解　由于例 4-1 中的输入电压是正态(高斯)分布，其均值 $m=0$，方差为 $\sigma^2=1$，故首先可求得 $h(\boldsymbol{X})$ 的差熵为

$$h(\boldsymbol{X}) = \frac{1}{2}\log(2\pi e\sigma^2) = \frac{1}{2}\log(2\pi e)$$

又已知变换 $Y = \sigma X + a$，得 $x = x(y) = (y-a)/\sigma$，对应的雅可比行列式为

$$\left| J\left(\frac{\boldsymbol{x}}{\boldsymbol{y}}\right) \right| = \left| \frac{1}{\sigma} \right|$$

其结果为一常数，而对常数求均值保持不变，故得

$$E_x\left[\log\left| J\left(\frac{\boldsymbol{x}}{\boldsymbol{y}}\right)\right|\right] = \log\left| J\left(\frac{\boldsymbol{x}}{\boldsymbol{y}}\right)\right| = \log\left|\frac{1}{\sigma}\right|$$

从而有

$$h(Y) = h(X) - E_x\left[\log\left| J\left(\frac{\boldsymbol{x}}{\boldsymbol{y}}\right)\right|\right] = \frac{1}{2}\log(2\pi e) - \log\left|\frac{1}{\sigma}\right|$$

$$= \frac{1}{2}\log(2\pi e\sigma^2)$$

显见当放大倍数 $|\sigma| < 1$ 时，$h(Y) < h(X)$；当放大倍数 $|\sigma| > 1$ 时，$h(Y) > h(X)$。

例 4 - 3 对于线性变换

$$\begin{bmatrix} y_1 \\ y_2 \\ \vdots \\ y_N \end{bmatrix} = \begin{bmatrix} a_{11} & a_{12} & \cdots & a_{1N} \\ a_{21} & a_{22} & \cdots & a_{2N} \\ \vdots & \vdots & & \vdots \\ a_{N1} & a_{N2} & \cdots & a_{NN} \end{bmatrix} \begin{bmatrix} x_1 \\ x_2 \\ \vdots \\ x_N \end{bmatrix} + \begin{bmatrix} b_1 \\ b_2 \\ \vdots \\ b_N \end{bmatrix} \rightarrow \boldsymbol{Y} = \boldsymbol{A}\boldsymbol{X} + \boldsymbol{B}$$

若 $|\boldsymbol{A}| \neq 0$，则有 $\boldsymbol{X} = \boldsymbol{A}^{-1}(\boldsymbol{Y} - \boldsymbol{B})$。试求变换后的差熵。

解 首先计算对应的雅可比行列式为

$$J\left(\frac{\boldsymbol{X}}{\boldsymbol{Y}}\right) = |\boldsymbol{A}^{-1}| \neq 0$$

由此得变换后的差熵为

$$h(\boldsymbol{Y}) = h(\boldsymbol{X}) - E_x\left[\log\left| J\left(\frac{\boldsymbol{X}}{\boldsymbol{Y}}\right)\right|\right] = h(\boldsymbol{X}) - \log||\boldsymbol{A}^{-1}||$$

若 $||\boldsymbol{A}^{-1}|| < 1$，$\log||\boldsymbol{A}^{-1}|| < 0$，则变换后输出的差熵大于变换前的差熵。若 $||\boldsymbol{A}^{-1}|| > 1$，$\log||\boldsymbol{A}^{-1}|| > 0$，则变换后输出的差熵小于变换前的差熵。若 $||\boldsymbol{A}^{-1}|| = 1$，$\log||\boldsymbol{A}^{-1}|| = 0$，则变换后输出的差熵等于变换前的差熵，即差熵不变。

4.9 连续信道的平均互信息及其上凸性和极值性

在前面几节中，我们讨论了一维和多维情况下连续信源的信息特性。在叙述中，为了便于阐明某些重要概念，我们借鉴了离散系统的信息传输特性，已经引入并涉及了连续信道传输信息的一些基本概念。在这一节中，我们还有必要较为系统地来说明连续信道的数学描述方法，在此基础上，阐明连续信道的平均互信息的一个重要的基本性质——上凸性，以便对连续信道的平均互信息特性有一个完整的概念和比较深入的认识。

当信道的输入随机变量和输出随机变量均为连续的随机变量时，这个信道称为连续信道。同离散信道一样，我们可得出一维情况下连续信道的数学模型如图 4 - 8 所示。图中输入随机变量为 X，输出随机变量为 Y，信道的特性用条件概率密度函数 $p(y|x)$ 来描述。如给定某一信道，我们就可以得出它的条件概率密度函数 $p(y|x)$，反之亦然。

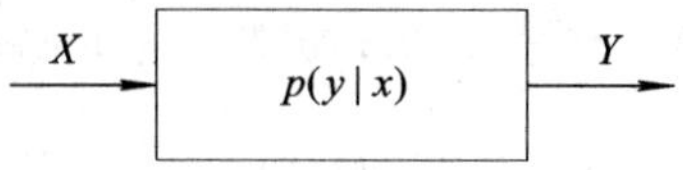

图 4-8　连续信道的数学模型

与离散情况相对应，可得连续情况平均互信息的一般数学形式为

$$I(X;Y) = h(X) - h(X \mid Y) \tag{4-81}$$

式中

$$\begin{cases} h(X) = -\int_R p(x) \log p(x) \mathrm{d}x \\[2mm] h(Y) = -\int_R p(y) \log p(y) \mathrm{d}y \\[2mm] h(X \mid Y) = -\int_R \int_R p(xy) \log p(x \mid y) \mathrm{d}x\,\mathrm{d}y \\[2mm] h(Y \mid X) = -\int_R \int_R p(xy) \log p(y \mid x) \mathrm{d}x\,\mathrm{d}y \\[2mm] h(XY) = -\int_R \int_R p(xy) \log p(xy) \mathrm{d}x\,\mathrm{d}y \end{cases} \tag{4-82}$$

其物理意义与离散情况完全相同，其中 $h(X|Y)$ 为损失（差）熵（疑义度），$h(Y|X)$ 为噪声（差）熵，其余不再详述。

4.9.1　平均互信息的非负性

在连续情况下，平均互信息具有非负性，这与离散情况是相同的。因为

$$\begin{aligned} -I(X;Y) &= \int_R \int_R p(xy) \log \frac{p(x)p(y)}{p(xy)} \mathrm{d}x\,\mathrm{d}y \\ &\leqslant \log\left(\int_R \int_R p(xy)\frac{p(x)p(y)}{p(xy)} \mathrm{d}x\,\mathrm{d}y\right) \\ &= \log\left(\int_R \int_R p(x)p(y) \mathrm{d}x\,\mathrm{d}y\right) \\ &= \log 1 = 0 \end{aligned} \tag{4-83}$$

从而有 $I(X;Y) \geqslant 0$ 成立。

4.9.2　平均互信息的上凸性

平均互信息是 $p(x)$ 的上凸函数。根据平均互信息的一般形式

$$\begin{aligned} I(X;Y) &= h(Y) - h(Y \mid X) \\ &= -\int_R p(y) \log p(y) \mathrm{d}y + \int_R \int_R p(xy) \log p(y \mid x) \mathrm{d}x\,\mathrm{d}y \\ &= \int_R \int_R p(xy) \log \frac{p(y \mid x)}{p(x)} \mathrm{d}x\mathrm{d}y \\ &= \int_R \int_R p(y \mid x)p(x) \log \frac{p(y \mid x)}{p(x)} \mathrm{d}x\,\mathrm{d}y \\ &= I(p(x), p(y \mid x)) \end{aligned} \tag{4-84}$$

在信道固定的情况下，$p(y|x)$是一个不变量，从而有 $I(X;Y)=I[p(x)]$。可以证明平均互信息是 $p(x)$ 的凸函数。满足

$$\alpha I[p_1(x)]+\beta I[p_2(x)]\leqslant h[\alpha p_1(\dot{x})+\beta p_2(x)] \tag{4-85}$$

事实上，我们设 $p(x)=\alpha p_1(x)+\beta p_2(x)$，式中 $0<\alpha<1$，$0<\beta<1$，$\alpha+\beta=1$，并且 $p_1(\cdot)$、$p_2(\cdot)$ 均满足归一化条件，即

$$\begin{cases}\displaystyle\int_R p_1(x)\mathrm{d}x=\int_R p_2(x)\mathrm{d}x=1,\ \int_R\int_R p_1(xy)\mathrm{d}x\,\mathrm{d}y=\int_R\int_R p_2(xy)\mathrm{d}x\,\mathrm{d}y=1\\[2mm]\displaystyle\int_R p_1(y\mid x)\mathrm{d}y=\int_R p_2(y\mid x)\mathrm{d}y=1\\[2mm]\displaystyle\int_R p_1(x\mid y)\mathrm{d}x=\int_R p_2(x\mid y)\mathrm{d}x=1\end{cases} \tag{4-86}$$

在 $p(y|x)$ 固定不变，$p(x)$ 变化的条件下，得

$$\begin{cases}p(xy)=p(y\mid x)p(x)\rightarrow\begin{cases}p_1(xy)=p(y\mid x)p_1(x)\\p_2(xy)=p(y\mid x)p_2(x)\end{cases}\\[4mm]p(y)=\displaystyle\int_R\int_R p(x)p(y\mid x)\mathrm{d}x\rightarrow\begin{cases}p_1(y)=\displaystyle\int_R\int_R p_1(x)p(y\mid x)\mathrm{d}x\\p_2(y)=\displaystyle\int_R\int_R p_2(x)p(y\mid x)\mathrm{d}x\end{cases}\end{cases} \tag{4-87}$$

通过比较 $\alpha I[p_1(x)]+\beta I[p_2(x)]$ 和 $h[\alpha p_1(x)+\beta p_2(x)]$ 的大小，得

$$\alpha I[p_1(x)]+\beta I[p_2(x)]-h[\alpha p_1(x)+\beta p_2(x)]$$

$$=\alpha h[p_1(x)]+\beta h[p_2(x)]-h[p(x)]$$

$$=\alpha\int_R\int_R p_1(xy)\log\frac{p(y\mid x)}{p_1(y)}\mathrm{d}x\,\mathrm{d}y+\beta\int_R\int_R p_2(xy)\log\frac{p(y\mid x)}{p_2(y)}\mathrm{d}x\,\mathrm{d}y$$

$$-\int_R\int_R p(xy)\log\frac{p(y\mid x)}{p(y)}\mathrm{d}x\,\mathrm{d}y$$

$$=\alpha\int_R\int_R p_1(xy)\log\frac{p(y\mid x)}{p_1(y)}\mathrm{d}x\,\mathrm{d}y+\beta\int_R\int_R p_2(xy)\log\frac{p(y\mid x)}{p_2(y)}\mathrm{d}x\,\mathrm{d}y$$

$$-\int_R\int_R(\alpha p_1(x)+\beta p_2(x))\log\frac{p(y\mid x)}{p(y)}\mathrm{d}x\,\mathrm{d}y$$

$$=\alpha\int_R\int_R p_1(xy)\log\frac{p(y\mid x)}{p_1(y)}\mathrm{d}x\,\mathrm{d}y-\alpha\int_R\int_R p_1(x)\log\frac{p(y\mid x)}{p(y)}\mathrm{d}x\,\mathrm{d}y$$

$$+\beta\int_R\int_R p_2(xy)\log\frac{p(y\mid x)}{p_2(y)}\mathrm{d}x\,\mathrm{d}y-\beta\int_R\int_R p_2(x))\log\frac{p(y\mid x)}{p(y)}\mathrm{d}x\,\mathrm{d}y$$

$$\leqslant\alpha\log\left(\int_R\int_R p_1(xy)\frac{p(y)}{p_1(y)}\mathrm{d}x\,\mathrm{d}y\right)+\beta\log\left(\int_R\int_R p_2(xy)\frac{p(y)}{p_2(y)}\mathrm{d}x\,\mathrm{d}y\right)$$

$$=\alpha\log\left(\int_R p_1(y)\frac{p(y)}{p_1(y)}\mathrm{d}y\right)+\beta\log\left(\int_R p_2(y)\frac{p(y)}{p_2(y)}\mathrm{d}y\right)=0 \tag{4-88}$$

从而证明了 $\alpha I[p_1(x)]+\beta I[p_2(x)]\leqslant h[\alpha p_1(x)+\beta p_2(x)]$ 成立，平均互信息是 $p(x)$ 的凸函数。

4.9.3 平均互信息的极值性

平均互信息具有极值性。根据平均互信息的一般形式

$$I(X; Y) = h(X) + h(Y) - h(XY)$$

$$= -\int_R p(x)\log p(x)\mathrm{d}x - \int_R p(y)\log p(y)\mathrm{d}y$$

$$+ \int_R \int_R p(xy)\log p(xy)\mathrm{d}x\,\mathrm{d}y \qquad (4-89)$$

假设另有一种概率密度分布函数 $q(\cdot)$，满足

$$\int_R q(x)\mathrm{d}x = \int_R q(y)\mathrm{d}y = 1, \int_R \int_R q(xy)\mathrm{d}x\,\mathrm{d}y = 1 \qquad (4-90)$$

有

$$I(X; Y) = h(X) + h(Y) - h(XY)$$

$$= -\int_R p(x)\log p(x)\mathrm{d}x - \int_R p(y)\log p(y)\mathrm{d}y + \int_R \int_R p(xy)\log p(xy)\mathrm{d}x\,\mathrm{d}y$$

$$\leqslant -\int_R p(x)\log q(x)\mathrm{d}x - \int_R p(y)\log q(y)\mathrm{d}y + \int_R \int_R p(xy)\log q(xy)\mathrm{d}x\,\mathrm{d}y \quad (4-91)$$

根据平均互信息的上凸性和极值性，可知平均互信息一定能达到某个最大值，这个最大值就是连续信道的信道容量，这也是后面将要重点研究的一个十分重要的问题。

4.10 平均互信息的不变性与不增性

4.10.1 平均互信息的不变性

根据前面的讨论，我们知道，在一一对应变换的情况下，尽管差熵会发生变化，但平均互信息既不增加，也不减少，符合数据处理定理（即信息不增原理）。

对于图 4-9 所示的一一对应变换的通信系统，假设信源发出消息为 S，首先，通过变换器Ⅰ把它变换成适合信道传输的信号 X，X 通过信道传输，由于受到噪声干扰，使得信道的输出端收到的信号变为 Y。为了便于接收，信号 Y 再通过变换器Ⅱ，变换成相应的消息 Z 送到信宿。这样通信系统中传输的平均互信息就有两种不同的计算方法：其一是计算收到信号 Y 后，从 Y 中获取关于 X 的信息量 $I(X; Y)$；其二是计算收到消息 Z 后，从 Z 中获取关于 S 的信息量 $I(S; Z)$。

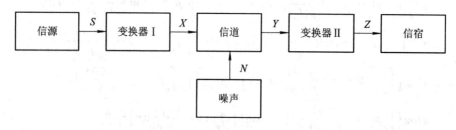

图 4-9 具有一一对应变换的通信系统

下面证明在一一对应变换的情况下，$I(X; Y) = I(S; Z)$。

设随机变量 X 取值为 x，Y 取值为 y，它们的一维概率密度函数为 $p(x)$ 和 $p(y)$，联合概率密度函数为 $p(xy)$，条件概率密度函数为 $p(y|x)$；S 的取值为 s，Z 的取值为 z，它们的一维概率密度函数为 $q(s)$ 和 $q(z)$，联合概率密度函数为 $q(sz)$，条件概率密度函数为

$q(z|s)$。由于变换是一一对应变换，也就是说其正变换和逆变换都存在，并且是一一对应的，因此，变换器 I 既能将 S 变换成 X，也能将 X 变换成 S，并且这种变换都是一一对应的，同理，变换器 II 既能将 Y 变换 Z，也能将 Z 变换成 Y，并且这种变换也是一一对应的。根据这种变换原理，我们将变量 X 通过变换器 I 将其变换成 S，将 Y 通过变换器 II 变换成 Z。这样上述变换将 (xy) 变换成 (sz)，从而有

$$q(sz) = p(xy) \left| J\left(\frac{xy}{sz}\right) \right| \tag{4-92}$$

其中雅可比行列式为

$$J\left(\frac{xy}{sz}\right) = \begin{vmatrix} \dfrac{\partial x}{\partial s} & \dfrac{\partial x}{\partial z} \\[2mm] \dfrac{\partial y}{\partial s} & \dfrac{\partial y}{\partial z} \end{vmatrix} \tag{4-93}$$

注意到由于是一一对应变换，故

$$\frac{\partial x}{\partial z} = 0, \quad \frac{\partial y}{\partial s} = 0 \tag{4-94}$$

且

$$\mathrm{d}x = \frac{\partial x}{\partial s}\mathrm{d}s + \frac{\partial x}{\partial z} = \frac{\partial x}{\partial s}\mathrm{d}s, \quad \mathrm{d}y = \frac{\partial y}{\partial s}\mathrm{d}s + \frac{\partial y}{\partial z} = \frac{\partial y}{\partial z}\mathrm{d}z \tag{4-95}$$

故得

$$\begin{cases} q(sz) = p(xy)J\left(\dfrac{xy}{sz}\right) = p(xy)\dfrac{\partial x}{\partial s}\dfrac{\partial y}{\partial z} \\[3mm] q(s) = \displaystyle\int_R q(sz)\mathrm{d}z = \int_R p(xy)\dfrac{\partial x}{\partial s}\dfrac{\partial y}{\partial z}\mathrm{d}z = \int_R p(xy)\dfrac{\partial x}{\partial s}\mathrm{d}y = p(x)\dfrac{\partial x}{\partial s} \end{cases} \tag{4-96}$$

同理，得

$$q(z) = \int_R q(sz)\mathrm{d}s = \int_R p(xy)\frac{\partial x}{\partial s}\frac{\partial y}{\partial z}\mathrm{d}s = \int_R p(xy)\frac{\partial y}{\partial z}\mathrm{d}x = p(y)\frac{\partial y}{\partial z} \tag{4-97}$$

因此有

$$I(S;Z) = -\int_R \int_R q(sz)\log\frac{q(s)q(z)}{q(sz)}\mathrm{d}s\,\mathrm{d}z$$

$$= -\int_R \int_R p(xy)\frac{\partial x}{\partial s}\frac{\partial y}{\partial z}\log\frac{p(x)\dfrac{\partial x}{\partial s}p(y)\dfrac{\partial y}{\partial z}}{p(xy)\dfrac{\partial x}{\partial s}\dfrac{\partial y}{\partial z}}\mathrm{d}s\,\mathrm{d}z$$

$$= -\int_R \int_R p(xy)\log\frac{p(x)p(y)}{p(xy)}\frac{\partial x}{\partial s}\,\mathrm{d}s\,\frac{\partial y}{\partial z}\,\mathrm{d}z$$

$$= -\int_R \int_R p(xy)\log\frac{p(x)p(y)}{p(xy)}\mathrm{d}x\,\mathrm{d}zy = I(X;Y) \tag{4-98}$$

上式便证明了平均互信息在一一对应变换下具有不变性。

4.10.2 平均互信息的不增性

设模拟通信系统如图 4-10 所示，其中 $SXYZ$ 构成马氏链，下面分析其信息不增性。

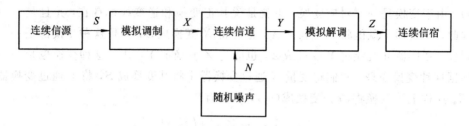

图 4-10　模拟通信系统

对于马氏子链(SXY)来说，根据定理 3-8，得

$$I(S; Y) \leqslant I(S; X) \tag{4-99}$$

对于马氏子链(SYZ)来说，根据定理 3-8，得

$$I(S; Z) \leqslant I(S; Y) \tag{4-100}$$

根据式（4-99）和式（4-100），最后得

$$I(S; Z) \leqslant I(S; Y) \leqslant I(S; X) \tag{4-101}$$

说明在连续通信系统中，每处理一次只能丢失信息量，不能增加信息量，充其量保持不变，这与离散系统中的信息不增原理是一致的。

4.11　高斯随机变量加性连续信道及其信道容量

对于输入一维连续随机变量 X，输出一维连续随机变量 Y 的一维连续信道，如信道中的噪声是连续随机变量 N，且输入随机变量 X 和噪声 N 之间统计独立，噪声对输入的干扰作用表现为噪声对输入的线性叠加，即满足 $Y = X + N$，则这种连续信道称为加性一维连续信道，如图 4-11 所示。

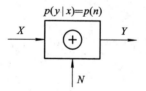

图 4-11　加性一维连续信道

要描述这种连续信道，关键在于找出它的传递统计特性，即条件概率密度函数 $p(y|x)$。根据这种加性信道的特性，我们首先分析在(x, n)到(x, y)的坐标变换中，X 和 N 的联合概率密度函数 $p(xn)$ 与 X 和 Y 的联合概率密度函数 $p(xy)$ 之间的关系。根据前面有关概率密度的坐标变换公式（4-74），得

$$p(xy) = p(xn) \left| J\left(\frac{xn}{xy}\right) \right| \tag{4-102}$$

其中雅可比行列式为

$$J\left(\frac{xn}{xy}\right) = \begin{vmatrix} \dfrac{\partial x}{\partial x} & \dfrac{\partial x}{\partial y} \\ \dfrac{\partial n}{\partial x} & \dfrac{\partial n}{\partial y} \end{vmatrix} \tag{4-103}$$

因为 x 和 n 统计独立，并且满足

$$\begin{cases} y = x + n \\ x = y - n \\ n = y - x \end{cases} \qquad (4-104)$$

故

$$\begin{cases} J\left(\dfrac{xn}{xy}\right) = \begin{vmatrix} \dfrac{\partial x}{\partial x} & \dfrac{\partial x}{\partial y} \\ \dfrac{\partial n}{\partial x} & \dfrac{\partial n}{\partial y} \end{vmatrix} = \begin{vmatrix} 1 & 1 \\ 0 & 1 \end{vmatrix} = 1 \\[4mm] J\left(\dfrac{xy}{xn}\right) = \begin{vmatrix} \dfrac{\partial x}{\partial x} & \dfrac{\partial x}{\partial n} \\ \dfrac{\partial y}{\partial x} & \dfrac{\partial y}{\partial n} \end{vmatrix} = \begin{vmatrix} 1 & 0 \\ 1 & 1 \end{vmatrix} = 1 \end{cases} \qquad (4-105)$$

成立，从而有

$$\begin{cases} p(xy) = p(xn) \\ \mathrm{d}x\mathrm{d}y = \left| J\left(\dfrac{xy}{xn}\right) \right| \mathrm{d}x\ \mathrm{d}n = 1 \cdot \mathrm{d}x\ \mathrm{d}n = \mathrm{d}x\ \mathrm{d}n \end{cases} \qquad (4-106)$$

又因 x 和 n 统计独立，故得

$$\begin{cases} p(xy) = p(xn) = p(x)p(n) \to \\ p(xy) = p(y\mid x)p(x) = p(x)p(n) \to \\ p(y\mid x) = p(n) \end{cases} \qquad (4-107)$$

根据上式，可得出一个十分重要的结论：要完整地描述一个加性一维连续信道，首先必须找到该信道的传递概率密度函数 $p(y\mid x)$，而这个传递概率密度函数 $p(y\mid x)$ 正好等于噪声 N 的概率密度函数 $p(n)$。这也是所有加性一维连续信道的一个重要特征。

下面考察在 (x, n) 和 (x, y) 的坐标变换中，条件熵 $h(Y\mid X)$ 与噪声熵 $h(N)$ 之间的关系。根据式 $(4-106)$ 和式 $(4-107)$ 以及差熵的定义，得

$$h(Y\mid X) = -\int_R \int_R p(xy)\log p(y\mid x)\mathrm{d}x\ \mathrm{d}y = -\int_R \int_R p(x)p(n)\log p(n)\mathrm{d}x\ \mathrm{d}y$$

$$= -\int_R \int_R p(x)p(n)\log p(n)\mathrm{d}x\ \mathrm{d}n = -\int_R p(n)\log p(n)\mathrm{d}n = h(N)$$

$$(4-108)$$

这就是说，加性信道的条件熵 $h(Y\mid X)$ 是由信道中的噪声引起的，它等于噪声源 N 的不确定性 $h(N)$，即噪声熵。正是这个原因，我们称条件熵 $h(Y\mid X)$ 为噪声熵。

前面已证明平均互信息具有极值性和上凸性，因此，平均互信息一定有最大值存在，这个最大值就是信道容量 C。另一方面，按照信道容量的一般定义，我们知道，连续信道的信道容量 C 等于信源 X 为某一概率分布时，信道的平均互信息量达到最大值，即

$$C = \max_{p(x)} I(X; Y) = \max_{p(x)} \{h(Y) - h(Y\mid X)\} = \max_{p(x)} \{h(Y) - h(N)\} \qquad (4-109)$$

由于在加性信道中，信源 X 和噪声 N 统计独立，X 的概率密度函数 $p(x)$ 的变动不会引起噪声熵 $h(N)$ 的变动，即 $h(N)$ 与 $p(x)$ 的分布无关，从而有

$$C = \max_{p(x)} \{h(Y)\} - h(N) \qquad (4-110)$$

为了求得信道容量 C 的大小，我们首先不加证明地给出一个定理。

定理 4-3 在加性信道中，如果 n 是均值为 0、方差为 $\sigma_N{}^2$ 的高斯随机变量，而 x 也是均值为 0、方差为 $\sigma_X{}^2$ 的高斯随机变量，则输出 $y = x + n$ 是均值为 0、方差为 $\sigma_Y{}^2 = \sigma_X{}^2 + \sigma_N{}^2$ 的高斯随机变量。

根据定理 4-2 和定理 4-3，可找到求解信道容量 C 的答案。首先，根据定理 4-2，当 y 为高斯分布时，其差熵值 $h(Y)$ 达到最大。其次，根据定理 4-3，当输入 x 的分布 $p(x)$ 为高斯分布时(亦即式(4-110)中的分布 $p(x)$ 为高斯分布时)，使得输出 y 也为高斯分布，并且这两种高斯分布方差的大小关系满足 $\sigma_Y{}^2 = \sigma_X{}^2 + \sigma_N{}^2$。最后，我们根据式(4-110)，可求得信道容量 C 的大小为

$$
\begin{aligned}
C &= \max_{p(x)}\{h(Y)\} - h(N) = \frac{1}{2}\log(2\pi\sigma_Y{}^2) - \frac{1}{2}\log(2\pi\sigma_N{}^2) \\
&= \frac{1}{2}\log[2\pi(\sigma_X{}^2 + \sigma_N{}^2)] - \frac{1}{2}\log(2\pi\sigma_N{}^2) \\
&= \frac{1}{2}\log\left(\frac{\sigma_X{}^2 + \sigma_N{}^2}{\sigma_N{}^2}\right) = \frac{1}{2}\log\left(1 + \frac{\sigma_X{}^2}{\sigma_N{}^2}\right) = \frac{1}{2}\log\left(1 + \frac{\overline{P}_X}{\overline{P}_N}\right)
\end{aligned} \tag{4-111}
$$

式中最后一步的推导利用了当 $m = 0$ 时 $\sigma^2 = \overline{P}$ 的条件。

4.12　高斯随机过程加性连续信道及其信道容量

通过对上一节的讨论，我们知道当噪声 N 为高斯型连续随机变量时，一维信道的传递概率满足 $p(y|x) = p(n)$。在这一节中，如果我们将噪声 N 改为高斯随机过程 $\{n(t)\}$，根据 4.3 节，我们知道，对于一个限频 F(带宽 $\leqslant F$)和限时 T(时间 $\leqslant T$)的平稳随机过程，按照时频取样定理，这种限时限频的随机过程可以近似地用 $N(=2FT)$ 维随机变量来表示。这样，一个频带和时间均为有限的随机过程就可转化为 N 维平稳随机变量(即 N 维平稳信源)来处理，从而可以用 $N(=2FT)$ 维高斯随机变量来逼近一个高斯随机过程，即

$$
\boldsymbol{N} = N_1 N_2 \cdots N_N \rightarrow \{n(t)\} \tag{4-112}
$$

这时，原来的一维信道也就转化成 N 维信道，对应的信道传递概率为

$$
p(\boldsymbol{y} \mid \boldsymbol{x}) = p(\boldsymbol{n}) = p(n_1 n_2 \cdots n_N) \tag{4-113}
$$

为了求得这种信道的容量 C，我们首先引入一个定理。

定理 4-4 对于一个限频 F(带宽 $\leqslant F$)和限时 T(时间 $\leqslant T$)的高斯随机过程 $\{n(t)\}$，根据时频取样定理对其进行取样，转化成 N 维随机矢量 $\boldsymbol{N} = N_1 N_2 \cdots N_N \rightarrow \{n(t)\}$，这 $N(=2FT)$ 个随机变量 $N_i(i = 1, 2, \cdots, N)$ 都是均值为零、方差为 $\sigma_N{}^2$ 的高斯随机变量，彼此统计独立，N 维随机矢量的联合概率密度分布满足

$$
p(\boldsymbol{n}) = p(n_1 n_2 \cdots n_N) = p(n_1) p(n_2) \cdots p(n_N) \tag{4-114}
$$

证明 对于一个限频 F(带宽 $\leqslant F$)和限时 T(时间 $\leqslant T$)的高斯随机过程 $\{n(t)\}$，根据时频取样定理对其进行取样，将其转化为时间间隔为

$$
\Delta T = \frac{1}{2F}
$$

的取样信号。故在限时 T 的时间内，得取样数为

$$
N = \frac{T}{\Delta T} = 2FT
$$

从而将限频和限时的高斯随机过程 $\{n(t)\}$ 转化为 N 维随机矢量 $\boldsymbol{N} = N_1 N_2 \cdots N_N \rightarrow \{n(t)\}$。

设高斯随机过程 $\{n(t)\}$ 的功率谱密度为 $|H(f)|^2$，在足够宽的频段 $[-F, F]$ 内是常数 $N_0/2$，如图 4-12 所示。

因功率谱密度 $|H(f)|^2$ 与自相关函数 $R_N(\tau)$ 是一对傅立叶变换，即 $|H(f)|^2 \leftrightarrow R_N(\tau)$，故得高斯随机过程 $\{n(t)\}$ 自相关函数 $R_N(\tau)$ 的数学表达式为

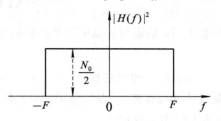

图 4-12　高斯随机过程 $\{n(t)\}$ 的功率谱密度

$$R_N(\tau) = N_0 F \frac{\sin 2\pi F\tau}{2\pi F\tau}$$

当 $\tau=0$ 时，自相关函数值就是高斯随机过程 $\{n(t)\}$ 的平均功率，满足 $P_N = R_N(0) = N_0 F$。若 $\{n(t)\}$ 的均值为零，则平均功率就等于其方差，即有 $\sigma_N^2 = P_N = R_N(0) = N_0 F$。而由 $\{n(t)\}$ 转化而来的 N 维随机矢量 $\boldsymbol{N} = N_1 N_2 \cdots N_N$ 中，相邻随机变量之间的时间间隔为 $\Delta T = 1/(2F)$，故得这 N 个随机变量 $N_i (i=1, 2, \cdots, N)$ 之间的自相关的大小为

$$R_N(\Delta T) = R_N\left(\frac{1}{2F}\right) = N_0 F \frac{\sin \pi}{\pi} = 0$$

即 N 个随机变量 $N_i (i=1, 2, \cdots, N)$ 之间的自相关为零，也就是说，它们之间是不相关的，从而证明了定理 4-4 的结论成立。

根据式 (4-107)，我们有 $p(n_i) = p(y_i \mid x_i)(i=1, 2, \cdots, N)$，将这一结果以及式 (4-114) 代入式 (4-113) 中，得

$$\begin{aligned} p(\boldsymbol{y} \mid \boldsymbol{x}) &= p(\boldsymbol{n}) = p(n_1 n_2 \cdots n_N) \\ &= p(n_1) p(n_2) \cdots p(n_N) \\ &= p(y_1 \mid x_1) p(y_2 \mid x_2) \cdots p(y_N \mid x_N) \end{aligned} \tag{4-115}$$

上式说明它是一个无记忆的 N 维连续信道，对应 N 个独立的并联信道，如图 4-13 所示。

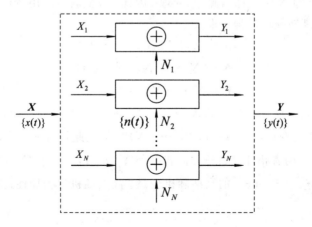

图 4-13　N 个独立的并联信道

设 N 维信道的平均互信息为 $I(\boldsymbol{X}; \boldsymbol{Y})$，对于图 4-13，设其中的每个子信道的平均互信息为 $I(X_i; Y_i)(i=1, 2, \cdots, N)$。根据第 3 章中的定理 3-5，当 N 维信道无记忆时，满足

$$I(\boldsymbol{X}; \boldsymbol{Y}) \leqslant \sum_{k=1}^{N} I(X_k; Y_k) \tag{4-116}$$

根据上式，信道容量也应满足同样的不等式，即

$$C_N \leqslant NC_0 \tag{4-117}$$

当由输入随机过程 $\boldsymbol{X}(t) = \{x(t)\}$ 转化而来的 N 维随机矢量 $\boldsymbol{X} = X_1 X_2 \cdots X_N$ 中各个变量也彼此统计独立（即信源无记忆）时，根据第 3 章中的定理 3-5，能满足信源和信道均无记忆的条件，故得

$$I(\boldsymbol{X}; \boldsymbol{Y}) = \sum_{k=1}^{N} I(X_k; Y_k) \tag{4-118}$$

根据上式，信道容量则应满足

$$C_N = NC_0 \tag{4-119}$$

分析到这里，我们要得到 C_N 的关键问题是，图 4-13 中的单个子信道在什么条件下能达到信道容量 C_0，从而也能使整个信道达到信道容量 C_N？根据上一节的分析，可知当输入随机变量 X 为高斯分布时，单个子信道能达到信道容量。即

$$C_0 = \frac{1}{2} \log\left(1 + \frac{\sigma_X^2}{\sigma_N^2}\right) = \frac{1}{2} \log\left(1 + \frac{\overline{P}_x}{\overline{P}_N}\right) \tag{4-120}$$

因此，对于加性高斯白噪声信道来说，不仅要求当输入随机矢量 $\boldsymbol{X} = X_1 X_2 \cdots X_N$ 中的各个变量均彼此统计独立，而且要求当各个变量 $X_i (i=1, 2, \cdots, N)$ 都是均值为零、方差为 σ_X^2 的高斯随机变量时，才能达到信道容量 C_0。

根据上述分析结果，我们得知在输入为高斯随机过程的条件下，并已知噪声为高斯随机过程，那么，输出也为高斯随机过程，它们都是限时和限频的随机过程。根据 4.3 节，对于限频 F（带宽 $\leqslant F$）和限时 T（时间 $\leqslant T$）的平稳随机过程，按照时频取样定理，可以近似地用 $N(=2FT)$ 维随机变量来表示。这样，一个频带和时间均为有限的随机过程就可转化为 N 维平稳随机变量（即 N 维平稳信源）来处理。因此，我们就可以用 $N(=2FT)$ 维高斯随机变量来逼近每一个高斯随机过程，即

$$\begin{cases} \boldsymbol{X} = X_1 X_2 \cdots X_N \rightarrow \{x(t)\} \\ \boldsymbol{N} = N_1 N_2 \cdots N_N \rightarrow \{n(t)\} \\ \boldsymbol{Y} = Y_1 Y_2 \cdots Y_N \rightarrow \{y(t)\} \end{cases} \tag{4-121}$$

根据定理 4-4，上式中输入随机变量 $X_i (i=1, 2, \cdots, N)$ 都是彼此统计独立、均值为零、方差为 σ_X^2 的高斯随机变量，$N_i (i=1, 2, \cdots, N)$ 都是彼此统计独立、均值为零、方差为 σ_N^2 的高斯随机变量，两者相加使得输出随机变量 $Y_i (i=1, 2, \cdots, N)$ 都是彼此统计独立、均值为零、方差为 $\sigma_Y^2 = \sigma_X^2 + \sigma_N^2$ 的高斯随机变量。高斯随机过程加性连续信道的信道容量计算公式为

$$C = \max_{p(x)} \{C_N\} = \max_{p(x)} \{I(\boldsymbol{X}; \boldsymbol{Y})\} = \sum_{k=1}^{N} \max_{p(x)} \{I(X_k; Y_k)\} = NC_0$$

$$= \frac{N}{2} \log\left(1 + \frac{\sigma_X^2}{\sigma_N^2}\right) = \frac{N}{2} \log\left(1 + \frac{\overline{P}_x}{\overline{P}_N}\right) \tag{4-122}$$

将 $N = 2FT$ 代入上式，得时间 T 内的最大信息传输率（即信道容量 C）为

$$R = C = FT\log\left(1 + \frac{\overline{P}_X}{\overline{P}_N}\right) = FT\log\left(1 + \frac{\overline{P}_X}{N_0 F}\right) \qquad (4-123)$$

式中，N_0 为噪声功率谱密度，F 为信号的带宽，T 为持续时间。进一步得单位时间的最大信息传输速率（即信道容量 C_t）为

$$R_t = C_t = \frac{C}{T} = F\log\left(1 + \frac{\overline{P}_X}{\overline{P}_N}\right) = F\log\left(1 + \frac{\overline{P}_X}{N_0 F}\right) \qquad (4-124)$$

这就是著名的香农公式，它适用于加性高斯噪声连续信道。

4.13　香农公式及其应用的有关问题

在应用香农公式即式（4-123）和式（4-124）时，有如下结论：

（1）提高信噪比 $\overline{P}_X / \overline{P}_N$ 能增加信道的信道容量；

（2）当噪声功率 $\overline{P}_N$ 趋于零时，信道的容量趋于无穷大，这意味着理想信道的信道容量为无穷大。

（3）增加带宽 F，并不能无限制地增加信道容量，因为

$$\lim_{F \to \infty} C_t = \lim_{F \to \infty} F\log\left(1 + \frac{\overline{P}_X}{N_0 F}\right) = \frac{\overline{P}_X}{N_0 \cdot \ln 2} \qquad (4-125)$$

（4）信道容量一定时，带宽 F、传输时间 T 和信噪比 $\overline{P}_X / \overline{P}_N$ 三者之间可以互换，有以下几种情况：

① 若传输时间 T 和信道容量 C 固定，则扩展信号的带宽 F 就可以降低对信噪比的要求；反之，如果压缩信号的带宽 F，就要增加信噪比。因此，在传输时间 T 和信道容量 C 固定的前提下，信号带宽和信噪比可以互换。

对于实际通信系统，为了实现信号的带宽和信噪比的互换，在发送端先经过编码或调制，使得信道中传输的信号带宽比未编码或调制前信号的带宽增加，然后再经信道传到接收端，在接收端再进行相应的译码或解调，如图 4-14 所示。

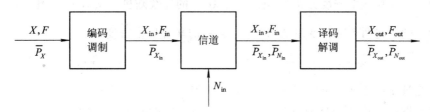

图 4-14　通信系统框图

设输入信号为 X，其带宽为 F，在发送端，首先对输入信号进行编码或调制，其输出信号为 X_{in}，信号带宽变为 F_{in}。经信道传输后，在接收端对其进行译码或解调，其输出信号为 X_{out}，信号带宽为 F_{out}。当信息传输率不变时，对于输出端的译码或解调来说，有

$$F_{in} T\log\left(1 + \frac{\overline{P}_{X_{in}}}{\overline{P}_{N_{in}}}\right) = F_{out} T\log\left(1 + \frac{\overline{P}_{X_{out}}}{\overline{P}_{N_{out}}}\right) \rightarrow \log\left(1 + \frac{\overline{P}_{X_{out}}}{\overline{P}_{N_{out}}}\right) = \log\left(1 + \frac{\overline{P}_{X_{in}}}{\overline{P}_{N_{in}}}\right)^{\frac{F_{in}}{F_{out}}}$$

$$(4-126)$$

在信噪比远大于 1 的情况下，近似得

$$\frac{\overline{P}_{X_{\text{out}}}}{\overline{P}_{N_{\text{out}}}} \approx \left(\frac{\overline{P}_{X_{\text{in}}}}{\overline{P}_{N_{\text{in}}}}\right)^{\frac{F_{\text{in}}}{F_{\text{out}}}} \qquad (4-127)$$

若通过译码或解调恢复出原来信号的带宽，即 $F_{\text{out}} = F$，则有

$$\frac{\overline{P}_{X_{\text{out}}}}{\overline{P}_{N_{\text{out}}}} \approx \left(\frac{\overline{P}_{X_{\text{in}}}}{\overline{P}_{N_{\text{in}}}}\right)^{\frac{F_{\text{in}}}{F}} \qquad (4-128)$$

由此可见，在通信系统中输出端的信号 X_{out}，其信噪比的改善与带宽之比 F_{in}/F 成指数关系。也就是说，增加信号的带宽能明显地改善信号的输出信噪比 $\overline{P}_{X_{\text{out}}}/\overline{P}_{N_{\text{out}}}$。

② 如果信噪比固定不变，则增加带宽可以缩短传送时间，换取传输时间的节省，或者花费较长的传输时间来换取频带的节省，也就是实现频带和通信时间的互换。

例如，为了能在窄带电缆信道中传送电视信号，我们往往用增加传输时间的办法来压缩电视信号的带宽，首先把电视信号以高速记录在录像带上，然后慢放这个磁带，慢到使输出频率降低到足以在窄带电缆信道中传送的程度。在接收端，将接收到的录像带进行快放，于是恢复了原来的电视信号。

③ 同理，如果保持频带不变，我们可以采用增加时间 T 来改善信噪比。

习　题　4

4-1　设有一个连续随机变量，其概率密度函数为

$$p(x) = \begin{cases} A\cos x & (x \mid x \mid \leqslant \frac{\pi}{2}) \\ 0 & (x\ \text{取其它值}) \end{cases}$$

又有 $\int_{-\pi/2}^{\pi/2} p(x)\mathrm{d}x = 1$。试求该随机变量的熵。

4-2　试计算概率密度分布为 $p(x) = \frac{1}{2}\lambda e^{-\lambda x}$ 的连续随机变量 X 的差熵。

4-3　设给定两个随机变量 X_1 和 X_2，它们的联合概率密度为

$$p(x_1 x_2) = \frac{1}{2\pi} e^{-(x_1^2 + x_2^2)/2} \qquad (-\infty < x_1, x_2 < +\infty)$$

试求随机变量 $Y = X_1 + X_2$ 的概率密度函数，并计算变量 Y 的熵 $h(Y)$。

4-4　设一个连续消息通过某放大器，该放大器输出的最大瞬时电压为 b，最小瞬时电压为 a。若消息从放大器中输出，则放大器输出消息在每个自由度上的最大熵是多少？若放大器的带宽为 F，则单位时间内输出最大信息量是多少？

4-5　有一信源发出恒定宽度但不同幅度的脉冲，幅度值 x 处在 a_1 和 a_2 之间。此信源连至某信道，信道接收端接收脉冲的幅度 y 处在 b_1 和 b_2 之间。已知随机变量 X 和 Y 的联合概率密度函数为

$$p(xy) = \frac{1}{(a_2 - a_1)(b_2 - b_1)}$$

试计算 $h(X)$、$h(Y)$、$h(XY)$ 和 $I(X; Y)$。

4-6　在图片传输中，每帧约为 2.25×10^6 个像素，为了能很好地重现图片，需分 16

个亮度电平,并假设亮度电平等概分布。试计算每秒传送 30 幅图片所需信道的带宽,设信噪功率比为 30 dB。

4-7 设在平均功率受限高斯加性连续信道中,信道带宽为 3 kHz,又设

$$\frac{信号功率 + 噪声功率}{噪声功率} = 10 \text{ dB}$$

(1) 试计算该信道传送的最大信息速率(单位时间)。

(2) 若功率信噪比降为 5 dB,要达到相同的最大信息传输率,信道带宽应是多少?

第 5 章　无失真信源编码和有噪信道编码简介

通信的根本任务，是有效而可靠地传输信息。要达到这个目的，一般要通过信源编码和信道编码来完成，如图 5-1 所示。信源编码的主要作用是用信道能传输的符号来代表信源发出的消息，使信源适合于信道的传输。并且，在不失真或允许一定失真的条件下，用尽可能少的符号来传送信源消息，提高信息传输率。信道编码的作用主要是在信道受到干扰的情况下，增加信号的抗干扰能力，同时又保持尽可能大的信息传输率。一般而言，提高抗干扰能力往往是以降低信息传输率为代价的，反之，要提高信息传输率又常常会使得抗干扰能力减弱，二者是有矛盾的，不可兼得。然而，在信息论的编码定理中，理论上证明了至少存在某种最佳的编码或信息处理方法，使之达到最优化。这些结论对各种通信系统的设计具有重大的理论意义和应用价值。

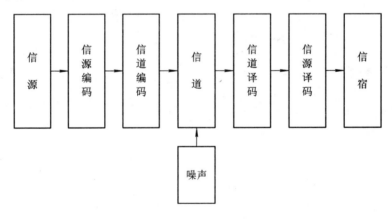

图 5-1　通信系统框图

在前面四章中，我们较系统地讨论了单符号离散通信系统、多符号离散通信系统和连续通信系统的信源信息输出率（信源的熵）、信道的信息传输率（信道的平均互信息）和信道容量等概念。下面将运用这些基础理论来研究信源编码、信道编码等问题。

5.1　单义可译定理

在实际信道中，首先遇到这样一个问题：设原始信源 S 发出 q 种不同的符号，其符号集为 $S:\{s_1, s_2, \cdots, s_q\}$。传输信息的信道 $\{X\ P(Y|X)\ Y\}$ 的输入符号集为 $X:\{a_1, a_2, \cdots, a_r\}$。这样信源发出的符号 $s_i(i=1, 2, \cdots, q)$ 与信道能传输的符号 $a_i(i=1, 2, \cdots, r)$ 不一致，即信源 $S:\{s_1, s_2, \cdots, s_q\}$ 不适合于信道 $\{X\ P(Y|X)\ Y\}$ 直接传输，信源 S 发出的符号不能直接通过信道，也就无法进行传输了。怎样来解决这个问题呢？为此，我们引入"信源

编码"问题。显然，为了使信源 S 发出 q 种不同的符号都能通过输入符号集为 X：$\{a_1, a_2,$ $\cdots, a_r\}$的信道，在信道输入端前，必须用信道能传输的符号集 X：$\{a_1, a_2, \cdots, a_r\}$中的符号 $a_i(i=1, 2, \cdots, r)$对信源中的每一种不同的符号 $s_i(i=1, 2, \cdots, q)$编码，生成适合信道传输的符号序列 W：$\{W_1, W_2, \cdots, W_q\}$，以上这个过程就是信源编码。图 5-2 表示了具有上述功能的信源编码器。图中符号集 X：$\{a_1, a_2, \cdots, a_r\}$称为码符号集，$W_i(i=1, 2, \cdots, q)$称为码字。

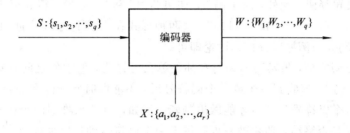

图 5-2　信源编码器

例如，设信源有四种不同的符号 S：$\{s_1, s_2, s_3, s_4\}$，先验概率为 $p(s_1)$，$p(s_2)$，$p(s_3)$，$p(s_4)$，信道为二进制信道，因此，信道的输入符号集为 X：$\{0, 1\}$。现用码符号集 X：$\{0, 1\}$对信源的四种不同的符号进行编码，得表 5-1 所示的五种码，表中 $W(i)$：$\{W_1, W_2, W_3, W_4\}(i=1, 2, 3, 4, 5)$。

表 5-1　五种不同的信源编码

信源符号 s_i	概率 $p(s_i)$	码 1：$W(1)$	码 2：$W(2)$	码 3：$W(3)$	码 4：$W(4)$	码 5：$W(5)$
s_1	$p(s_1)$	W_1：0	W_1：0	W_1：00	W_1：1	W_1：1
s_2	$p(s_2)$	W_2：11	W_2：10	W_2：01	W_2：10	W_2：01
s_3	$p(s_3)$	W_3：00	W_3：00	W_3：10	W_3：100	W_3：001
s_4	$p(s_4)$	W_4：11	W_4：01	W_4：11	W_4：1000	W_4：0001

为了便于分析和比较这五种码的差异，我们首先给出单义可译码的定义如下。

定义 5-1　一个码字如果同时满足以下两个条件，则称该码为单义可译码，否则就不是单义可译码：(1) 该码的每一个码字与信源的每一种不同的符号 $s_i(i=1, 2, \cdots, q)$是一一对应的；(2) 该码的码字序列 W_1，W_2，$\cdots W_i$，$\cdots$与信源的符号序列 s_1，s_2，$\cdots s_i$，$\cdots$是一一对应的。

对于码 1，它不满足单义可译码定义中的第一条，显然它不是单义可译的，我们将不满足单义可译码第一条的码称为奇异码。显然，奇异码不能用作编码的码字。

对于码 2，它虽然是非奇异码，但它也不是单义可译码。因为要判断一个码是否为单义可译码，不仅要看它的每一个码字与信源的每一种不同的符号 $s_i(i=1, 2, \cdots, q)$是否一一对应，而且要看它的码字序列是否与信源的符号序列一一对应，只有这两者都满足一一对应的条件，才属于单义可译码，否则就不是单义可译码，可以看出码 2 不满足单义可译码中的第二条。例如，我们收到一个码字序列 01000，既可以翻译成 $s_4 s_3 s_1$，也可以翻译成

$s_1 s_2 s_3$ 等，所以它不是单义可译码。

对于码 3，它是我们十分熟悉的二进制编码的等长码，假设等长码 $W_i(i=1,2,\cdots,q)$ 的长度均为 n，编码时只需满足不等式 $q \leqslant r^n$，则 $W_i(i=1,2,\cdots,q)$ 一定是单义可译码。

对于码 4，它显然不是奇异码，并且每种不同的码序列唯一对应一种信源符号序列，因而它是单义可译码。

对于码 5，它同样不是奇异码，并且每种不同的码序列唯一对应一种信源符号序列，因此它也是单义可译码。此外，对于码 5，如果将"0"和"1"互换，得到码 5 的另一种形式 "W_1：0，W_2：10，W_3：110，W_4：1110"。这两种形式在本质上是相同的，因此，我们只需以表 5-1 中的码 5 为例加以分析和讨论即可。

需要特别强调的是，虽然码 4 和码 5 都是单义可译码，但它们之间存在着一个重要的差别。我们先看码 4，当收到一个或几个码符号后，不能即时判断码字是否已经终结，必须等待下一个或几个码符号收到后才能做出判断。例如，当已经收到两个码符号"10"时，我们不能判断码字是否终结，必须进一步等待下一个码符号到达后才能决定。如果下一个码符号是"1"，则表示前面已经收到的码符号序列"10"为一个完整的码字；如果仍然收到 0，则无法判断是否终结。因此，码 4 无法即时地进行译码，所以它不是即时码。

对于码 5，由于所有码字都以"1"为结束符，因此，只要出现"1"，就知道当前的码字已结束，从而可立即把收到的码字译成对应的信源符号。可见码字中的终结符号"1"起到了"逗点"的作用，故这种码又称为逗点码。这种译码时无需参考后续的码符号就能立即做出译码判断的一类码，称为即时码。当然，我们在编码中总是希望能编出这种即时码。同理，对于码 5 的另一种形式，只要出现"0"，就知道当前的码字已结束。

由于码 5 具有上述特点，我们可以通过树图来表示它。所谓树，既有根、枝，又有节点。用树图来表示码 5 的编码码字如图 5-3 所示。

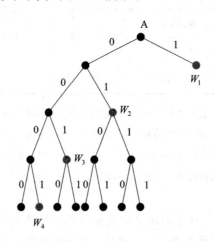

图 5-3 码 5 以"1"为终结点所对应的树图

前面我们又提及，码 5 的另一种形式为"W_1：0，W_2：10，W_3：110，W_4：1110"，它对应的树图如图 5-4 所示。

通过上述分析和讨论，我们对单义码，特别是对即时码已有了一个初步的认识。在此基础上，我们不加证明地给出单义可译码存在的一个定理。

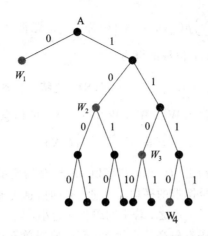

图 5-4　码 5 以"0"为终结点所对应的树图

单义可译码存在定理 5-1　设信源符号集为 $S:\{s_1, s_2, \cdots, s_q\}$，码符号集为 $X:\{a_1, a_2, \cdots, a_r\}$，又设码字为 $W:\{W_1, W_2, \cdots, W_q\}$，对应的码长分别为 $n_1, n_2, \cdots, n_q$，则存在单义可译码的充要条件是 $q, r, n_i(i=1, 2, \cdots, q)$ 满足 Kraft 不等式，即

$$\sum_{i=1}^{q} r^{-n_i} \leqslant 1 \qquad (5-1)$$

5.2　平均码长界限定理

在 5.1 节中，通过对信源编码的初步讨论，我们已经知道，用信道的输入符号集 $X:\{a_1, a_2, \cdots, a_r\}$ 作为码符号集，对信源 $S:\{s_1, s_2, \cdots, s_q\}$ 进行一一对应的编码，能使信源适合于信道的传输。通过对单义可译码的讨论，我们又知道，在结构上，如果 q, r, n_i $(i=1, 2, \cdots, q)$ 满足 Kraft 不等式，则一定存在单义可译码（即时码），能使得任一信源符号序列唯一地对应一个码符号序列。这样，当信道是无噪信道时，就可实现无失真的传输。对于通信系统来说，不仅要求无失真地传输信息而且希望提高通信的有效性，每一个码符号能携带尽可能多的平均信息量。

要讨论通信的有效性，首先要确定衡量有效性的标准。那么，要如何来确定这一标准呢？我们知道，符合 Kraft 不等式的 $q, r, n_i(i=1, 2, \cdots, q)$ 所构成的单义可译码的形式不是唯一的，不同长度的码字与具有不同先验概率分布的信源符号也可有不同的搭配。所以，我们可由此而先引入有关"平均码长"的概念。

设信源的信源空间为

$$\begin{bmatrix} S \\ P(S) \end{bmatrix} = \begin{bmatrix} s_1 & s_2 & s_3 & \cdots & s_q \\ p(s_1) & p(s_2) & p(s_3) & \cdots & p(s_q) \end{bmatrix}$$

并且该信源空间是完备的，满足归一化的条件。

对此信源用码符号集 $X:\{a_1, a_2, \cdots, a_r\}$ 进行编码，得单义可译码

$$W:\{W_1, W_2, \cdots, W_q\}$$

码字 $W_i(i=1, 2, \cdots, q)$ 的长度分别为 $n_i(i=1, 2, \cdots, q)$，与平均信息熵的定义相类似，得该码字对应的平均符号数为

$$\sum_{i=1}^{q} p(s_i)n_i = \bar{n} \text{（码符号／信源符号）} \tag{5-2}$$

$\bar{n}$ 常称为平均码长。另一方面，信源的熵为

$$-\sum_{i=1}^{q} p(s_i)\log p(s_i) = H(S) \text{（比特／信源符号）} \tag{5-3}$$

根据式（5-2）和式（5-3），得码 $W:\{W_1, W_2, \cdots, W_q\}$ 的信息传输率为

$$R = \frac{H(S)}{\bar{n}} = H(X) \tag{5-4}$$

由式（5-4）可知，对于给定的信源，其熵值 $H(S)$ 是给定的，则单义可译码 $W:\{W_1, W_2, \cdots, W_q\}$ 的每一个码符号携带的平均信息量，亦即信息传输率 R 仅只取决于平均码长 $\bar{n}$。平均码长 $\bar{n}$ 越大，R 就越小；反之，若平均码长 $\bar{n}$ 越小，则 R 就越大。这就是说，当我们引入平均码长 $\bar{n}$ 后，要使编码有较高的有效性，则应使得单义可译码的平均码长 $\bar{n}$ 越小越好。所以，平均码长 $\bar{n}$ 就可作为我们寻找衡量信源编码有效性高低的一个标准。

由平均码长 $\bar{n}$ 的表达式（5-2）可知，平均码长不仅与码的结构，即 q，r，$n_i(i=1, 2, \cdots, q)$ 有关，而且与信源的统计特性 $p(s_i)(i=1, 2, \cdots, q)$ 有关。因此，要使平均码长尽可能小，显然要合理搭配码字长度 $n_i(i=1, 2, \cdots, q)$ 和先验概率 $p(s_i)(i=1, 2, \cdots, q)$，因为不同的 $n_i(i=1, 2, \cdots, q)$ 与不同的 $p(s_i)(i=1, 2, \cdots, q)$ 的不同搭配，就可能有不同的平均码长。

例如，设信源空间为

$$\begin{bmatrix} S \\ P(S) \end{bmatrix} = \begin{bmatrix} s_1 & s_2 & s_3 & s_4 \\ \dfrac{1}{2} & \dfrac{1}{4} & \dfrac{1}{8} & \dfrac{1}{8} \end{bmatrix} \tag{5-5}$$

设输入符号集为 $X:\{0, 1\}$，可用后面霍夫曼编码方法得知 $n_1=1$，$n_2=2$，$n_3=n_4=3$，并且满足 Kraft 不等式，即

$$\sum_{i=1}^{q} r^{-n_i} = 2^{-1} + 2^{-2} + 2^{-3} + 2^{-3} = 1 \tag{5-6}$$

所以一定能构成至少一种即时码，如图 5-5 所示。

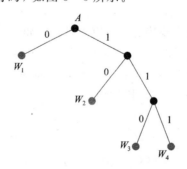

图 5-5 对应式（5-5）的即时码的编码

然而，从单义可译的角度出发，许用码字与信源符号之间的对应关系并没有任何限制条件和规定。但不同的对应关系（即搭配原则），就可有不同的平均码长。

例如，如果选择"概率大的信源符号对应短码，概率小的信源符号对应长码"的搭配原则，即

$$\begin{cases} s_1 & p(s_1) = \dfrac{1}{2} & W_1 = 0 & n_1 = 1 \\[2mm] s_2 & p(s_2) = \dfrac{1}{4} & W_2 = 10 & n_2 = 2 \\[2mm] s_3 & p(s_3) = \dfrac{1}{8} & W_3 = 110 & n_3 = 3 \\[2mm] s_4 & p(s_4) = \dfrac{1}{8} & W_4 = 111 & n_4 = 3 \end{cases} \tag{5-7}$$

则得平均码长为

$$\bar{n} = \frac{1}{2} \times 1 + \frac{1}{4} \times 2 + \frac{1}{8} \times 3 + \frac{1}{8} \times 3 = \frac{14}{8} \tag{5-8}$$

如果选择"概率大的信源符号对应长码，概率小的信源符号对应短码"的搭配原则，即

$$\begin{cases} s_1 & p(s_1) = \dfrac{1}{8} & W_1 = 0 & n_1 = 1 \\[2mm] s_2 & p(s_2) = \dfrac{1}{8} & W_2 = 10 & n_2 = 2 \\[2mm] s_3 & p(s_3) = \dfrac{1}{4} & W_3 = 110 & n_3 = 3 \\[2mm] s_4 & p(s_4) = \dfrac{1}{2} & W_4 = 111 & n_4 = 3 \end{cases} \tag{5-9}$$

则得平均码长为

$$\bar{n} = \frac{1}{8} \times 1 + \frac{1}{8} \times 2 + \frac{1}{4} \times 3 + \frac{1}{2} \times 3 = \frac{21}{8} \tag{5-10}$$

显然，前者远小后者。为获得比较小的平均码长，我们应该采用第一种搭配原则，即经常出现的信源符号尽量用短码表示，不经常出现的信源符号尽量用长码表示，从而合理而充分地利用信源的统计特性。

总之，平均码长涉及两个方面：第一个方面是码的结构，即 $q, r, n_i (i = 1, 2, \cdots, q)$；第二个方面涉及信源的统计特性 $p(s_i)(i = 1, 2, \cdots, q)$。只有同时考虑这两个方面，才能使得平均码长尽可能地短，码 $W: \{W_1, W_2, \cdots, W_q\}$ 的信息传输率

$$R = \frac{H(S)}{\bar{n}} = H(X) \tag{5-11}$$

才能充分地大，使得它与信道（用信道容量 C 表征）尽可能地匹配。

另一方面，平均码长是否能无限制地小？它是否有一个限度？下面我们不加证明地用平均码长界限定理来回答这个问题。

平均码长界限定理 5-2　若一个离散无记忆信源具有熵 $H(S)$，并有 r 个码输入符号集 $X: \{a_1, a_2, \cdots, a_r\}$，则总可以找到一种无失信源编码，构成单义可译码，使其平均码长满足

$$\frac{H(S)}{\log r} \leqslant \bar{n} \leqslant \frac{H(S)}{\log r} + 1 \tag{5-12}$$

5.3　无失真信源编码定理

由上一节的讨论知道，要进一步提高编码的有效性，必须挖掘信源本身的潜力。我们

发现，前面所证明的平均码长的界限定理，是对未扩展的离散无记忆信源而言的。如果我们考虑离散无记忆 N 次扩展信源的话，还可以进一步降低平均码长，这就是无失真信源编码定理，即香农第一定理。

无失真信源编码定理 5-3（香农第一定理） 设离散无记忆 N 次扩展信源 S^N，其熵为 $H(S^N)$，并设有码符号集 X: $\{a_1, a_2, \cdots, a_r\}$，对信源 S^N 进行编码，总可以找到一种方法，构成单义可译码，使信源中每个信源符号所需的平均码长 $\bar{n}$ 满足

$$\lim_{N \to \infty} \bar{n} = \frac{H(S)}{\log r} = H_r(S) \qquad (5-13)$$

证明 设离散无记忆 N 次扩展信源 S^N 的熵为 $H(S^N) = NH(S)$，扩展信源的平均码长为 $\bar{n}_N$。根据式(5-12)，在构成单义可译码的条件下，得离散无记忆 N 次扩展信源 S^N 与扩展信源的平均码长 $\bar{n}_N$ 之间的关系为

$$\frac{H(S^N)}{\log r} \leqslant \bar{n}_N \leqslant \frac{H(S^N)}{\log r} + 1 \qquad (5-14)$$

而无扩展信源 S 的平均码长 $\bar{n}$ 及熵与 N 次扩展信源 S^N 的平均码长 $\bar{n}_N$ 及熵的关系为

$$\begin{cases} \bar{n} = \dfrac{\bar{n}_N}{N} \\[2mm] H(S) = \dfrac{H(S^N)}{N} \end{cases} \qquad (5-15)$$

将式(5-15)代入式(5-14)，得

$$\frac{NH(S)}{\log r} \leqslant N\bar{n} \leqslant \frac{NH(S)}{\log r} + 1 \to \frac{H(S)}{\log r} \leqslant \bar{n} \leqslant \frac{H(S)}{\log r} + \frac{1}{N} \qquad (5-16)$$

在上式中令 $N \to \infty$，并根据高等数学中取极限的两边夹法，便证明了式(5-13)成立。

注意到在一般情况下，信源的各个符号之间总是有记忆的，因此，有必要进一步讨论在离散有记忆 N 次扩展信源 $H(S_1 S_2 \cdots S_N)$ 这种更为一般情况下的无失真信源编码定理。

无失真信源编码定理 5-4 对于离散有记忆 N 次扩展信源 $H(S_1 S_2 \cdots S_N)$，总可以找到一种方法，构成单义可译码，使信源中每个信源符号所需的平均码长 $\bar{n}$ 满足

$$\lim_{N \to \infty} \bar{n} = H_\infty / \log r = H_\infty / H_0 \qquad (5-17)$$

证明 因为是离散有记忆 N 次扩展信源 $H(S_1 S_2 \cdots S_N)$，故在式(5-14)中，我们应当用 $H(S_1 S_2 \cdots S_N)$ 取代离散无记忆 N 次扩展信源 S^N，并且根据式(5-14)，得

$$\begin{cases} \dfrac{H(S^N)}{\log r} \leqslant \bar{n}_N \leqslant \dfrac{H(S^N)}{\log r} + 1 \to \\[3mm] \dfrac{H(S_1 S_2 \cdots S_N)}{\log r} \leqslant \bar{n}_N \leqslant \dfrac{H(S_1 S_2 \cdots S_N)}{\log r} + 1 \to \\[3mm] \dfrac{H(S_1 S_2 \cdots S_N)}{N \log r} \leqslant \dfrac{\bar{n}_N}{N} \leqslant \dfrac{H(S_1 S_2 \cdots S_N)}{N \log r} + \dfrac{1}{N} \to \\[3mm] \dfrac{H(S_1 S_2 \cdots S_N)}{N \log r} \leqslant \bar{n} \leqslant \dfrac{H(S_1 S_2 \cdots S_N)}{N \log r} + \dfrac{1}{N} \to \end{cases} \qquad (5-18)$$

式中

$$H_N = \frac{H(S_1 S_2 \cdots S_N)}{N} \qquad (5-19)$$

为平均符号熵。在式(5-18)和式(5-19)中，令 $N \to \infty$，得

$$H_\infty = \lim_{N\to\infty} H_N = \lim_{N\to\infty} \frac{H(S_1 S_2 \cdots S_N)}{N} = \lim_{N\to\infty} H(S_N / S_1 S_2 \cdots S_{N-1}) \tag{5-20}$$

根据高等数学中取极限的两边夹法,便证明了式(5-17)成立。

注意到式(5-17)的一个重要的物理意义是将平均码长与第 2 章中介绍过的信源的冗余度联系起来了。根据第 2 章中冗余度的公式

$$\eta = 1 - \frac{H_\infty}{H_0} \rightarrow \frac{H_\infty}{H_0} = 1 - \eta \tag{5-21}$$

得定理 5-4 的另一形式为

$$\lim_{N\to\infty} \bar{n} = \frac{H_\infty}{\log r} = \frac{H_\infty}{H_0} = 1 - \eta \tag{5-22}$$

上式便是平均码长的下限(下界)值。它说明,如果信源的记忆长度 N 越长,冗余度 η 就越大,平均码长 $\bar{n}$ 的下限(下界)值就越小,当记忆长度足够长,即 $N\to\infty$ 时,平均码长 $\bar{n}$ 的下限(下界)值就降到最小值 $\bar{n} = H_\infty / H_0$。

定理 5-5 如果要无差错地传输信源 S 的每一个信源符号,则信源 S 对应的单义可译码的每一个码符号所携带的平均信息量,即信息传输率 R

$$R = \frac{H(S)}{\bar{n}} = H(X) \tag{5-23}$$

不能超过信道的信道容量 C,即应满足 $R \leqslant C$。

证明 事实上,根据式(5-12),得

$$\bar{n} \geqslant \frac{H(S)}{\log r} \tag{5-24}$$

将其代入式(5-23),得

$$R = \frac{H(S)}{\bar{n}} \leqslant \frac{H(S)}{H(S)/\log r} = \log r \tag{5-25}$$

对于 r 个输入符号的离散无噪信道,其信道容量为 $C = \log r$,故 $R \leqslant C$ 成立。

这就是说,无失真信源编码的单义可译码的每一个码符号所携带的平均信息量,即信道的信息传输率 R 不能超过无噪离散信道的信道容量 C。否则,如果信息传输率 R 超过了信道容量 C,即 $R \geqslant C$,则要进行无差错的传输便是不可能的。

5.4 霍夫曼(Huffman)编码

无失真信源编码定理(即香农第一定理)是一个很重要的极限定理。该定理指出,可以通过编码,得到至少一种单义可译码,并能使码长达到下限值,使通信的信息传输率 R 趋近于信道容量 C。但怎样去构造这种码呢?1952 年,霍夫曼根据无失真信源编码定理(即香农第一定理),提出了一种编码方法,称之为霍夫曼编码。霍夫曼编码的步骤如下:

设信源空间为

$$\begin{bmatrix} S \\ P(S) \end{bmatrix} = \begin{bmatrix} s_1 & s_2 & \cdots & s_q \\ p(s_1) & p(s_2) & \cdots & p(s_q) \end{bmatrix}$$

并满足完备性。现用 r 个码的码符号集 X:$\{a_1, a_2, \cdots, a_r\}$ 对信源 S:$\{s_1, s_2, \cdots, s_q\}$ 进行编码。

（1）将 q 个信源符号按概率分布从大到小依递减次序排列 $p_1 \geqslant p_2 \geqslant \cdots \geqslant p_q$；

（2）将 r 个概率最小的信源符号合并成一个符号，从而得到只包含 $[(q-r)+1]$ 个符号的新信源，这个新信源称为第一次缩减信源；

（3）依次这样继续下去，直到信源最后只剩下 r 个符号为止；

（4）从最后一级缩减信源开始，向前返回，就得到了各个信源符号所对应的码符号序列，完成编码的全过程。

下面通过几个实例来详细说明这种编码方法。

例 5-1 已知概率按从大到小（如果不是，则按概率从大到小的次序重排即可，以后均按此方法处理）的信源空间为

$$\begin{bmatrix} S \\ P(S) \end{bmatrix} = \begin{bmatrix} s_1 & s_2 & s_3 & s_4 & s_5 & s_6 & s_7 & s_8 \\ 0.4 & 0.2 & 0.1 & 0.1 & 0.05 & 0.05 & 0.05 & 0.05 \end{bmatrix}$$

试用霍夫曼三元编码方法，通过增加一个概率为 0 的虚假符号，并将合并后的概率放在相同概率的最上面对其进行编码。

解 首先加入一个概率为 0 的码 s_9，然后按合并后的概率放在相同概率最上面的方法进行霍夫曼编码。在合并概率中按 0、1、2 的大小编号，编码结果如下：

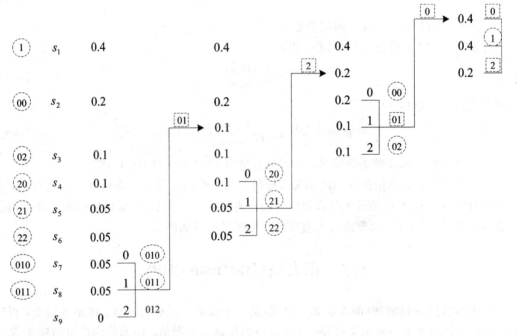

分析和讨论 在编码过程中，需要注意以下四点：

（1）图中每一行的两个符号"◯"内的数字应该是完全相同的，同理，图中每一行的两个符号"▢"内的数字也应该是完全相同的。

（2）按照第 2 章中信息熵连续性和扩展性的性质，概率为零的虚假符号的加入，并不影响原来信源信息熵的大小，因此，可任意加入若干个概率为零的虚假符号都不会影响原来信源信息熵的大小。

（3）增加概率为零的虚假符号的个数为多少的问题，通过试探法即可确定，具体做法

是，虚假符号的个数应尽量少，并且使得在最后一次合并时正好能全部合并完为准。

（4）概率为零的虚假符号应在最后舍弃，不用编码。

例 5 - 2　方法同例 5 - 1，试用霍夫曼三元编码方法，并且通过增加一个概率为 0 的虚假符号，将合并后的概率放在相同概率的最下面对其进行编码。

解　同理，加入概率为 0 的码 s_9，在合并概率中按 0、1、2 大小编号，编码结果如下：

0	s_1	0.4	0.4	0.4	0.4 $\begin{matrix}0\\1\\2\end{matrix}$	
2	s_2	0.2	0.2	0.2	0.4	
					0.2	
11	s_3	0.1	0.1	0.2　10		
12	s_4	0.1	0.1	0.1　11		
				0.1　12		
101	s_5	0.05	0.1　100			
102	s_6	0.05	0.05　101			
			0.05　102			
1000	s_7	0.05　1000				
1001	s_8	0.05　1001				
	s_9	0　1002				

分析和讨论　通过上面两例，我们得到以下两个重要结论：

（1）可以证明，上述两种方法编出的码长是相等的。例如，通过计算可得例 5 - 1 的平均码长为

$$\bar{n} = \sum_{i=1}^{8} p(s_i)n_i$$

$$= 0.4 \times 1 + 0.2 \times 2 + 0.1 \times 2 + 0.1 \times 2 + 0.05 \times 2 + 0.05 \times 2$$

$$\quad + 0.05 \times 3 + 0.05 \times 3$$

$$= 1.7$$

同理，计算可得例 5 - 2 的平均码长为

$$\bar{n} = \sum_{i=1}^{8} p(s_i)n_i$$

$$= 0.4 \times 1 + 0.2 \times 1 + 0.1 \times 2 + 0.1 \times 2 + 0.05 \times 3 + 0.05 \times 3$$

$$\quad + 0.05 \times 4 + 0.05 \times 4$$

$$= 1.7$$

显见这两种码的码长是相等的。

（2）比较上面两例可知，用第一种方法编出的码比用第二种方法编出的码的长度变化要小，计算可得第一种码的方差比第二种码的方差要小。因此，第一种方法要比第二种方法好。由此可见，合并后的概率应尽量放在相同概率的最上面。当然，合并后的概率如果

与原来信源中的所有概率都不相同，则不存在这个问题，因为霍夫曼的编码规则总是将概率由大到小排列，当合并后的概率与信源中的所有概率都不相同时，这种排列的结果是唯一的，不存在是放在最上面还是放在最下面的问题。下面两例进一步充分地说明了这个问题的重要性和正确性。

例 5 - 3 已知信源空间为

$$\begin{bmatrix} S \\ P(S) \end{bmatrix} = \begin{bmatrix} s_1 & s_2 & s_3 & s_4 & s_5 \\ 0.4 & 0.2 & 0.2 & 0.1 & 0.1 \end{bmatrix}$$

试用霍夫曼二元编码方法将合并后的概率放在相同概率的最上面对其进行编码。

解 按合并后的概率放在相同概率最上面的方法进行霍夫曼编码。在合并概率中按0、1的大小编号，编码结果如下：

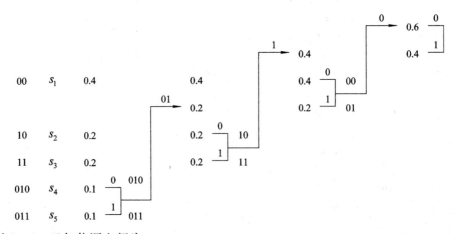

例 5 - 4 已知信源空间为

$$\begin{bmatrix} S \\ P(S) \end{bmatrix} = \begin{bmatrix} s_1 & s_2 & s_3 & s_4 & s_5 \\ 0.4 & 0.2 & 0.2 & 0.1 & 0.1 \end{bmatrix}$$

试用霍夫曼二元编码方法将合并后的概率放在相同概率的最下面对其进行编码。

解 按合并后的概率放在相同概率最下面的方法进行霍夫曼编码。在合并概率中按0、1的大小编号，编码结果如下：

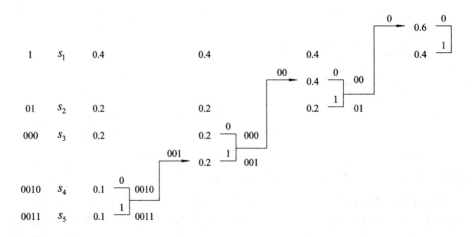

例 5 - 5　已知信源空间为

$$\begin{bmatrix} S \\ P(S) \end{bmatrix} = \begin{bmatrix} s_1 & s_2 & s_3 & s_4 & s_5 \\ 0.4 & 0.2 & 0.2 & 0.1 & 0.1 \end{bmatrix}$$

试按合并后的概率放在相同概率最上面的方法进行霍夫曼二元编码，并在合并概率中按照 1、0 的大小编号。

　　解　编码结果如下。其编码结果是例 5 - 3 结果的"0"和"1"的反号，其余不变。

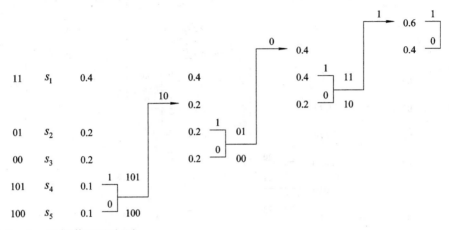

例 5 - 6　已知信源空间为

$$\begin{bmatrix} S \\ P(S) \end{bmatrix} = \begin{bmatrix} s_1 & s_2 & s_3 & s_4 & s_5 \\ 0.4 & 0.2 & 0.2 & 0.1 & 0.1 \end{bmatrix}$$

试按合并后的概率放在相同概率最下面的方法进行霍夫曼二元编码，并且在合并概率中按 1、0 的大小编号。

　　解　编码结果如下。其编码结果是例 5 - 4 结果的"0"和"1"的反号，其余不变。

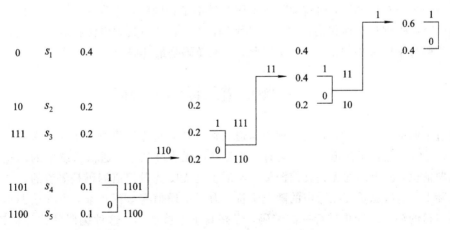

　　分析和讨论　通过上面的几个例子，可得出两个重要结论：

　　(1) 在合并概率中可按 0、1 或 1、0 两种大小次序来编号，但一旦选定了其中的一种次序，在以后的合并中这种次序就应该贯彻始终。

　　(2) 这两种编码在本质上没有任何区别，可把它们看做本质相同只是符号的形式不同的两种码，或者就把它们作为一种码看待。

例 5 - 7 已知信源空间为

$$\begin{bmatrix} S \\ P(S) \end{bmatrix} = \begin{bmatrix} s_1 & s_2 & s_3 & s_4 & s_5 & s_6 \\ 0.24 & 0.2 & 0.18 & 0.16 & 0.14 & 0.08 \end{bmatrix}$$

试按霍夫曼三元编码方法进行编码。

解 编码结果如下：

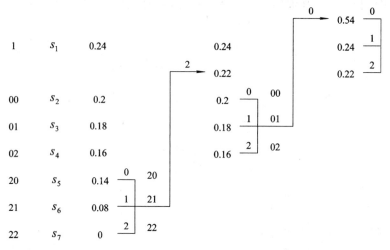

从上述七个例子中，我们可以看出霍夫曼码具有以下两个十分重要的特点：

（1）霍夫曼码的编码方法保证了概率大的信源符号对应于短码，概率小的符号对应于长码，并且所有短码得到了充分利用，这样就能有效地减小平均码长 $\bar{n}$。

（2）每次缩减信源的最后 r 个码字只是最后一个码符号不同，而前面各位码符号均相同。例如，在上面的例 5 - 7 中，"20"、"21"、"22"只是最后一个码符号不同，而前面的码符号是相同的，"00"、"01"、"02"也是如此。再如，在例 5 - 2 中，"1000"、"1001"、"1002"只是最后一个码符号不同，而前面的三个码符号都是相同的，等等。

这两个特点保证了所得的霍夫曼码的平均码长 $\bar{n}$，是用其它方法得到的单义可译码相应的平均码长中的最小的平均码长，因此，霍夫曼码是最佳码。

5.5   有噪信道的译码和编码

通过上面的讨论可知，我们必须用信道的输入符号集作为码符号集对信源符号进行编码，才能使信源适合于信道传输。同时，如要进行无失真通信，通信系统中的信道必须是无噪离散信道，故上面的无失真信源编码本质上与无噪离散信道编码是等价的。

实际上，信道总是存在噪声的随机干扰。为了使通信有效而可靠，可在信源编码器的输出与信道的输入之间再进行一次编码，提高其抗干扰能力。这种编码就称为信道编码。相对于前面的无失真信源编码而言，这种信道编码称为有噪信道编码，而对应的译码规则称为有噪信道译码。

为了搞清楚有关"信道编码"的问题，首先必须弄明白与其相反的问题，即"信道的译码规则和平均错译概率"。通信的一个基本特点是，信源符号经信道传输到达信道的输出端并不表示通信过程的终结，还要经过一个译码过程才能到达信宿，如图 5 - 6 所示。有没有译码过程，以及采取什么样的译码规则，对于通信系统的可靠性来说至关重要。

图 5-6　信道编码和信道译码

　　例如，有一个二进制对称信道，如图 5-7 所示。对于这个给定的信道来说，单个符号"0"或"1"的正确传递概率已确定为 $\bar{p}=1/4$，错误传递概率已确定为 $p=3/4$。就其本身来说不存在什么译码问题，它只是一个信道的传输问题。

这就是说，在没有译码过程的情况下，正确传递的概率和错误传递的概率已由信道本身的统计特性所决定。如当信道输出端收到了符号"0"时，我们就把它译成"0"，收到符号"1"时，就译成"1"，则正确译码的概率只有 1/4，而错误译码的概率则为 3/4。反之，如果我们采用另一种译码规则，当输出端收到了符号"0"，我们将其译成

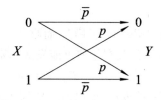

图 5-7　二进制对称信道

"1"，收到"1"时，将其译成"0"，则正确译码的概率为 3/4，而错误译码的概率则降为 1/4，这时的通信可靠性就有了明显的改善。

　　虽然上面这个例子十分简单，但它阐明了一个十分重要的问题，即当信道的统计特性确定后，采取不同的译码规则对通信的可靠性会产生很大的影响。因此，我们必须深入地讨论译码规则与通信可靠性之间的关系。

5.5.1　译码规则

　　设有如图 5-8 所示的有噪离散信道，输入符号集为 $X:\{a_1, a_2, \cdots, a_r\}$，输出符号集为 $Y:\{b_1, b_2, \cdots, b_s\}$，信道的传递概率为 $P(Y|X):P(b_j|a_i)(i=1, 2, \cdots, r; j=1, 2, \cdots, s)$。由于噪声干扰，输入某一符号 $a_i(i=1, 2, \cdots, r)$，输出一般是 $a_i(i=1, 2, \cdots, r)$ 的变型 $b_j(j=1, 2, \cdots, s)$。

　　为了达到通信的目的，人们总是根据一定的判决规则，设计一个函数 $F(b_j)$，它对于每一个输出符号 b_j 来确定一个唯一的输入符号 a_i 与其对应（单值函数），即

$$F(b_j) = a_i(i = 1, 2, \cdots, r; j = 1, 2, \cdots, s)$$

$$(5-26)$$

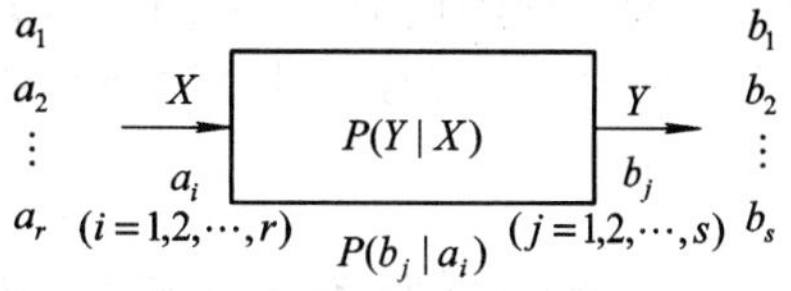

图 5-8　有噪离散信道

这个函数称为译码函数。根据这个译码函数，当收到输出符号 $b_j(j=1, 2, \cdots, s)$ 后，一定会译成与其对应的输入符号 $a_i(i=1, 2, \cdots, r)$。因为输出符号集 $Y:\{b_1, b_2, \cdots, b_s\}$ 中有 s 种不同的符号 $b_j(j=1, 2, \cdots, s)$，所以由 s 个译码函数值组成一个组，成为一个译码规则。又因为 s 个输出符号中的每一个都可以译成 r 个输入符号中的任何一个，所以共有 r^s 种不同的译码规则可供选择。

　　例 5-8　设有一个二进制对称信道，如图 5-7 所示。其中 $\bar{p}+p=1$。对于这样的一个信道来说，共有 $r^s=2^2=4$ 种译码规则可供选择：

$$A: \begin{cases} F(0) = 0 \\ F(1) = 0 \end{cases} \quad B: \begin{cases} F(0) = 0 \\ F(1) = 1 \end{cases} \quad C: \begin{cases} F(0) = 1 \\ F(1) = 0 \end{cases} \quad D: \begin{cases} F(0) = 1 \\ F(1) = 1 \end{cases} \quad (5-27)$$

5.5.2 平均错误译码概率

在确定译码规则后，当收到某一输出符号 $b_j (j=1, 2, \cdots, s)$ 后，则按事先规定好的译码规则译成 $F(b_j) = a_i (i=1, 2, \cdots, r; j=1, 2, \cdots, s)$。这时，如发送端正好发送的就是 a_i，则就是正确译码；如发送端发送的不是 a_i，就造成错误译码。所以，收到 $b_j (j=1, 2, \cdots, s)$ 的正确译码概率 P_{rj} 就是接收端收到 b_j 的前提下，推测发送端发送 a_i 的后验概率，即

$$P_{rj} = P\{(F(b_j) = a_i) \mid b_j\} \quad (5-28)$$

其中"r"表示"正确"。而收到 b_j 后错误译码概率 P_{ej} 就是收到 b_j 的前提下，推测发送端发送 a_i 以外的其它任何可能发送的别的符号 e 的后验概率，即

$$P_{ej} = P(e \mid b_j) = 1 - P_{rj} = 1 - P\{(F(b_j) = a_i) \mid b_j\} \quad (5-29)$$

其中"e"表示"错误的符号"，它代表除 $F(b_j) = a_i$ 之外的所有可能的输入符号的集合。

由式(5-28)可知，输出端收到一个 Y 符号后的平均正确译码概率 P_r 就应该是收到 b_j 后的正确译码概率 P_{rj} 的统计平均值，即

$$P_r = \sum_{j=1}^{s} P(b_j) P_{rj} = \sum_{j=1}^{s} P(b_j) P\{(F(b_j) = a_i) \mid b_j\} \quad (5-30)$$

同理，由式(5-29)，得错误译码概率 P_{ej} 的统计平均值为

$$P_e = \sum_{j=1}^{s} P(b_j) P_{ej} = \sum_{j=1}^{s} P(b_j) P(e \mid b_j)$$

$$= \sum_{j=1}^{s} P(b_j) [1 - P\{(F(b_j) = a_i) \mid b_j\}] \quad (5-31)$$

同讨论通信的有效性一样，在讨论通信的可靠性时，我们也必须有一个衡量可靠性的标准，这就是上面的式(5-30)和式(5-31)。我们采用平均错误译码概率 P_e 作为衡量通信可靠性的标准，当然希望 P_e 越小越好。

通信可靠性标准式(5-31)表明，当信道给定后(即信道统计特性确定后)，译码规则可对平均错误译码概率 P_e 产生很大的影响。而译码规则是人们可以根据一定的准则予以选择的。所以，选择合适的译码规则就成为降低平均错误译码概率，提高通信可靠性的一种重要控制手段。

5.5.3 最大后验概率译码准则

如何选择择码规则 $F(b_j) = a_i (i=1, 2, \cdots, r; j=1, 2, \cdots, s)$，使平均错误译码概率 P_e 达到最小值呢？

根据式(5-31)可知，平均错误译码概率 P_e 与输出端随机变量 Y 的概率分布 $P(b_j)$ $(j=1, 2, \cdots, s)$ 以及人们选择的译码规则 $F(b_j) = a_i (i=1, 2, \cdots, r; j=1, 2, \cdots, s)$ 有关。但当信道给定后，接入一定统计特性的信源时，则随机变量 Y 的概率分布 $P(b_j)$ $(j=1, 2, \cdots, s)$ 也就确定了，这是人们无法控制的因素。因此，要使 P_e 达到最小，人们所能控制的因素就是选择合适的译码规则 $F(b_j) = a_i (i=1, 2, \cdots, r; j=1, 2, \cdots, s)$，使 P_e 达到最小。故只要选择译码规则 $F(b_j) = a_i$ 使式(5-31)中的每一项 $P\{(F(b_j) = a_i) \mid b_j\}$ 达到最

大即可。这样，我们就导出了一个非常重要的选择译码规则的方法。

设信源空间为

$$\begin{bmatrix} X \\ P(X) \end{bmatrix} = \begin{bmatrix} a_1 & a_2 & \cdots & a_r \\ P(a_1) & P(a_2) & \cdots & P(a_r) \end{bmatrix}$$

信道的信道矩阵为

$$[P(Y \mid X)] = \begin{matrix} & \begin{matrix} b_1 & b_2 & \cdots & b_s \end{matrix} \\ \begin{matrix} a_1 \\ a_2 \\ \vdots \\ a_r \end{matrix} & \begin{bmatrix} P(b_1 \mid a_1) & P(b_2 \mid a_1) & \cdots & P(b_s \mid a_1) \\ P(b_1 \mid a_2) & P(b_2 \mid a_2) & \cdots & P(b_s \mid a_2) \\ \vdots & \vdots & \vdots & \vdots \\ P(b_1 \mid a_r) & P(b_2 \mid a_2) & \cdots & P(b_s \mid a_r) \end{bmatrix} \end{matrix}$$

则信道输出端收到 $b_j (j=1, 2, \cdots, s)$ 后推测信源发 $a_i (i=1, 2, \cdots, r)$ 的后验概率为 $P(a_i \mid b_j)$。如果 $P(a^* \mid b_j)$ 是这 r 个后验概率中的最大者，收到符号 $b_j (j=1, 2, \cdots, s)$ 后就译成 a^*，即选择译码函数为 $F(b_j) = a^* (j=1, 2, \cdots, s)$，则这个选择译码规则称为最大后验概率准则。这个准则能使得平均错误概率 P_e 达到最小，即

$$P_{e, \min} = \sum_{j=1}^{s} P(b_j)[1 - P\{(F(b_j) = a^*) \mid b_j\}]$$

$$= \sum_{j=1}^{s} P(b_j)[1 - P(a^* \mid b_j)]$$

$$= \sum_{j=1}^{s} P(b_j) - \sum_{j=1}^{s} P(b_j) P(a^* \mid b_j) \tag{5-32}$$

5.5.4　最大似然译码准则

根据式(5-32)，采用最大后验概率准则必须比较 r 个后验概率的大小。但信道的统计特性一般都是由前向概率 $P(Y \mid X)$：$P(b_j \mid a_i) (i=1, 2, \cdots, r; j=1, 2, \cdots, s)$ 来表示，要采用最大后验概率准则，首先要把信道的前向概率和信源的概率换算成后验概率，这显然是不方便的也是不必要的，如能用信道的前向概率表示最大后验概率准则，就比较方便。

为此，我们只需根据贝叶斯公式

$$\begin{cases} P(a^* \mid b_j) = \dfrac{P(a^*) P(b_j \mid a^*)}{P(b_j)} \\ P(a_i \mid b_j) = \dfrac{P(a_i) P(b_j \mid a_i)}{P(b_j)} \end{cases} \tag{5-33}$$

便得到

$$P(a^*) P(b_j \mid a^*) > P(a_i) P(b_j \mid a_i) \rightarrow P(a^* \mid b_j) > P(a_i \mid b_j) \tag{5-34}$$

根据式(5-32)，当式(5-34)成立时，能使得平均错误概率 P_e 达到最小值。因此，我们可进一步将式(5-32)改写为如下形式：

$$P_{e, \min} = \sum_{i=1}^{r} \sum_{j=1}^{s} P(a_i b_j) - \sum_{j=1}^{s} P(a^* b_j) = \sum_{\substack{i=1 \\ i \neq *}}^{r} \sum_{j=1}^{s} P(a_i b_j)$$

$$= \sum_{\substack{i=1 \\ i \neq *}}^{r} \sum_{j=1}^{s} P(b_j \mid a_i) P(a_i) \tag{5-35}$$

当信源为等概分布 $P(a_1)=P(a_2)=\cdots=P(a_r)=1/r$ 时，根据式(5-35)，得

$$P_{e,\min}=\frac{1}{r}\sum_{\substack{i=1\\i\neq *}}^{r}\sum_{j=1}^{s}P(b_j\mid a_i)$$

$$=\frac{1}{r}\sum_{\substack{i=1\\i\neq *}}^{r}P(b_1\mid a_i)P(a_i)+\frac{1}{r}\sum_{\substack{i=1\\i\neq *}}^{r}P(b_2\mid a_i)P(a_i)+\cdots+\frac{1}{r}\sum_{\substack{i=1\\i\neq *}}^{r}P(b_s\mid a_i)P(a_i)$$

$$=\frac{第1列中除 P(b_1\mid a^*) 外的所有元素之和}{r}$$

$$+\frac{第2列中除 P(b_2\mid a^*) 外的所有元素之和}{r}$$

$$+\cdots$$

$$+\frac{第s列中除 P(b_s\mid a^*) 外的所有元素之和}{r} \tag{5-36}$$

例 5-9 设有某信道，其信道矩阵为

$$[P(Y\mid X)]=\begin{array}{c}\\a_1\\a_2\\a_3\end{array}\begin{array}{ccc}b_1&b_2&b_3\\\left[\begin{array}{ccc}0.5&0.3&0.2\\0.2&0.3&0.5\\0.3&0.3&0.4\end{array}\right]\end{array}$$

若 $P(a_1)=P(a_2)=P(a_3)=1/3$ 等概，试选择译码规则，使平均错误译码概率达到最小，并且计算出 $P_{e,\min}$ 值的大小。

解 因为输入符号等概，故可采用最大似然准则来选择译码规则。显然，第一列的译码规则为 $F(b_1)=a_1$；第三列的译码规则为 $F(b_3)=a_2$；至于第二列，由于该列中的每个元素都相等，故只需任意选择其中一个即可，但由于信道的输入和输出符号数相等，为了能够满足每一种符号都对应着一种译码规则，在这里应选定为 $F(b_2)=a_3$。根据式(5-36)，得

$$P_{e,\min}=\frac{1}{r}\sum_{\substack{i=1\\i\neq *}}^{r}\sum_{j=1}^{s}P(b_j\mid a_i)=\frac{1}{r}\sum_{\substack{i=1\\i\neq *}}^{r}P(b_1\mid a_i)P(a_i)+\frac{1}{r}\sum_{\substack{i=1\\i\neq *}}^{r}P(b_2\mid a_i)P(a_i)+\cdots$$

$$+\frac{1}{r}\sum_{\substack{i=1\\i\neq *}}^{r}P(b_s\mid a_i)P(a_i)$$

$$=\frac{第1列中除 P(b_1\mid a^*) 外的所有元素之和}{r}$$

$$+\frac{第2列中除 P(b_2\mid a^*) 外的所有元素之和}{r}$$

$$+\cdots$$

$$+\frac{第s列中除 P(b_s\mid a^*) 外的所有元素之和}{r}$$

$$=\frac{1}{3}\times\{(0.2+0.3)+(0.3+0.3)+(0.2+0.4)\}=0.5667$$

5.5.5　信道编码与最小平均错误译码概率

通过前面的讨论我们知道，对于给定的信道来说，在信道输入符号的概率分布一定的情况下，我们可以通过选择不同的译码规则得到不同的平均错误译码概率。例如，在输入符号先验等概时，采用最大后验概率准则或采用最大似然准则的译码方法，可使平均错误译码概率达到最小值。在例 5 - 9 中，我们得知其最小错误译码概率为 0.57，这就是说，在传递 100 个符号中有 57 个符号要发生错误，这显然是不符合通信的实际要求的。再如，对于二进制对称信道来说，在图 5 - 7 中，设 $\bar{p} = 0.99$，$p = 0.01$，在输入符号"0"和"1"等概的情况下，采用最大似然准则来译码，得 $F(0) = 0$，$F(1) = 1$，最小平均错误译码概率为

$$P_{e,\ \min} = 0.5 \times (0.01 + 0.01) = 10^{-2}$$

这表明，从平均的意义上来说，每传递 100 个符号就有一个符号要发生错误译码。而对于一般的通信系统来说，这个平均错误译码概率已经太大了，不符合通信可靠性的要求。一般要求通信系统的平均错误译码概率为 $10^{-6} \sim 10^{-9}$，有的甚至要求更低的平均错误译码概率。

前面已指出，采用最大后验概率准则或最大似然准则已经使错误译码概率达到最小，要继续减小错误译码概率，必须在该准则的前提下，对信道的输入符号进行某种形式的编码，以促使信道统计特性的分布发生某种变化，从而降低最小平均错误译码概率。

在本节中，我们通过一种编码的方法来说明这个问题。这种编码方法称为简单的重复编码，即把输入消息重复几遍，就可以大大减小其错误译码概率，提高通信的可靠性。我们以二进制对称信道为例来说明这个问题。二进制的输入符号有"0"和"1"，将它们重复三次，获得一种简单的重复编码。这时输入信道的两个符号就变成了"000"和"111"。这实际上就是我们在第 2 章介绍过的二元信源 $X : \{0, 1\}$ 的三次扩展信源，在 $2^3 = 8$ 种符号中选取了其中的 $\alpha_1 = 000$ 和 $\alpha_2 = 111$ 作为信道的输入符号，而输出端则共有 8 种不同的符号 $\beta_1 = 000$，$\beta_2 = 001$，$\beta_3 = 010$，$\beta_4 = 011$，$\beta_5 = 100$，$\beta_6 = 101$，$\beta_7 = 110$，$\beta_8 = 111$。通过这种重复编码后，所得到的前向信道矩阵为

$$[P(Y \mid X)] = \begin{array}{c} \\ \alpha_1 \\ \alpha_2 \end{array} \begin{array}{cccccccc} \beta_1 & \beta_2 & \beta_3 & \beta_4 & \beta_5 & \beta_6 & \beta_7 & \beta_8 \\ \left[\begin{array}{cccccccc} P(\beta_1 \mid \alpha_1) & P(\beta_2 \mid \alpha_1) & P(\beta_3 \mid \alpha_1) & P(\beta_4 \mid \alpha_1) & P(\beta_5 \mid \alpha_1) & P(\beta_6 \mid \alpha_1) & P(\beta_7 \mid \alpha_1) & P(\beta_8 \mid \alpha_1) \\ P(\beta_1 \mid \alpha_2) & P(\beta_2 \mid \alpha_2) & P(\beta_3 \mid \alpha_2) & P(\beta_4 \mid \alpha_2) & P(\beta_5 \mid \alpha_2) & P(\beta_6 \mid \alpha_2) & P(\beta_7 \mid \alpha_2) & P(\beta_8 \mid \alpha_2) \end{array} \right] \end{array}$$

$$(5 - 37)$$

在各个符号无记忆的情况下，有

$$P(\beta_1 \mid \alpha_1) = P(0 \mid 0)P(0 \mid 0)P(0 \mid 0) = \bar{p}^3$$

$$P(\beta_2 \mid \alpha_1) = P(0 \mid 0)P(0 \mid 0)P(1 \mid 0) = \bar{p}^2 p$$

$$P(\beta_3 \mid \alpha_1) = P(0 \mid 0)P(1 \mid 0)P(0 \mid 0) = \bar{p}^2 p$$

$$P(\beta_4 \mid \alpha_1) = P(0 \mid 0)P(1 \mid 0)P(1 \mid 0) = \bar{p} p^2$$

$$P(\beta_5 \mid \alpha_1) = P(1 \mid 0)P(0 \mid 0)P(0 \mid 0) = \bar{p}^2 p$$

$$P(\beta_6 \mid \alpha_1) = P(1 \mid 0)P(0 \mid 0)P(1 \mid 0) = \bar{p} p^2$$

$$P(\beta_7 \mid \alpha_1) = P(1 \mid 0)P(1 \mid 0)P(0 \mid 0) = \bar{p} p^2$$

$$P(\beta_8 \mid \alpha_1) = P(1 \mid 0)P(1 \mid 0)P(1 \mid 0) = p^3$$

$$P(\beta_1 \mid \alpha_2) = P(0 \mid 1)P(0 \mid 1)P(0 \mid 1) = p^3$$

$$P(\beta_2 \mid \alpha_2) = P(0 \mid 1)P(0 \mid 1)P(1 \mid 1) = \overline{p}p^2$$

$$P(\beta_3 \mid \alpha_2) = P(0 \mid 1)P(1 \mid 1)P(0 \mid 1) = \overline{p}p^2$$

$$P(\beta_4 \mid \alpha_2) = P(0 \mid 1)P(1 \mid 1)P(1 \mid 1) = \overline{p}^2 p$$

$$P(\beta_5 \mid \alpha_2) = P(1 \mid 1)P(0 \mid 1)P(0 \mid 1) = \overline{p}p^2$$

$$P(\beta_6 \mid \alpha_2) = P(1 \mid 1)P(0 \mid 1)P(1 \mid 1) = \overline{p}^2 p$$

$$P(\beta_7 \mid \alpha_2) = P(1 \mid 1)P(1 \mid 1)P(0 \mid 1) = \overline{p}^2 p$$

$$P(\beta_8 \mid \alpha_2) = P(1 \mid 1)P(1 \mid 1)P(1 \mid 1) = \overline{p}^3$$

将计算结果代入式(5-37)，得

$$[P(\boldsymbol{Y} \mid \boldsymbol{X})] = \begin{array}{c} \\ \alpha_1 \\ \alpha_2 \end{array} \begin{bmatrix} \beta_1 & \beta_2 & \beta_3 & \beta_4 & \beta_5 & \beta_6 & \beta_7 & \beta_8 \\ \overline{p}^3 & \overline{p}^2 p & \overline{p}^2 p & \overline{p}p^2 & \overline{p}^2 p & \overline{p}p^2 & \overline{p}p^2 & p^3 \\ p^3 & \overline{p}p^2 & \overline{p}p^2 & \overline{p}^2 p & \overline{p}p^2 & \overline{p}^2 p & \overline{p}^2 p & \overline{p}^3 \end{bmatrix}$$

假设信道参数为 $\overline{p}=0.99$，$p=0.01$，在信道输入等概的情况下，我们对每一列采用最大似然准则，即选择每一列中元素的最大者来对应一个译码规则，又因为输入和输出的数量不相等，即两个输入和八个输出。因此，四个译码规则对应一个输入符号，即

$$\begin{cases} F(\beta_1) = F(\beta_2) = F(\beta_3) = F(\beta_5) = \alpha_1 \\ F(\beta_4) = F(\beta_6) = F(\beta_7) = F(\beta_8) = \alpha_2 \end{cases} \tag{5-38}$$

得最小平均错误译码概率为

$$P_{e, \min} = \frac{1}{2} \times \{ p^3 + \overline{p}p^2 + \overline{p}p^2 + \overline{p}p^2 + \overline{p}p^2 + \overline{p}p^2 + \overline{p}p^2 + p^3 \} \approx 3 \times 10^{-4}$$

显然，经过这种重复编码以后的最小平均错误译码概率比原来不重复的情况要降低两个数量。但为什么经过简单的重复编码之后就能降低误码率呢？我们发现，通过对这种简单重复码的研究，可得到一般情况下有关"信道编码"的两个普适结论：

(1) 经过信道编码之后，改变了原来信道的统计特性。也就是说，通过信道编码来改变原来信道前向概率 $P(Y|X)$ 的统计特性，而这种改变又能朝着降低平均错误译码概率的方向使信道的统计特性作重新分布。因此，当用最大似然规则进行译码时，就能大大降低最小平均错误译码的概率。

(2) 根据译码规则式(5-37)，我们可以利用最大似然准则进行译码，将其中的四个码 β_1、β_2、β_3、β_5 都译成 $\alpha_1=000$，这意味着，由于噪声的干扰，使输入的码 $\alpha_1=000$ 到达接收端后，它的任何一位码符号如果由"0"错成"1"，而其它两位的"0"未受干扰而正确传递时，在接收端成为了 $\alpha_1=000$ 的变形码 β_2、β_3、β_5，这些变形码都被正确地译成 $\alpha_1=000$。同理，也能将其中的另外四个码 β_4、β_6、β_7、β_8 都译成 $\alpha_2=111$，这意味着，如果噪声干扰使得输入的 $\alpha_2=111$ 中的任何一位码符号由"1"错成"0"，而其它两位的"1"未受干扰而正确传递时，在接收端成为了 $\alpha_2=111$ 的变形码 β_4、β_6、β_7，这些变形码都能正确地译成 $\alpha_2=111$，表明这种简单重复编码可自动纠正一位码元发生的错误，降低了最小平均错误译码概率。

5.5.6 有噪离散信道编码定理

定理 5-6(香农第二定理) 设某信道有 r 个输入符号、s 个输出符号，该信道的信道

容量为 C。当信道的信息传输率满足 $R < C$，则只要码长足够长，总可以在输入的集合（即含有 r^N 个长度为 N 的码符号序列）中找到 $M(M \leqslant 2^{N(C-\varepsilon)}$，$\varepsilon$ 为任意小的正数）个码字，分别代表 M 个等可能的消息，组成一个码以及相应的译码规则，使信道输出端的最小平均错误译码概率 $P_{e, \min}$ 达到任意小。

这个定理告诉我们，只要信道信息传输率 R 不超过信道容量 C，则总可以找到一种编码，一方面使最小平均错误译码概率 $P_{e, \min}$ 任意小，另一方面又能使信道的信息传输率 R 无限接近信道容量 C，从而使得通信在有效性和可靠性两个方面的性能达到最优化。

习 题 5

5-1　设信源空间为

$$\begin{bmatrix} S \\ P(S) \end{bmatrix} = \begin{bmatrix} s_1 & s_2 & s_3 & s_4 & s_5 & s_6 & s_7 & s_8 \\ 0.3 & 0.2 & 0.2 & 0.1 & 0.05 & 0.05 & 0.05 & 0.05 \end{bmatrix}$$

试用 $\{0，1，2\}$ 三元霍夫曼编码方法对其进行编码，并计算其平均码长。

5-2　设信源空间与习题 5-1 相同，试用 $\{0，1，2，3\}$ 四元霍夫曼编码方法进行编码，并计算其平均码长。

5-3　已知信道矩阵为

$$[P(Y \mid X)] = \begin{matrix} a_1 \\ a_2 \\ a_3 \end{matrix} \begin{matrix} b_1 & b_2 & b_3 \end{matrix} \begin{bmatrix} \dfrac{1}{2} & \dfrac{1}{3} & \dfrac{1}{6} \\ \dfrac{1}{6} & \dfrac{1}{2} & \dfrac{1}{3} \\ \dfrac{1}{3} & \dfrac{1}{6} & \dfrac{1}{2} \end{bmatrix}$$

若信道的输入符号先验等概，请选择译码规则，使平均错误译码概率达到最小，并在此基础上计算出 $P_{e, \min}$ 值的大小。

5-4　已知信道矩阵与习题 5-3 相同，若信道的输入符号先验等概，将输入符号重复两次，请选择译码规则，使平均错误译码概率达到最小，并计算出 $P_{e, \min}$ 值的大小。

第 6 章　保密通信的基本概念与方法

本章将对密码体制的分类、现代密码体制的数学理论、密码破译以及 Shannon 保密理论等进行初步介绍。

6.1　密　码　体　制

在介绍密码学的数学理论之前，我们先来介绍一下密码体制。密码体制是指设计一套加密运算和解密运算，使得明文加密密钥经过加密运算能得到密文，密文与解密密钥经过解密运算能得到明文。密码体制的分类方法很多，通常人们习惯于从以下几个角度对密码体制进行划分。

6.1.1　换位与代替密码体制

在加密/解密过程中，根据信息元素的位置和形态是否发生变化，可将密码体制分为换位密码体制和代替密码体制。

1. 换位密码体制

在加密/解密过程中，信息元素只有位置上的变化，而形态不变，此种密码体制称为换位密码体制。换位密码体制的优点是，可以打破明文消息中的某些固定结构模式，使来自明文或密钥的信息充分扩散到密文中，达到信息扩散的目的。但由于信息元素的形态在加密/解密过程中没有变化，因此使得各信息元素出现的频率在明文和密文中相同。密码分析者通过对密文的统计分析就可能得到相应明文的有关信息，甚至全部明文。

2. 代替密码体制

在加密/解密过程中，信息元素之间的位置排列关系没有发生变化，而是形态发生了变化，此种密码体制称为代替密码体制。代替密码体制的优点是，可以使明文和密钥的信息混杂在一起，使人很难确定明文和密钥是如何变成密文的。

6.1.2　序列与分组密码体制

在加密/解密过程中，根据密码算法对明文信息处理的单位长度及运算方式的不同，可将密码体制分为序列密码体制和分组密码体制。

1. 序列密码体制

序列密码体制是指将明文序列 P 与密钥序列 K 按照序列的基本单位进行 bit 对 bit 的运算（如模二运算等）而形成密文的一种密码体制。对于一个序列密码，如果密钥序列每隔

$n(n$ 为正整数)个 bit 以后重复，就称之为周期序列密码；反之，若密钥不重复，则称之为非周期序列密码。

序列密码体制的特点是，加密及解密算法非常简单，只是将明文序列与密钥序列进行 bit 对 bit 的运算。密钥是随机的、不重复的，序列密码体制的核心是密钥序列生成算法的设计，即保密的核心是密钥序列生成的方法。

2. 分组密码体制

分组密码体制是指将明文序列 P 按 n bit 长度进行分组(最后一个分组不够长度时，要填充为一个完整的分组)，所有的分组在相同的密钥控制下分别进行加密变换而产生密文的一种密码体制。

分组密码体制的特点是，加密(或解密)算法非常复杂，它是分组密码体制的核心，也就是说，分组密码体制的关键是设计一个复杂而又高效的加密(或解密)算法。密钥是相对固定的，对每一个分组的加密都使用固定长度、固定内容的密钥。

6.1.3　对称与非对称密钥密码体制

在加密与解密过程中，根据密码算法所使用的加密密钥和解密密钥是否相同、能否由加密密钥推导出解密密钥(或者由解密密钥推导出加密密钥)，可将密码体制分为对称密钥密码体制和非对称密钥密码体制。

1. 对称密钥密码体制

对称密钥密码体制又称为单密钥密码体制或秘密密钥体制。如果一个密码体制的加密密钥和解密密钥相同，或者虽然不同，但是由其中的任意一个可以很容易地推导出另一个，则该密码体制便称为对称密钥密码体制。如古典密码体制均属于对称密钥密码体制。序列密码以及分组密码也都属于对称密钥密码体制。对称密钥密码体制的典型代表是数据加密标准 DES 和高级数据加密标准 AES。

2. 非对称密钥密码体制

非对称密钥密码体制又称为双密钥密码体制或公开密钥密码体制。如果一个密码体制的加密/解密操作分别使用两个不同的密钥，并且不可能由加密密钥推导出解密密钥(或不可能由解密密钥推导出加密密钥)，则该密码体制便称为非对称密钥密码体制。采用非对称密钥密码体制的每个用户都有一对相互关联而又彼此不同的密钥，使用其中的一个密钥加密的数据，不能使用该项密钥自身进行解密，而只能使用对应的另外一个密钥进行解密。在这一对密钥中，其中有一个密钥称为公钥，它可公开并通过公开的信道发给任何一位想与自己通信的另一方。另一个密钥则必须由自己秘密保存，称为私钥，用于解密由公钥加密的信息。非对称密钥密码体制的典型代表是 RSA 公钥密码体制。

非对称密钥密码体制的出现是现代密码学研究的一项重大突破，它的主要优点是可以适应开放性的网络环境，密钥分发及管理问题相对简单，可以方便、安全地实现加密、数字签名和身份认证。

6.2　保密通信的数学理论

随着科技的进步和社会的发展，现代密码学越来越多地涉及数学、物理等领域。例如，对称密钥密码体制中的 DES、AES 等频繁地用到数学领域中的置换、移位、模加、模减等运算；公钥密码体制中的 RSA、EIGamal、ECC 等更多地用到有限域、因子分解、离散对数、椭圆曲线离散对数等知识。归纳起来，现代密码学涉及的数学理论主要有数论、信息论和复杂度理论等。

6.2.1 数论

顾名思义，数论是研究数的一门理论，它是研究整数性质的一个数学分支。与几何学一样，数论既是最古老的数学分支，又是古往今来比较活跃的数学研究领域。在密码学中，数论更多地用于密码算法设计，尤其是 20 世纪 70 年代公钥密码体制的问世，进一步促进了数论在密码编码领域的应用和拓展。下面简要介绍在密码研究中所涉及的几个基本概念。

1. 素数

在上小学的时候，我们就学过合数和素数的概念。下面给素数下一个具体的定义：一个大于 1 的整数，如果它的正因子只有 1 和它本身，这个数就称为素数（或质数），否则就称为合数。比如 2，3，5，7，11 等都是素数，而 4，6，8，9 等就是合数。素数的个数是无限的，在公开密钥密码体制中为了安全起见必须使用大素数（如 1024 bit 的素数甚至更长）。

素数、合数再加上 1 就构成了所有的正整数。

在数论中还有一个重要的概念——互素。互素是指任意两个正整数 a 和 b，当它们除了 1 之外没有其它的公因子，即 a 和 b 的最大公因子为 1，记为 $\gcd(a, b)=1$，则称 a 和 b 互素。

例如，15 和 28 互素，因为 $\gcd(15, 28)=1$；而 15 和 27 不互素，因为 $\gcd(15, 27)=3$。

2. 模运算

我们知道，在整数范围内，任意两个整数之和、之差、之积都还是整数，但是整数除以整数却不一定是整数，比如素数与素数相除。也可以换一种说法，对任意的两个整数 a 和 b（$a>b$），很有可能 b 就不是 a 的因子，即 $a=bq+r(r\neq 0)$，r 是 a 除以 b 的余数，a 与 b 的关系也可以表示为

$$a = bq + r \rightarrow \begin{cases} a = r(\bmod b) \\ r = a(\bmod b) \end{cases} \qquad (6-1)$$

上述几种记法的意思都是一样的，都表示所谓的模运算。

在密码学特别是公钥密码体制中，往往需要求解模逆元。那么，什么是模逆元呢？

求模逆元，即寻找一个 x，使得

$$a \times x \equiv 1(\bmod n) \quad \text{或者} \quad 1 \equiv a \times x(\bmod n) \qquad (6-2)$$

其中，a 和 n 都是正整数，x 称为 a 的模 n 的逆元。

上式也可写作

$$a^{-1} \equiv x(\bmod n) \qquad (6-3)$$

例如，寻找一个 x，使得

$$4 \times x \equiv 1(\bmod 7) \qquad (6-4)$$

这个方程等价于寻找一组 x 和 k，使得方程

$$4x = 7k + 1 \tag{6-5}$$

成立。其中 x 和 k 均为整数。

求解模逆元问题很困难，有时有结果，有时没有结果。例如，5 模 14 的逆元是 3，因为 $5 \times 3 = 15$，$15 \equiv 1 (\mathrm{mod} 14)$；而 2 模 14 则没有逆元。

一般情况下，如果 a 和 n 是互素的，那么存在 x，使得 $a^{-1} \equiv x (\mathrm{mod} n)$ 成立；而如果 a 和 n 不是互素的，那么不存在 x，使得 $a^{-1} \equiv x (\mathrm{mod} n)$ 成立。如果 n 是一个素数，那么从 1 到 $n-1$ 的每一个数与 n 都是互素的，在这个范围内恰好有一个逆元。

模运算又称为时钟算术。比如，Alice 对她父亲说，她晚上 10：00 就会到家，可是由于临时有事她迟到了 13 个小时，那么她是几点到家的呢？这就是模 12 运算，即

$$(10 + 13) \mathrm{mod} 12 = 23 \mathrm{mod} 12 = 11 \mathrm{mod} 12 \tag{6-6}$$

由于 23 和 11 的模 12 运算相等，因而上式又可以写成

$$23 \equiv 11 (\mathrm{mod} 12) \tag{6-7}$$

在数论中称 23 与 11 模 12 同余。

联立 k 个同余式

$$\begin{cases} x = b_1 (\mathrm{mod} n_1) \\ x = b_2 (\mathrm{mod} n_2) \\ \cdots \\ x = b_k (\mathrm{mod} n_k) \end{cases} \tag{6-8}$$

称为同余方程组。

在我国古代的《孙子算经》中有这样一个问题："今有物不知其数，三三数之剩二、五五数之剩三、七七数之剩二，问物几何？答曰二十三。"设所求之物数为 x，那么用同余方程组表示出来就是：

$$\begin{cases} x = 2 (\mathrm{mod} 3) \\ x = 3 (\mathrm{mod} 5) \\ x = 2 (\mathrm{mod} 7) \end{cases} \tag{6-9}$$

这就是历史上著名的剩余问题，可以用以下定理来描述。

中国剩余定理　设 $n_1, n_2 \cdots, n_k$ 是两两互素的正整数，即 $i \neq j$，$\gcd(n_i, n_j) = 1$，则对任意的整数 $b_1, b_2 \cdots, b_k$，以下同余方程组

$$\begin{cases} x = b_1 (\mathrm{mod} n_1) \\ x = b_2 (\mathrm{mod} n_2) \\ \cdots \\ x = b_k (\mathrm{mod} n_k) \end{cases} \tag{6-10}$$

在模 $n_1, n_2 \cdots, n_k$ 下有唯一解。这就是中国数学家大约在公元前 100 年发现的"中国剩余定理"。

3. 因子分解

因子分解就是对合数的分解，当合数比较小时，分解容易。当数字逐渐增大时，我们就需要动笔算一算或者在计算机上运算了。当然，在实际应用中，必须借助于有效的数学方法进行因子分解。数学家们在这方面已取得了许多进展，如试除法、数域筛选法、椭圆

曲线法等。然而,对于很大的数(如 1024 bit 以上的数)进行因子分解,其所用的计算时间在目前条件下是一个天文数字。因子分解是数论中最古老的一个问题,这个问题在密码体制中可以简单地描述如下:

已知两个大素数 p 和 q,求其积 n 很容易;反之,知道 n 要求出 p 和 q 就很困难。第 6 章中提到的 RSA 公钥密码体制就是根据这一数学难题而设计的一种加密体制。目前,公钥密码有三种最为常用的体制:RSA 公钥密码体制、EIGamal 公钥密码体制和椭圆曲线公钥密码体制(ECC)。这三种体制分别运用了三个数学难题,即因子分解、离散对数和椭圆曲线离散对数问题。

4. 离散对数

模运算用于指数计算时可以表示为

$$a^x \bmod n \tag{6-11}$$

称之为模指数运算。模指数运算的逆问题就是找出一个数的离散对数,即求解 x,使得

$$a^x \equiv b(\bmod n) \tag{6-12}$$

这是一个难题。

在公开密钥密码体制中,有一种 EIGamal 公钥密码体制,就是利用求离散对数的困难性而设计的一种密码体制。使用该项体制时每一个用户将计算:

$$y = \alpha^x \bmod p \tag{6-13}$$

用户将 x 作为自己的秘密密钥严格保密,而将 y 作为自己的公开密钥。由于离散对数的难解性,基于离散对数问题的 EIGamal 公钥密码体制是安全的。此外,椭圆曲线问题也是类似的难题,而这类难题正好可用于公钥密码体制中。

6.2.2 信息熵与保密通信的本质联系

Shannon 从概率统计的观点出发研究信息的传输和保密问题,他将公共通信系统归纳为图 6-1(a)所示的原理图,而将保密通信系统归纳为图 6-1(b)所示的原理图。公共通信系统的目的是在信道有干扰的情况下,使接收的信号无差错或差错尽可能小。而保密通信系统的设计目的是使窃听者即使在完全准确地收到了接收信号的情况下也无法恢复出原始消息。

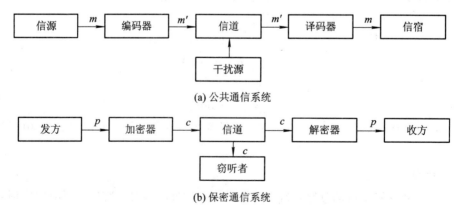

(a) 公共通信系统

(b) 保密通信系统

图 6-1 公共通信系统与保密通信系统

在保密通信中涉及三个要素，即明文、密钥和密文，与它们分别对应的集合就叫做明文空间、密钥空间和密文空间。这三个空间之间有一定的联系，比如密文空间的统计特性就是由明文和密钥的统计特性共同决定的。因此，如果一种密码体制被破译，其本质是密文中不同程度地泄漏了有关明文或密钥的信息。

密码学与其它学科一样，有一个"从实践到理论、再从理论回到实践"的反复过程。对密码学体制的理论保密性研究，从 Shannon 的观点来看，有如下研究内容："当密码分析者有无限的时间和人力可用于分析密文时，一个体制抵抗密码分析的能力有多大？密文是否有一个唯一解？即使为求解它可能需要一个不切实际的工作量，为得到唯一解必须截获多少电文？是否存在无论截获多少电文其解也绝不唯一的密码体制？是否存在敌人无论截获多少电文也得不到任何信息的密码体制？"Shannon 用信息论的观点回答了这些问题。

将信息论应用于密码学研究，产生了许多新的概念，其中主要有多余度、熵和唯一解距离。

1. 多余度 D

多余度 D 在检错和纠错技术中是很有用的。这是由于在信息的传输和处理过程中出错是难免的，为了检测错误和纠正错误，需要在原始信息中添加一些数据作为检错和纠错使用，这样做的目的对于通信的可靠性是大有好处的。

从密码学的观点来看，多余度对信息安全是不利的。Shannon 指出：多余度为密码分析奠定了基础，这是 Shannon 对密码学的巨大贡献。事实上确实如此，多余度越小，破译分析的困难就越大，这对于保密来说是十分有利的。

2. 熵 $H(M)$

从密码学的角度来看，如果一个密码系统的熵 $H(M)$ 越大，则表示在该密码系统中哪些密文对应哪些明文的不确定程度就越大，即由密文分析出对应明文的概率就越小，这样的密码系统就越安全。

3. 唯一解距离 U

怎样衡量破译分析的难度呢？Shannon 又定义了一个称做"唯一解距离 U"的量，其含义是当密码分析者进行穷举攻击时，可能解密出唯一有意义的明文所需要的最少的密文量。

当密码分析者所截获的密文字符数大于唯一解距离时，这种密码的破译问题就存在一个解；而当所截获的密文字符数少于唯一解距离时，就存在多个可能的解。

Shannon 用信息论描述了被截获的密文量和成功破译的可能性之间的关系，他用一个数学公式来计算唯一解距离：

$$U = \frac{H(K)}{D} \tag{6-14}$$

式中，U 代表唯一解距离，$H(K)$ 代表密钥的熵值，D 代表明文语言的多余度。

一般来说，明文语言的多余度越大，唯一解距离就越小，密码分析者在唯密文攻击的情况下就越容易求得正确的密钥。因此，为提高密码体制的安全性，应尽量减小明文语言的多余度。

6.2.3 复杂度理论

复杂度理论是密码学的重要理论之一，它是分析密码算法复杂度的一种数学方法，它能对密码算法进行分析，并能确定这些算法的安全性。复杂度理论主要包括算法复杂度和问题复杂度两个方面。

1. 算法复杂度

在设计密码算法时，一方面密码设计者都希望自己设计的算法在进行正常的加密/解密运算时能有较快的速度并占用较小的空间，而另一方面他们都期望密码破译者在破译该算法所产生的密文时具有无穷无尽的时间需求和无法满足的空间需求。那么，如何做到这一点呢？回答是：利用算法复杂度理论去分析所设计的密码算法。

算法复杂度是指运行一个算法所需的时间和空间的资源，常用两个变量——时间复杂度 T 和空间复杂度 S 来度量，即运行一个算法所需的时间和所占用的空间是衡量一个算法复杂度的两个主要指标。

在密码学发展的初期，无论是密码编码学，还是密码分析学，都处于知其然而不知其所以然的状态。一方面，密码专家编制了各种各样的密码体制，一开始总是认为这些密码体制是非常安全的，而事实上这些体制是不安全的，很快被破译，其根本原因是，当时没有一种数学理论来度量其算法的安全性。算法复杂度理论的出现解决了这一问题，它可以帮助密码专家分析一个算法所具有的抗破译能力，从而可以确定一个密码算法的安全性。

2. 问题复杂度

现实生活中有各种各样的问题，有的问题容易求解，有的问题不容易求解。我们把现实可求解的问题称为 P 类问题，将现实很难求解的问题称为 NP 类问题，而将最难求解的问题称为 NPC 类问题，如旅行者问题和三方匹配问题等。NPC 问题目前还没有有效的求解算法。有人建议利用问题复杂度来设计密码系统，他们认为 NPC 问题是非常合适的对象。NPC 问题很多，如果将陷门藏匿于这些问题中，可设计出一种既安全又实用的密码系统，对密码破译者来说是一大挑战。因为，当陷门被巧妙地放入所设计的密码系统中时，对密码破译者而言，欲求解这些 NPC 问题，在有效时间内是无法完成的，但对于知道这些陷门的人，却可以利用简便的途径求解。

6.3 密码破译

密码学是一门综合性的学科，它是密码编码学与密码分析学的总称。密码编码学是研究如何设计一个安全和有效的加密/解密体制的一门科学，而密码分析学是研究如何分析或破解各种密码编码体制的一门科学。

6.3.1 密码破译概述

密码分析俗称密码破译，是指在密码通信过程中，非授权者在不知道解密密钥和通信者所采用的密码体制细节的条件下对密文进行分析，试图得到明文或密钥的过程。研究密码破译规律的科学称为密码分析学或破译学。

密码编码学和破译学的关系是对立统一的辩证关系，它们既相互依存又相互对立，共处于密码学这一统一体中。没有密码编码，也就不会产生密码破译。而没有密码破译，密码编码技术的发展和提高也就无从谈起，二者互为存在的条件。因此，要想设计出保密的、实用的密码体制，就必须掌握密码破译的原理与方法；要想破译取得成功，也必须依靠坚实的密码编码理论和技术。

另外，我们还需区别两个概念：解密和密码破译。解密和密码破译都是设法将密文还原成明文的过程，解密是加密的逆过程，是指掌握密钥和密码算法的合法人员从密文中恢复出明文的过程，而密码破译则是指非授权人员在不掌握密钥和密码算法的情况下对密码进行的分析和破译工作。

6.3.2　密码破译规律

密码破译的三大规律是：密码规律、文字规律和情况规律。

1. 密码规律

不同的密码体制具有不同的密码规律，密码破译利用的规律是具体的。例如，对于单表代替密码和单置换换位密码，其密码规律比较明显，易于识别和利用；而一次一密代替密码和一次一密换位密码的规律比较隐蔽，难于识别和利用，等等。此外，一个设计比较好的密码体制，由于使用不当也会使密码形成易于被破译者所利用的规律。

2. 文字规律

电报是由语言组成的，而任何一种语言的结构都是有语法规律的。由于这些规律是公开的，它可以为密码分析者充分利用，成为假设和反证的重要依据。文字规律的表现形式很多，概括起来主要有字母统计规律和电报公文格式两个方面。字母统计规律如表 6 - 1 所示。

表 6 - 1　字母统计规律

字母	出现频率	字母	出现频率
A	0.082	N	0.067
B	0.015	O	0.075
C	0.028	P	0.019
D	0.043	Q	0.001
E	0.127	R	0.060
F	0.022	S	0.063
G	0.020	T	0.091
H	0.061	U	0.028
I	0.070	V	0.010
J	0.002	W	0.024
K	0.008	X	0.002
L	0.040	Y	0.020
M	0.024	Z	0.001

电报都具有一定的格式，称为电报公文格式。不同内容的电报，有其不同的常用字和常用词等，这又是一种规律。可充分利用这些文字规律进行破译。

3. 情况规律

密码电报一般要反映当时当地的情况，尽管其内容是秘密的，但其客观情况往往有一定的公开性，只要对周围情况进行调查研究，就有可能判断该电报属于哪方面的内容，如战争、外交和重大事件等。另外，客观情况有其相对的稳定性，在一定的时间内不会有大的变化等。充分利用这些情况规律，有助于破译的成功。

6.3.3　密码破译方式

密码破译主要有四种方式：唯密文攻击、已知明文攻击、选择明文攻击和选择密文攻击。

1. 唯密文攻击

唯密文攻击是指密码破译者除了拥有截获的密文以及对密码体制和密文信息的一般了解外，没有其它可以利用的信息用于破译密码，即仅被限于对所用语言的统计特性的了解和对某些可能字的了解。在这种情况下进行密码破译是最困难的，经不起这种攻击的密码体制被认为是完全不保密的。

2. 已知明文攻击

已知明文攻击是指破译者不仅掌握了相当数量的密文，还有一些已知的明文—密文对（通过某种手段得到的）可供利用。现代密码体制不仅要经受得住唯密文攻击，而且要经受得住已知明文攻击。

3. 选择明文攻击

选择明文攻击是指密码破译者不仅能够获得一定数量的明文—密文对，还可以用他选择的任何明文，在同一未知密钥的情况下能加密得到相应的密文。

4. 选择密文攻击

选择密文攻击是指密码破译者能选择不同的被加密的密文，并可得到对应的解密的明文，据此破译密钥及其它密文。

6.3.4　密码破译方法

对密码体制的破译或攻击方法主要有穷举法和分析法两种。

1. 穷举法

穷举法是指对截获的密文依次用各种可能的密钥进行破译尝试，直到得到有意义的明文为止；或将密钥固定，对所有可能的明文加密，直到结果与截获的密报一致为止。此法又称为完全试凑法。

只要有足够多的计算时间和存储容量，理论上讲穷举法总是可以成功的，但实际应用中，只要密码体制设计得比较安全，穷举法往往是不行的。

2. 分析法

分析法主要有确定性分析法和统计分析法两大类。确定性分析法是利用一个或几个已知量，如密文—明文对等，用数学关系式表示出所求的未知量。已知量和未知量的关系视加密和解密的算法而定，寻求这种关系是确定性分析法的关键所在。统计分析法是指利用明文的已知统计规律进行破译，密码破译者通过对截获的密文进行统计分析，总结出统计规律，并与明文的统计规律进行对比，从中分析明文和密文之间的对应关系或密码变换信息。

6.3.5　密码破译步骤

密码破译步骤分为整理分类、统计分析、假设和反证三步。整理分类是指将截获的大量密文进行整理分类，并将同一密码体制加密的密文识别出来，归为同一类。由于不同密码体制的密码规律不同，因此不可能做到将不同的密码体制的密文放在一起进行破译。统计分析是利用计算机对截获的大量密文进行单字母、双字母和三字母等各种统计。这些统计应尽可能详细，并力求发现不随机的现象，经过分析，以确定密码编制的方法，从而暴露出密码规律。假设和反证的方法在于，一个密码体制之所以能被破译，其主要原因是明文与密文之间、密文与明文之间存在着关联性、可比较性和可反证性。

6.4　Shannon 保密理论

6.4.1　理论保密体制

Shannon 通过对保密性理论的研究，提出了理论上不可破译的密码体制有完全保密与理想保密两种体制，即无论密码分析者有多少时间和人力资料，无论其能截获多大的密文量，他都破译不了这两种密码体制，当然其前提条件是密码分析仅有截获的密文。

所谓完全保密体制，是指在这种密码体制中明文数、密钥数和密文数相等，即将每个明文变换成每个密文都恰好有一个密钥，所有的密钥都是等可能的。在完全保密体制下，没有给密码分析任何额外的可用于破译的信息。因此，密码分析者无法破译这种体制。

所谓理想保密体制，是指唯一解距离 U 趋于无穷大的密码体制。此时，无论密码分析者截获了多少密文都无助于破译该密码体制。U 趋于无穷大意味着语言的多余度趋向于零，事实上要消除语言中的全部多余度是不可能的，所以这种体制实际上是不存在的。但是，这一结论告诉我们，在设计密码体制时，应尽量减小多余度。

在理论保密体制思想的指导下，Shannon 提出了理论上安全的密码系统（即理论上不可破译的密码系统）是一次一密钥系统。其主要思想是，密钥是一个随机序列，密钥序列的长度要大于或等于明文序列的长度，每一个密钥仅只使用一次。

一次一密钥系统在消息空间较小时还可以实现，当消息空间较大时，密钥管理就成大问题。所以，在实际应用中，一次一密钥系统是不可能存在的。首先，分发和存放与明文等长的随机密钥是很困难的。其次，如何生成真正的随机序列也是一个问题，特别是在当前使用计算机传输大量信息的情况下，根本无法采用一次一密钥系统。尽管如此，这种设计思想仍然是当代密码算法设计者遵从的一个指导思想。

6.4.2　实际保密体制

由于一次一密钥系统实现的不可能性，密码设计者便将目标转向寻求实际上不可破译的密码系统。所谓实际上不可破译的密码系统，是指它们在理论上虽然是可以破译的，但是要破译它们，所需要的计算资源（如计算时间和空间等）超出了现实条件的可能性。例如，要想破译某个密码系统，需要全世界所有的计算机计算两万年，谁说这个密码系统还不够安全呢？

实际上，密码分析者也不可能拥有无限的时间、人力以及各种可利用的资源。因此，密码设计者要尽可能地利用各种变换方法，尽力设计出好的密码体制，使得密码分析的破译工作增大到他们难以忍受的地步。因此，实际保密的密码系统设计原则如下：

（1）密码系统的密钥空间必须足够大；

（2）加密和解密过程必须是计算上可行的，必须能够被方便地实现与使用；

（3）整个密码系统的安全性依赖于密钥的安全性，也就是说，即使密码系统中的算法被公布，只要密钥不泄露，系统也是安全的，即密文无法被破译。

6.4.3　密码系统的评测

密码系统的评测主要有两点：一是密钥问题，即密钥要有足够的长度，并经常更换；二是算法的复杂度问题，即算法应是复杂的、计算上可行的且效率要高，算法能够抵抗现有的各种密码分析。

习　题　6

6-1　密码体制是如何分类的？

6-2　密码学涉及的数学理论主要有哪些？

6-3　密码破译主要依据哪些规律，有哪些破译方法？

第 7 章 数字图像加密

经典密码学一般将密码分为分组密码和序列密码。所谓分组密码，是指将明文消息编码表示后的数字（通常是 0 和 1）序列 x_1，x_2，$\cdots$ 划分成长度为 m 的组 $\boldsymbol{x} = (x_1, x_2, \cdots, x_m)$，各组分别在密钥 $\boldsymbol{k} = (k_1, k_2, \cdots, k_t)$ 的控制下变换成输出数字序列 $\boldsymbol{y} = (y_1, y_2, \cdots, y_n)$。而序列密码则直接用密钥序列（一般为 0 和 1）$\boldsymbol{k} = (k_1, k_2, \cdots)$ 对原始明文消息编码进行操作，获得密文序列。与传统的密码学类似，这里讨论的混沌密码也分成两类：分组密码和序列密码。

由于分组密码容易被标准化，且在通常的数据通信中，信息往往被分成块来传输，再加上分组密码的同步容易实现，因此这种密码形式获得了广泛的应用。目前已有的密码标准，包括 DES、AES 等，都是分组密码。

本章介绍分组密码的设计及其在图像加密中的应用，主要介绍混沌映射与密码学之间的联系与区别，研究一些分组密码的设计方法等。

7.1 混沌映射与密码学的联系

Shannon 在他的经典论文中指出：好的加密系统应具有对密钥的敏感性，以及能够将明文置乱并改变其统计特性，而这正与混沌的混选（mixing）特性相一致。其实，混沌映射和加密系统二者之间存在着许多相似之处，其中主要体现在以下几个方面：

(1) 混沌的拓扑传递与混选特性对应密码的扩散（diffusion）与混淆特性（confusion）。

(2) 混沌对参数的敏感性对应着密码对密钥的敏感性。

(3) 混沌映射通过多轮的迭代获得了指数分离的轨道，而传统的加密系统则通过多轮的置乱（permutation）与替换（substitution）将明文打乱。

然而，混沌与密码学之间仍然有着很大的不同，最为重要的是，混沌是定义在连续的闭集上的，而密码学的操作只限于有限域。

混沌映射与密码学两者之间更深层次的联系还有待于作进一步的研究。

尽管如此，我们仍然能够利用混沌的特性来设计序列密码或分组密码，特别是对分组密码来说，利用混沌的拓扑传递性来快速地置乱和扩散明文数据，可以达到改变明文统计特性的目的。这一点对多媒体数据的加密尤其重要。因为对于语音、图像以及视频这些多媒体信息来说，由于其固有的大数据量和高冗余性，传统的对称和非对称密码对它们并不太合适。为解决多媒体加密问题，人们已经提出了许多新的加密方案，其中比较典型的是一类称为部分加密的算法，但这些算法只是减少了加密的数据，在加密算法上依然使用的是传统的 DES 等方法，因此是以牺牲加密强度来换取加密速度的。近年来，人们尝试采用混沌的方法构造快速的加密算法，如采用 Cat 映射构造二维可逆图像加密方案等，这些方法给我们提供了一个新的思路，很有参考价值。

下面以分组密码为例，从混沌映射与密码学的关系出发，进一步探讨混沌用作密码的可行性。可以从分组密码定义、设计原理和整体结构三个方面比较密码变换与混沌映射的关系。

7.1.1　从分组密码的定义比较密码变换与混沌映射的关系

分组密码是一种满足下面条件的映射 E：$F_2^m \times S_K \to F_2^m$，对每个 $k \in S_K$，$E(\cdot, k)$ 是从 F_2^m 到 F_2^m 的一个置换。

在上述定义中，$E(\cdot, k)$ 是密钥为 k 的一个加密函数，其逆为密钥为 k 的解密函数，记为 $D(\cdot, k)$。分组密码要求能够在密钥的控制下，从一个足够大且足够安全的置换中选择出一个置换，使得由它构成的密码系统能够做到：

(1) 对每一个密钥 $k \in S_K$，存在加密变换 $E(\cdot, k) \in E$ 和对应的解密变换 $D(\cdot, k) \in D$，使得对于每一个明文 $p \in F_2^m$，唯一解密条件 $D(E(\cdot, k), k) = p$ 能够得到满足；

(2) 变换 $E(\cdot, k)$ 和 $D(\cdot, k)$ 对密钥 k 是敏感的，若密钥存在很小的差异，即 $|k_1 - k_2| \ll \varepsilon$ 且 $k_1 \neq k_2$，则有 $|c_1 - c_2| = |E(p, k_1) - E(p, k_2)| > M$，这表明密文会有很大的不同；

(3) 已知密文 c 在密钥 k 未知的情况下，求取明文 p 是困难的，并且已知 $c = E(p, k)$ 和 $p = D(c, k)$ 求出密钥 k 是困难的。

另一方面，混沌映射具有如下特性：

(1) 混沌映射是定义在相空间 I 上的一个确定性的自映射 $f: I \to I$，具有复杂的动力学特性；

(2) 混沌映射对初值具有极端的敏感性，即存在 $\delta > 0$，使得对任意的 $\varepsilon > 0$ 和任意的 $x \in V$，在 x 的 ε 邻域内存在 y，以及存在自然数 n，满足 $d(f^n(x), f^n(y)) > \delta$；

(3) 混沌映射具有拓扑传递性，即对于 I 上的任一对开集 X 和 Y，存在 $k > 0$，使得 $f^k(X) \cap Y \neq \phi$。

混沌的这些特性与密码变换的特性是一致的，如表 7-1 所示。

表 7-1　混沌与密码系统的关系

	混沌映射	密码变换
不同点	相空间：实数集	相空间：有限的整数集
相似点	迭代次数	加密轮数
	由系统控制	密钥控制
	对参数和初值敏感	通过混合打乱明文统计关系

密码变换和混沌映射的联系还可以从计算复杂性的角度来看。密码系统的基本问题之一就是其安全性。也就是说，利用有限的计算资源，在有限的时间内，一个问题是单向的，不可解。例如，在密码学中广泛使用的陷门函数就是一种单向函数；再如，伪随机数发生器和分组密码算法也具有这种单向特性。在传统密码学中，这种单向函数的构造一般都是利用一些数论中的难题，如大整数分解问题、离散对数问题等来实现的。

　　而一些混沌系统，当数字化后也构成单向函数。我们可以看一个简单的例子，即考虑定义在区间(0，1)上的移位映射(即模运算)

$$x_{n+1} = ax_n (\mathrm{mod}\ 1) \tag{7-1}$$

式中，a 为正整数，$0 < x_0 < 1$。当 $a > 1$ 时，该映射的 Lyapunov 指数为 $\ln a > 0$，且模运算使迭代序列有界，故该映射是混沌的。

　　但如果将式(7-1)数字化后，可得如下映射形式：

$$x_{n+1} = ax_n (\mathrm{mod}\ N) \tag{7-2}$$

式中，a 为大于 1 的正整数，并且 x_0、x_n 和 N 都为整数。

　　比较式(7-1)和式(7-2)可知，对于式(7-1)来说，对所有的 a 值，该项映射是不可逆的；但对于式(7-2)来说，有两种情况：第一种情况是 a 和 N 互质(即互素，满足 $\gcd(a, N) = 1$，其中 $\gcd$ 表示最大公约数，它是 Greatest Common Divisor 的缩写)，则映射在 $[0, N-1]$ 上是可逆的；第二种情况是 a 和 N 非互质，即不满足 $\gcd(a, N) = 1$，那么，映射在 $[0, N-1]$ 上是不可逆的。

　　另一方面，式(7-2)所描述的映射也可以看成是一个离散对数问题。令 $x_0 = 1$，然后将其代入式(7-2)，进行 n 轮迭代后，得

$$\begin{cases} x_1 = ax_0 (\mathrm{mod}\ N) = a \cdot 1 (\mathrm{mod}\ N) = a (\mathrm{mod}\ N) \\ x_2 = ax_1 (\mathrm{mod}\ N) = a \cdot a (\mathrm{mod}\ N) = a^2 (\mathrm{mod}\ N) \\ \cdots \\ x_n = ax_{n-1} (\mathrm{mod}\ N) = a \cdot a^{n-1} (\mathrm{mod}\ N) = a^n (\mathrm{mod}\ N) \end{cases} \tag{7-3}$$

　　对于离散对数问题就是已知 x_n 和 a，求解指数 n(这是一个难题)。这个问题用动态系统来解释就是：从某个初始值 x_0 出发，在给定轨道上的某个点 x_n 时，求取其迭代次数 n。

7.1.2　从分组密码的设计原理比较密码变换与混沌映射的关系

　　分组密码的设计就是找到一种算法，该算法能在密钥的控制下从足够大的置换子集中迅速找到一个置换，用来对当前输入的明文进行加密变换。要使这样的加密变换足够安全，需要很好地利用混淆和扩散原则。

　　所谓扩散原则，是指所设计的密码应使得密钥的每一位数字影响密文的许多位数字，以防止对密钥进行逐段破译，并且明文的每一位数字也应该影响密文的许多位数字，以便隐藏明文数字的统计特性。所谓混淆原则，是指所设计的密码应该使得密钥和明文以及密文之间的依赖关系变得相当复杂，以至于这种依赖关系对密码分析者来说无法利用。

　　上面两个著名原则最早是由 Shannon 提出的，他在 1949 年著的经典论文《保密的通信理论》中还指出："好的混合变换通常是两个简单的非可交换运算的乘积。比如 Hopf 已经证明，做馅饼皮的生面团可以通过下面一系列的操作进行混合：面团首先被揉搓成一个扁面皮，然后将它折叠，再搓搓，再折叠，如此往复。一个混合变换中的函数应该是复杂的，它的所有变量都应敏感，对任何一个变量来说，一个很小的变化都应引起输出的显著不同。"

　　Shannon 在上面提及的这种在有限区域内进行反复折叠、拉伸变换正是混沌映射的典型表现。例如，猫映射(即 Cat 映射，由于用的是猫的图像，故称为"猫映射")方程为

$$\begin{bmatrix} x_{n+1} \\ y_{n+1} \end{bmatrix} = \begin{bmatrix} 1 & 1 \\ 1 & 2 \end{bmatrix} \begin{bmatrix} x_n \\ y_n \end{bmatrix} (\mathrm{mod}\ 1) \tag{7-4}$$

上式表示在单位正方形内不断地进行线性拉伸，然后通过取模来进行折叠，从而呈现一种复杂的混沌行为，如图 7-1 所示。显然，当 $x_n=1$，$y_n=1$ 时，$x_{n+1}=2$，$y_{n+1}=3$，将图中的 e 点拉伸到图中的 a 点，从而将原来左下角的正方形经过一次猫映射后拉伸为 $abcdefa$ 所包围的图形，然后再保面积折叠放回来。在式（7-4）中，满足 $0<x_n$，$y_n<1$（$n=0,1,2,\cdots$），即 x_n、y_n 都是实数。Shannon 还指出，好的加密系统应具有对密钥的敏感性，以及能够将明文充分地置乱并改变其统计特性，而这正好与混沌的混迭特性、对初始条件和参数的敏感性相一致。

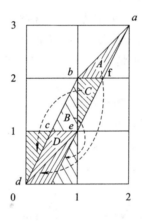

图 7-1　猫映射的几何解释

由于混沌具有拓扑传递性，因而具有混迭特性。所谓映射 f 具有混迭特性，是指任何一个非零测度初始集合在映射 f 的作用下，在演化过程中将扩散到整个相空间。这一点和分组密码设计中要求的扩散作用相对应。如果考虑将明文空间作为映射的一个初始区域，那么混沌的混迭特性意味着可以将明文的任意一位扩散到整个密文的每一位上。

混迭的系统还有一个有用的性质，即在一个具有混迭特性的动态系统中，任何初始非均匀分布的集合都将趋于均匀分布。由此，若采用具有混迭特性的系统来加密，当迭代趋于无穷大时，由于密文的分布已经不同于初始的明文分布，因此，密文的统计特性不会依赖于明文。这一点正好符合分组密码设计的混淆原则。

由此可见，将混沌映射用于分组密码，实际上就是应用混沌的混迭特性来快速地混淆和扩散数据。我们在设计分组密码时常常采用置乱和替换方法来混淆和扩散数据。

7.1.3　从分组密码的整体结构比较密码变换与混沌映射的关系

为了使分组密码具有足够的安全性且容易实现，在分组密码的设计中常常使用一种被称为 Feistel 网络的结构。该结构是由 H. Feistel 发明的，并且已经在很多分组密码系统中广泛使用，如 DES 等。

对一个分组长度为 $2n$ 比特的 r 轮 Feistel 密码，它的加密过程如图 7-2 所示，具体过程如下：

（1）将明文 P 分成为左、右两个部分，分别记为 L_0 和 R_0。

（2）进行 r 轮完全相等的运算，计算规则为

$$\begin{cases} L_i = R_{i-1} \\ R_i = L_{i-1} \oplus F(R_{i-1}, K_i) \end{cases} \tag{7-5}$$

（3）输出密文 C，即

$$\begin{cases} x_1(i) = L_i \\ x_2(i) = R_i \end{cases}$$

将式(7-5)写成迭代形式，得

$$\begin{cases} x_1(i+1) = x_2(i) \\ x_2(i+1) = x_1(i) \oplus f_K(x_2(i)) \end{cases} \tag{7-6}$$

将上式与混沌中的 Henon 映射相比较：

$$\begin{cases} x_1(i+1) = x_2(i) \\ x_2(i+1) = bx_1(i) + f_a(x_2(i)) \end{cases} \tag{7-7}$$

式中，$f_a(x_2(i))$ 为某种带参数 a 的非线性函数，如 $f_a(x_2(i)) = 1 - a[x_2(i)]^2$。当 $a = 1.4$，$b = 0.3$ 时该系统是混沌的。可以发现，式(7-6)和式(7-7)在形式上有惊人的相似之处，对于分组密码的整体结构，也可以采用某种相似的混沌映射。

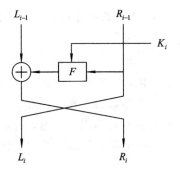

图 7-2 Feistel 分组密码结构

7.2　混沌分组密码的构造方法

由于混沌映射是作用在连续集合上，而分组密码变换是定义在有限集上的映射，故两者之间存在着差异。如果直接将连续的混沌映射数字化后用来构造加密算法，则数字化后混沌映射会带来性能的下降，同时，也并非所有的混沌映射都适合于加密系统。下面先讨论数字化后的混沌的降质问题，然后讨论用于加密的混沌系统的选择。

7.2.1　混沌映射数字化带来的性能下降

根据混沌的定义，从理论上讲，一个定义在连续域上的混沌映射的周期点测度为零。也就是说，一个周期轨道上任意小的邻域内都会存在非周期轨道。这一点说明，若任意选择相空间中的某个值作为初始值迭代，得到周期轨道的概率接近于零，一般情况下得到的都是非周期的混沌轨道。而将这个连续的混沌映射数字化后，情形就不一样了。

下面首先定义有限域上的迭代映射。

定义 7-1 令 X_d 为一个有限集合，F_d 为一个定义在 X_d 上的自映射，$F_d: X_d \to X_d$，则

$$x_{n+1} = F(x_n), \ x_n \in X_d, \ n = 0, 1, 2, \cdots$$

称为有限域上的迭代映射。

数字混沌映射可以采用下面的定义。

定义 7-2 设 F 为一个定义在连续相空间 X 上的混沌映射，则按下面数字化方法所获得的有限域上的迭代映射 F_d 称为数字混沌映射：取一个有限分割 $\beta = \{C_0, C_1, \cdots, C_{m-1}\}$ 覆盖整个相空间 X，将 $F: X \to X$ 用 $F_d: X_d \to X_d$ 代替，此处 $X_d = \{0, 1, \cdots, m-1\}$。

需要说明的是，关于数字混沌映射，目前并没有一个公认的定义，下面将数字化后的混沌映射称为数字混沌。

从本质上讲，用计算机仿真以及用 DSP 和 FPGA 生成混沌的结果，由于有限精度效应的原因，所生成的混沌不是真正意义上的混沌，而是数字混沌。

严格地说，混沌映射数字化以后获得的映射不再是混沌的，一个明显的标志就是，该映射的轨道全为周期轨道。可以用移位映射和猫映射为例来说明。

原始的移位映射定义为式(7-1)，数字化后的映射为式(7-2)。映射式(7-2)为周期映射，其周期最大值为 $N-1$。

原始的猫映射定义为式(7-4)，将其数字化后，得到如下映射：

$$\begin{bmatrix} x_{n+1} \\ y_{n+1} \end{bmatrix} = \begin{bmatrix} 1 & a \\ b & ab+1 \end{bmatrix} \begin{bmatrix} x_n \\ y_n \end{bmatrix} (\mathrm{mod}\ N) \tag{7-8}$$

式中，a、b、N 为正整数。所谓数字化，是指 x_n、y_n($n=0, 1, 2, \cdots$) 都为正整数而不是任意实数的情形。因此，当 a、b、N 均为正整数时，若初始值 x_0、y_0 也为正整数，则 x_n、y_n($n=0, 1, 2, \cdots$) 也都为正整数，此时的猫映射为周期映射；若初始值 x_0、y_0 不是正整数，而是任意实数，则 x_n、y_n($n=0, 1, 2, \cdots$) 也都不是正整数而是任意实数，此时的猫映射为混沌映射。

注意猫映射为保面积映射，即满足

$$\begin{vmatrix} 1 & a \\ b & ab+1 \end{vmatrix} = 1$$

对于保面积映射，除式(7-8)给出的矩阵形式外，还有以下四种矩阵形式都满足保面积映射，即

$$\begin{bmatrix} 1 & a \\ b & ab+1 \end{bmatrix}, \begin{bmatrix} ab+1 & a \\ b & 1 \end{bmatrix}, \begin{bmatrix} a & 1 \\ ab-1 & b \end{bmatrix}, \begin{bmatrix} a & ab-1 \\ 1 & b \end{bmatrix}$$

当然，还有其它一些形式，只需满足保面积的条件即可，故可适当选取其中的一种形式来作为猫映射。在下面的仿真中，我们选取第一种形式作为猫映射的标准形式。

利用式(7-8)所示的猫映射，可对图像中各个像素的位置进行置乱，从而达到数字加密的目的，下面举两个例子加以说明。

例 7-1 在式(7-8)中，选取 $a=319$，$b=413$，$N=512$。设原始图像如图 7-3(a)所示；经过 3 轮置乱后，得加密图像如图 7-3(b)所示，解密后的图像如图 7-3(c)所示。

例 7-2 猫映射的周期性。在式(7-8)中，选取 $a=40$，$b=8$，$N=124$。设原始图像如图 7-4(a)所示；第 1 轮置乱后，得加密图像如图 7-4(b)所示；经过第 14 轮加密后，得加

(a) 原始图像　　　　　　(b) 加密3轮后的图像　　　　　　(c) 解密后的图像

图 7-3　基于猫映射的数字图像加密与解密

密图像如图 7-4(c) 所示；经过第 20 轮加密后，得加密后的图像如图 7-4(d) 所示。由此可见，经过第 20 轮加密后，图像又恢复了原样。

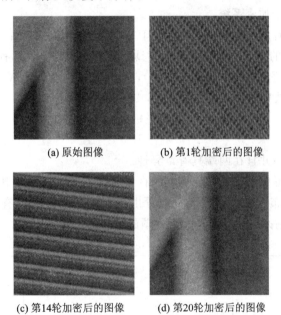

(a) 原始图像　　　　　　(b) 第1轮加密后的图像

(c) 第14轮加密后的图像　　　　　　(d) 第20轮加密后的图像

图 7-4　猫映射的周期性

从例 7-2 可以看出，数字混沌映射的周期性对密码系统的安全性来说是不利的，在实际应用中，希望所选择的数字混沌映射具有尽可能大的周期，也就是要讨论周期 P 与参数 a、b、N 之间的关系。也就是说，要求研究一个映射的周期 P 和控制参数之间的关系如 $P=P(N)$，似乎 N 越大，则 P 也越大，这一结果在有些情况下是成立的，但在另一些情况下又不成立。然而，这个问题目前在国际上尚未得到很好的解决。

7.2.2　混沌映射的选择

一般来说，用于加密的混沌映射应符合以下三个条件：

（1）具有良好的混选特性；

（2）为鲁棒混沌或者至少是结构稳定的混沌映射；

（3）具有较大的参数集。

其中，所谓的鲁棒混沌或者结构稳定的混沌映射是指参数在具有小扰动的情况下所获得的混沌映射具有拓扑等价性。例如，Logistic 映射就不是一个鲁棒混沌映射，因为当进入混沌区时，混沌区域中会出现稠密的周期窗口。虽然从 Lyapunov 指数和混沌映射的分布均匀性角度可以给出一些定量的描述，但是，目前尚没有公认的指标可以用来定量地评价混沌映射用于密码系统的程度。

研究表明，满足下面条件的混沌映射比较适合于用来构造分组密码。

（1）混沌映射的 Lyapunov 指数尽可能大。Lyapunov 指数是一个动态系统对初始条件敏感性强弱程度的定量刻画。对于一个一维系统，可以按下式来计算：

$$\lambda(x_0) = \lim_{n \to \infty} \lambda_n = \lim_{n \to \infty} \frac{1}{n} \sum_{i=0}^{n} \ln |f'(x_i)| \qquad (7-9)$$

一个混沌映射的最大 Lyapunov 指数大于 0，并且 Lyapunov 指数越大，该映射对初始值越敏感，也就越适合用于加密系统。

（2）混沌映射具有均匀的概率分布。对于一个离散混沌映射 $F: X \to X$，其迭代轨迹在相空间会呈现出一定的分布。由于混沌映射具有拓扑传递性，故具有遍历特性（也就是说，在混沌系统中，拓扑的传递性会导致遍历性），即混沌轨迹会落到 X 中的每一点的小邻域。例如，对于 Logistic 映射来说，它在区间 $(0, 1)$ 上的分布为

$$\rho_f(x) = \frac{1}{\pi} \frac{1}{\sqrt{1-x^2}}$$

但这并不是均匀分布，并且在两端具有奇异性。

在实际应用中，可以用 MATLAB 中的直方图指令来计算混沌映射的直方图，以此求得混沌映射的概率分布，从而可以直观地看出该混沌映射是否具有均匀的概率分布。例如，对于 Logistic 映射来说，可求得其直方图的结果如图 7-5 所示。

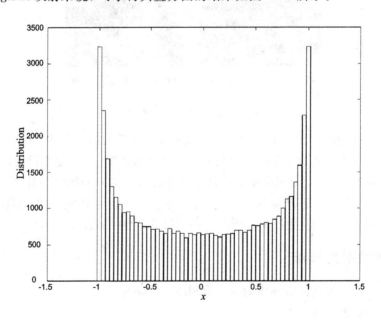

图 7-5 Logistic 映射的直方图

（3）混沌映射的控制参数要多，且参数空间要大。对于混沌密码系统，参数往往用作密钥，因此，控制参数多就意味着密钥多，参数空间大才能保证密钥空间大，这样的密码系统的保密性能才高。

（4）可逆的——映射对分组密钥具有优越性。因为要求分组密码能共用加密/解密器，所以，密码变换应该在密钥的控制下可逆，并且明文和密文的大小一致。在分组密码设计中，通常采用置乱和替换的方法，而——映射可以保证置乱变换是一一对应的。

目前，还没有公认的混沌分组密码设计的一般理论和方法。主要设计步骤可概括如下：

① 选择一个混沌映射。要求所选择的混沌映射具有良好的混选特性、较大的参数空间以及稳定的结构。

② 引入加密参数。也就是选择哪些参数可以用作密钥，参数范围是什么，以及如何选择参数保证映射是混沌的。

③ 离散化混沌映射。将原始的连续映射离散化，在这一过程中，须保证数字混沌映射能保持原混沌的混沌特性，并检查数字化后的映射的周期性。

④ 密钥的分配。合理地将混沌映射的控制参数与密钥对应起来，保证获得足够大的密钥空间。

⑤ 密码分析。一般是利用尽可能存在的密码攻击方法对系统的安全性进行测试。但即使通过了已知的密码攻击方法，仍不能保证该密码系统是绝对安全的。

上面叙述的法则是一个一般化的方法，在具体设计时，还有很多要考虑的因素，下面将结合具体的图像混沌加密算法来做较为详细的阐述。

7.3　基于二维可逆映射的图像分组加密方案

图像数据具有大容量、高冗余性、像素之间高相关性以及较大的尺寸等特性，传统的加密方法存在一定的困难而不适合实时应用。下面首先总结一下目前已有的对静止和动态图像的加密方法。

7.3.1　已有图像加密算法回顾

已有图像加密方法可以分为两类：一类是在压缩域内对已压缩的数据流进行加密；另一类是对原始数据进行加密。尽管 Shannon 指出，为了消除数据之间的统计信赖性，数据应该先压缩再加密，然而，由于各种数据压缩算法的不同，带来图像数据存储格式不一，压缩过的数据再经过加密后无法为一般的图像软件所识别，也无法对密文图像进行格式转换，从而给数据的使用带来不便。而若先加密再压缩，则因为加密过的数据其相关性已被破坏，很难获得高的压缩率；同时，由于当前的许多图像压缩算法是有损的，压缩加密过的数据会带来解密错误，因此，具体采用哪种方法要根据实际需要而定。

为了加快加密速度，同时考虑到图像数据的特点，对图像的加密算法分为全加密和部分加密两类。部分加密又称为选择加密，就是只选择图像数据中的一部分来进行加密。这种加密思想的出发点在于，图像数据的各个分量对图像质量或图像保密来说并不同等重要。例如，对于图像的 DCT 变换来说，大部分能量都集中在少部分的低频和直流系数上，因此加密少部分重要的数据就可以实现对整幅图像的安全保护。很多图像和视频序列的加密就采用了部分加密的算法。对于一个 512×512 的图像，通过部分加密，只有 $13\% \sim 27\%$ 的四叉树压缩输出数据需要被加密。对 SPIHT 压缩算法来说，被加密的数据低于 2%。为适应当前的图像和视频编码格式，很多加密方案集中于 DCT 变换系数的修改上。这些方案或者修改 DCT 直流系数，或者改变 DCT 系数的符号位。对 MPEG 编码来说，目前也有只加密 1 帧 DCT 变换系数和加密运动矢量的算法。对 DCT 系数图像部分加密，虽然可以提高加密速度，也可以和现有图像压缩标准结合，以及不改变图像的格式，但是它有一些难以克服的缺点。另外，人们已发现重要的 DCT 系数并不完全是对知觉和感觉都重要的系数。换句话说，部分加密 DCT 系数并不能完全加密图像的可理解性。这是因为 DCT 变换并不和人眼视觉系统的特性相一致，它只是做到了能量的集中。从这一点上来说，小波变换具有其优越性。

为克服在变换域中加密数据带来的数据膨胀和可压缩性降低的缺陷，某些研究者也考虑在图像压缩的同时进行加密，提出了一类将压缩和加密结合的方法。实际上，从 Shannon 信息论的角度来看，压缩数据也可看成是某种加密，因为二者都是在降低数据的相关性，使最终数据相互之间统计独立。

在混沌图像加密方面，已采用了猫映射等构造了二维图像加密方案，例如，将猫映射离散化，利用离散化后的映射对像素的位置进行置乱，然后再对像素的灰度值进行扩散。交替进行这种扩散和置乱操作，便可达到图像快速加密之目的。

7.3.2 一类基于二维可逆混沌映射的图像分组加密方案

基于混沌的图像分组加密就是利用混沌模型对图像进行某种置换，使得置换后的图像与原始图像存在视觉差异。对图像进行的加密置换要交替地使用置乱和扩散机制。置乱是对图像的像素坐标进行变换，而扩散则是对图像像素值进行混迭。操作的目的是使得加密后的图像的统计特性变得均匀，并且密文图像和明文图像之间的依赖关系变得复杂。

对像素值的扩散有三种方法，现归纳如下：

第一种方法为混沌序列加密。这种方法是由一个确定的混沌模型产生具有足够长的混沌序列 $\{c_1, c_2, \cdots, c_m\}$，并将该序列映射为图像像素值域上的序列 $\{p_1, p_2, \cdots, p_m\}$，然后将序列 $\{p_1, p_2, \cdots, p_m\}$ 与像素值进行某种相关运算，如异或运算等。由于混沌序列具有类随机性行为，使得变换后的图像亦表现出类随机性，从而实现图像加密。解密过程也很简单，只要用序列 $\{p_1, p_2, \cdots, p_m\}$ 与加密图像的像素值进行相关逆运算即可。因此，该方法实际上就是一种混沌序列加密。

第二种方法是将一幅图像分成若干个小块，将图像的像素值代入一个混沌映射进行迭代，以此来改变每个像素的数值大小。图像的像素值是表征该像素的颜色、亮度等信息的整数，它可以是颜色分量，也可以是亮度信息，或者颜色索引。

第三种方法是一种构造替换表的方式。设像素值的取值空间为 $P = \{0, 1, 2, \cdots, 255\}$，采用一个一维的混沌系统进行迭代，获得一个混沌序列 $C = \{c_1, c_2, \cdots, c_m\}$，然后对这个混沌序列进行数字化，使得 $c_i \in [0, 255]$，再将序列 C 中重复的数据剔除，最后 P 和 C 便构成一个像素值的替换表。这种类似于传统分组密码中 S 盒的构造，具有很好的扩散效应。但其不足之处是没有混淆作用，故常常需要结合某些异或、取模等操作，以达到扩散的目的。

　　像素坐标变换的实现可以有多种方法。在此采用一种简捷有效的算法，即采用二维可逆混沌映射，如前面提及的猫映射等，该映射可以将图像中的每个像素的原始坐标(x, y)映射到新坐标(x', y')，从而得到加密图像。图像的解密则是利用混沌映射的逆映射，最终将新坐标(x', y')映射到原始坐标(x, y)。

　　这类可逆的二维混沌映射目前研究得并不多，但采用它们进行坐标置乱具有很多优点，主要有以下几个方面：

　　（1）由于该类映射是一一映射，故明文图像和密文图像之间存在着一一对应的关系，避免了坐标位置的冲突。

　　（2）数字化后的混沌映射具有周期性，而周期的长短一般和初始值的选取是相关的，但对于可逆混沌映射来说，周期的大小只和参数有关，而与初始值无关。

　　（3）采用二维混沌映射具有大的密钥空间，且这类混沌映射是结构稳定的。

　　（4）采用这类二维混沌映射对图像置乱的速度很快。

　　（5）像素变换位置对应表的构造简单，通过矩阵运算即可实现。

　　下面以猫映射为例，详细分析基于二维混沌映射的图像加密方法。

7.3.3　混沌猫映射

　　为叙述方便，将混沌猫映射重写如下：

$$\begin{bmatrix} x_{n+1} \\ y_{n+1} \end{bmatrix} = \begin{bmatrix} 1 & a \\ b & ab+1 \end{bmatrix} \begin{bmatrix} x_n \\ y_n \end{bmatrix} (\mathrm{mod}\ 1) = \mathbf{A} \begin{bmatrix} x_n \\ y_n \end{bmatrix} (\mathrm{mod}\ 1) \tag{7-10}$$

式中，矩阵 $\mathbf{A}$ 的数学表达式为

$$\mathbf{A} = \begin{bmatrix} 1 & 1 \\ 1 & 2 \end{bmatrix}$$

　　因 $\det \mathbf{A} = 1$，故猫映射是保面积的一一映射。此外，由于猫映射为线性取模系统，因此计算该映射的 Lyapunov 指数相对比较容易。为此，首先应计算 $\mathbf{A}$ 的特征值，即

$$|\mathbf{A} - \mathbf{I}\lambda| = \begin{bmatrix} 1-\lambda & 1 \\ 1 & 2-\lambda \end{bmatrix} = (1-\lambda)(2-\lambda) - 1 = 0$$

整理后，得

$$\lambda^2 - 3\lambda + 1 = 0$$

计算得特征值的结果为

$$\begin{cases} r_1 = \dfrac{3+\sqrt{9-4}}{2} = \dfrac{1}{2}(3+\sqrt{5}) = 2.618 > 1 \\ r_2 = \dfrac{3-\sqrt{9-4}}{2} = \dfrac{1}{2}(3-\sqrt{5}) = 0.382 < 1 \end{cases}$$

故原点为鞍点。最后，得对应的 Lyapunov 指数为 $\lambda_1 = \ln(r_1) > 0$，$\lambda_2 = \ln(r_2) < 0$，可知该映射具有一个正的 Lyapunov 指数，因而该映射是混沌的。

　　该映射的几何解释如图 7-6 所示。一幅图像在猫映射的作用下，先进行线性拉伸，然后通过取模运算进行折叠，如此循环往复，最终达到混迭的目的。

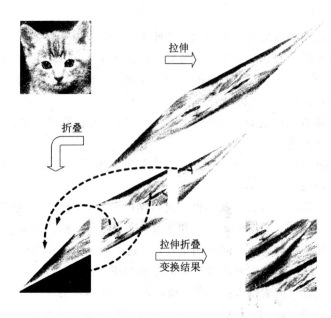

图 7-6　猫映射对图像的拉伸与折叠变换作用

7.3.4　猫映射的离散化

将猫映射用于加密，需要先对它进行预处理。

（1）引入加密参数。加密参数的引入可以通过改变矩阵 $\boldsymbol{A}$ 的元素来获得。考虑如下一般形式的猫映射：

$$\begin{bmatrix} x_{n+1} \\ y_{n+1} \end{bmatrix} = \boldsymbol{A}_d \begin{bmatrix} x_n \\ y_n \end{bmatrix} (\bmod\ 1), \boldsymbol{A}_d = \begin{bmatrix} 1 & a \\ b & ab+1 \end{bmatrix} \tag{7-11}$$

式中，a、b 为正整数。因 $\det \boldsymbol{A}_d = 1$，故该映射仍为保面积映射，并具有正的 Lyapunov 指数。

（2）将猫映射扩展到 $N \times N$ 并离散化（即数字化），得

$$\begin{bmatrix} x_{n+1} \\ y_{n+1} \end{bmatrix} = \boldsymbol{A}_d \begin{bmatrix} x_n \\ y_n \end{bmatrix} (\bmod\ N), x_0, y_0 \in \{0, 1, 2, \cdots, N-1\} \tag{7-12}$$

该映射仍然是一一映射。在没有数字化的情况下，x_0、y_0 可取任意实数。所谓数字化，是指限制 x_0、y_0 只取正整数的情形，由于 x_0、y_0 均为正整数，又因 a、b、N 均为正整数，故所有的迭代值 x_n、$y_n(n=1, 2, \cdots)$ 也为正整数。

容易证明，式(7-12)的参数 a、b 以 N 为周期，即

$$\begin{bmatrix} 1 & a+k_1 N \\ b+k_2 N & (a+k_1 N)(b+k_2 N)+1 \end{bmatrix} \begin{bmatrix} x_n \\ y_n \end{bmatrix} (\bmod\ N) = \begin{bmatrix} 1 & a \\ b & ab+1 \end{bmatrix} \begin{bmatrix} x_n \\ y_n \end{bmatrix} (\bmod\ N)$$

式中，k_1、k_2 为正整数。由此，要求 a、b 都为小于 N 的正整数。

7.3.5　基于混沌猫映射的图像加密方法

所构造的分组图像加密算法是将整个图像作为一个数据块，通过多轮迭代完成对明文统计特性的改变。在每一轮的迭代中，交替地使用置乱和扩散操作，以使得数据经过较少

的轮数操作完成加密。

1. 置乱变换

在所构造的加密算法中，置乱操作是将像素的位置置乱，采用式(7-12)所定义的数字化的猫映射来做置乱变换。

例 7-3　试用式(7-12)所定义的数字化的猫映射来进行置乱变换所得的结果。已知参数为 $a=319$，$b=413$，$N=512$，经过 7 轮加密后，得数值仿真结果如图 7-7 所示。由图可知，单纯的位置置乱并不能改变原始图像的统计特性，即置乱前与置乱后的图像的统计特性完全相同。

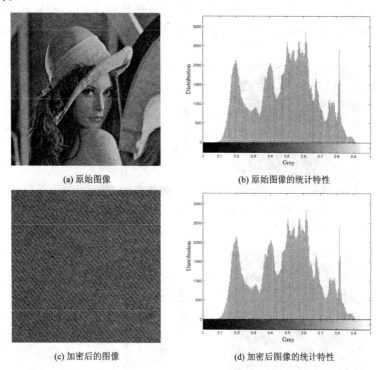

(a) 原始图像　　　　　(b) 原始图像的统计特性

(c) 加密后的图像　　　(d) 加密后图像的统计特性

图 7-7　置乱加密不改变图像的统计特性

2. 扩散变换

从上面的例 7-3 我们可以得出一个重要的结论：单纯采用像素置乱不会改变图像的统计直方图(统计特性)，因此，攻击者会利用直方图(统计特性)进行统计攻击。为此，需引入像素值的扩散变换，进一步使密文的直方图变得比较均匀。

图像扩散操作可以这样进行。设原始图像为 f，将之分解成 2×2 的小方块，对每个方块中的四个像素值 $f(2i, 2j)$，$f(2i+1, 2j)$，$f(2i, 2j+1)$，$f(2i+1, 2j+1)$ 运用如下变换：

$$\boldsymbol{X}' = \boldsymbol{T} \boldsymbol{X} \tag{7-13}$$

式中

$$\boldsymbol{X} = \begin{bmatrix} f(2i, 2j) & f(2i, 2j+1) & f(2i+1, 2j) & f(2i+1, 2j+1) \end{bmatrix}^{\mathrm{T}}$$

为像素块中四个像素值组成的向量。经扩散变换后的像素值向量为

$$\boldsymbol{X}' = \begin{bmatrix} f'(2i, 2j) & f'(2i, 2j+1) & f'(2i+1, 2j) & f'(2i+1, 2j+1) \end{bmatrix}^{\mathrm{T}}$$

在式(7-13)中，T 为变换矩阵，其选取原则是保证它也是保面积的，即满足 $\det T = 1$，这样，以保证逆映射存在并且是一对一的。例如，可以取

$$T = \begin{bmatrix} 17 & 23 & 18 & 5 \\ 110 & 149 & 117 & 31 \\ 257 & 348 & 274 & 72 \\ 432 & 585 & 460 & 122 \end{bmatrix} \qquad (7-14)$$

例 7-4 试用式(7-13)和式(7-14)对图像进行扩散变换。

解 仿真结果如图 7-8 所示。其中图(a)为原始图像，图(b)为原始图像的统计特性，图(c)为加密 1 轮后的加密图像，图(d)为其对应的统计特性；图(e)为加密 4 轮后的加密图像，图(f)为其对应的统计特性。可知经过 4 轮加密后，统计分布趋于均匀分布。

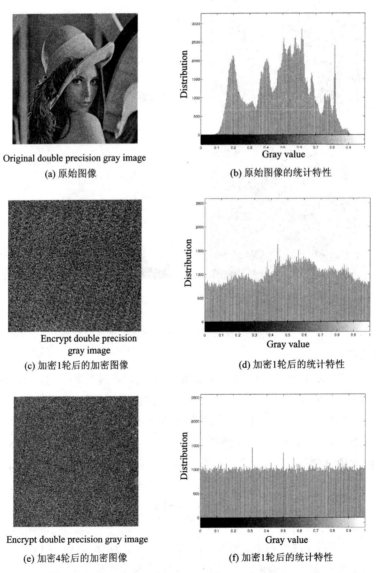

Original double precision gray image
(a) 原始图像

(b) 原始图像的统计特性

Encrypt double precision gray image
(c) 加密1轮后的加密图像

(d) 加密1轮后的统计特性

Encrypt double precision gray image
(e) 加密4轮后的加密图像

(f) 加密1轮后的统计特性

图 7-8 扩散变换改变图像的统计特性

3. 置乱变换与扩散变换相结合

利用置乱变换与扩散变换的结合，并进行多轮变换，可获得更好的加密效果，完整的算法过程如下。

1) 加密算法

加密算法过程如下：

(1) 设置加密密钥，即猫映射的参数 a、b 以及加密轮数 k。

(2) 将图像分成为 m 个整数块，不足的部分填充为 0，使之满足为整数块。

(3) 利用猫映射对图像像素的位置进行置乱变换。

(4) 在每一次的置乱变换后，接着进行一次扩散变换。

(5) 转到步骤(3)，将上面的(3)、(4)步循环做 k 轮。

2) 解密算法

解密算法是加密算法的逆过程，具体过程如下：

(1) 设置解密密钥，即猫映射的参数 a、b 以及加密轮数 k 与加密密钥完全相同。

(2) 将图像分成为 m 个整数块，不足的部分填充为 0，使之满足为整数块。

(3) 进行一次反扩散变换，即运用反扩散的公式：

$$X = T^{-1}X', \quad T^{-1} = \begin{bmatrix} 70 & 14 & 23 & -20 \\ -42 & -4 & -14 & 11 \\ -11 & -7 & -3 & 4 \\ -5 & -4 & -3 & 3 \end{bmatrix} \tag{7-15}$$

(4) 进行一次反扩散变换后，接着进行反置乱变换，即运用反置乱变换公式：

$$\begin{bmatrix} x_{n+1} \\ y_{n+1} \end{bmatrix} = A_d^{-1} \begin{bmatrix} x_n \\ y_n \end{bmatrix} (\bmod N) \tag{7-16}$$

式中

$$A_d^{-1} = \begin{bmatrix} 1 & a \\ b & ab+1 \end{bmatrix}^{-1} = \begin{bmatrix} ab+1 & -a \\ -b & 1 \end{bmatrix}$$

(5) 转到步骤(3)，将上面的(3)、(4)步循环做 k 轮。

值得注意的是，理论上讲，可以利用式(7-16)进行反置乱变换，但在实际编程中运用反置乱公式(7-16)并不方便，需要在编程过程中巧妙地解决这个问题，请读者思考。另外，因为数字后的混沌系统只涉及正数运算，所以，无论是置乱变换及其反变换还是扩散变换及其反变换，运算都是相当快的。

例 7-5　根据公式(7-12)～(7-16)，运用置乱变换和扩散变换相结合的方法，对图像进行加密和解密。仿真结果如图 7-9 和图 7-10 所示。

解　在图 7-9 中，图(a)为原始图像，图(b)为原始图像的直方图，图(c)为先后进行置乱变换和扩散变换后加密 1 轮的加密图像，图(d)为加密图像的直方图，图(e)为先后进行反扩散变换和反置乱变换后解密 1 轮的解密图像。

Original double precision gray image

(a) 原始图像

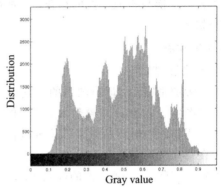

(b) 原始图像的统计特性

Encrypt double precision gray image

(c) 加密1轮后的加密图像

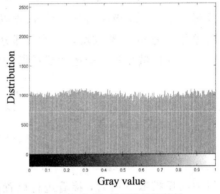

(d) 加密1轮后的统计特性

Inverse scrambling double precision gray image

(e) 解密后的图像

图 7-9　置乱变换与扩散变换相结合 1 轮的图像加密和解密

在图 7-10 中，图(a)为原始图像，图(b)为原始图像的直方图，图(c)为先后进行置乱变换和扩散变换后加密 4 轮的加密图像，图(d)为加密图像的直方图，图(e)为先后进行反扩散变换和反置乱变换后解密 4 轮的解密图像。

Original double precision gray image

(a) 原始图像

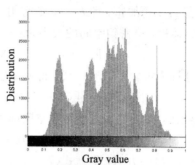

(b) 原始图像的统计特性

Encrypt double precision gray image

(c)加密4轮后的加密图像

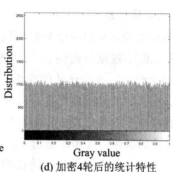

(d) 加密4轮后的统计特性

Inverse scrambling double precision gray image

(e) 解密后的图像

图 7-10 置乱变换与扩散变换相结合 4 轮的图像加密和解密

7.3.6 安全性能分析

猫映射的安全性分析主要基于以下四个方面，下面分别论述。

1. 密钥空间分析

根据式(7-12)，有

$$\begin{bmatrix} x_{n+1} \\ y_{n+1} \end{bmatrix} = \begin{bmatrix} 1 & a \\ b & ab+1 \end{bmatrix} \begin{bmatrix} x_n \\ y_n \end{bmatrix} (\text{mod } N), \ x_0, y_0 \in \{0, 1, 2, \cdots, N-1\}$$

猫映射的密钥参数有 3 个，它们是参数 a、b 和加密轮数 k。

由于数字化后的猫映射的参数 a、b、N 都为正整数，并且满足 a、$b < N$，故参数 a、b

满足 $1 \leqslant a \leqslant N-1$，$1 \leqslant b \leqslant N-1$，亦即参数 a 有 $N-1$ 种选择，参数 b 也有 $N-1$ 种选择。

如果只进行 1 轮加密，即 $k=1$，则密钥空间 K_S 为参数 a 的 $N-1$ 种选择和参数 b 的 $N-1$ 种选择的乘积，得密钥空间的大小为

$$K_S = (N-1)(N-1) = (N-1)^2$$

同理，如果进行 2 轮加密，即 $k=2$，得密钥空间的大小为

$$K_S = [(N-1)(N-1)]^2 = (N-1)^{2 \times 2}$$

根据数学归纳法，得 k 轮加密的密钥空间的大小为

$$K_S = [(N-1)(N-1)]^k = (N-1)^{2k} \tag{7-17}$$

一般可取 $k \geqslant 4$。另一方面，根据式(7-17)，可知密钥空间也依赖于图像的尺寸 N，图像越大，N 越大，密钥空间 K_S 也越大。

2. 密钥的雪崩效应分析

所谓密钥的雪崩效应，是指一个分组密码算法对密钥的变化应该是敏感的，即密钥应具有所谓的"雪崩现象"。根据分组测试中严格的雪崩准则，当改变密钥中的任一比特时，应导致密文分组中大约有一半的比特的变化。例如，实验结果表明，在参数 a(或参数 b)改变 1 位的情况下，不能从两者的差图像中提取更多的信息(即参数改变 1 位的差图像也是一幅"雪花点"图像，即不能从中提取更多的信息)，这表明算法对密钥的改变非常敏感。

此外，根据前面的结果，可知加密前后的直方图发生了明显的变化，加密后图像的直方图呈现出均匀分布，从而掩盖了原始图像的分布规律。由 Shannon 对高强度理想密码和唯一解距离的定义可知，对于已知密文攻击，用该方法加密后的密文对密钥贡献很小，即

$$H(K \mid C_1 C_2 \cdots C_n) \approx H(K) \tag{7-18}$$

式中，H 是信息熵，K 为密钥，$C_1 C_2 \cdots C_n$ 为密文。这大大增加了破译者的工作量，故该密码可以有效地抵抗统计和已知密文的攻击。

3. 相关分析

在测试图像中，随机选取 1000 对相邻的像素点对，记为 (x_i, y_i)。按如下定义的相关系数来计算这 1000 对像素灰度值之间的线性相关系数：

$$\begin{cases} \text{Cov}(x, y) = E[x - E(x)] \cdot E[y - E(y)] \\ r_{xy} = \dfrac{\text{Cov}(x, y)}{\sqrt{D(x)} \sqrt{D(y)}} \end{cases} \tag{7-19}$$

式中，Cov 表示协方差，x、y 表示两个相邻的像素灰度值。在实际测试中采用如下离散化的计算公式：

$$\begin{cases} E(x) = \dfrac{1}{N} \sum_{i=1}^{N} x_i, \ E(y) = \dfrac{1}{N} \sum_{i=1}^{N} y_i \\ D(x) = \dfrac{1}{N} \sum_{i=1}^{N} [x_i - E(x)]^2 \\ D(y) = \dfrac{1}{N} \sum_{i=1}^{N} [y_i - E(y)]^2 \\ \text{Cov}(x, y) = \dfrac{1}{N} \sum_{i=1}^{N} [(x_i - E(x))(y_i - E(y))] \end{cases} \tag{7-20}$$

Xlabel('gray value', 'fontsiZe', 16, 'fontname', 'times new roman', 'FontAngle', 'italic');
Ylabel('Distribution', 'fontsiZe', 16, 'fontname', 'times new roman', 'FontAngle', 'italic');
%＊＊＊＊＊＊＊＊＊＊＊＊＊＊＊＊＊＊＊＊＊＊＊＊＊＊＊＊＊＊＊＊＊＊
%＊＊＊＊＊＊＊＊＊图像置乱和加密＊＊＊＊＊＊＊＊＊
Q_1＝N_N；
%＊＊＊＊＊＊＊＊＊＊＊＊图像置乱参数＊＊＊＊＊＊＊＊＊
A＝N－12；　　　　　　％ A 和 B 都应为小于 N 的正整数
B＝N－23；　　　　　　％ A 和 B 都应为小于 N 的正整数
A11＝A＊B＋1；A12＝A；
A21＝B；　A22＝1；％ 正映射参数
%＊＊＊＊＊＊＊＊＊＊＊＊＊＊图像加密参数＊＊＊＊＊＊＊＊＊＊＊＊
%T_1＝[2，－1，－2，－1；
%　　－3，2，3，1；
%　　－2，1，3，1；
%　　4，－2，－4，－1]；
T_1＝[17，　23，　18，　5；
　　　110，　149，　117，　31；
　　　257，　348，　274，　72；
　　　432，　585，　460，　122]；
%T_1＝[14，　30，　52，　15；
%　　77，　163，　286，　84；
%　　98，　207，　364，　107；
%　　94，　199，　349，　103]；
%＊＊＊＊＊＊＊＊＊＊＊＊＊＊＊＊＊＊＊＊＊＊＊＊＊＊＊＊＊＊＊＊＊
L＝1；　　　　　　　　　％ 置乱和加密 L 轮
for k＝1：L
%＊＊＊＊＊＊＊＊＊＊＊＊＊＊＊＊＊图像置乱＊＊＊＊＊＊＊＊＊＊＊＊
　for i＝1：N　　　　　％ 图像的行数
　　for j＝1：N　　　　％ 图像的列数
　　　%＊＊＊＊＊＊＊＊＊＊＊ cat_map ＊＊＊＊＊＊＊＊＊＊＊＊
　　　X_1＝A11＊i＋A12＊j；
　　　Y_1＝A21＊i＋A22＊j；
　　　X_1＝mod(X_1，N)；
　　　Y_1＝mod(Y_1，N)；
　　　X_1＝X_1＋1；
　　　Y_1＝Y_1＋1；
　　　P_1(i，j)＝Q_1(X_1，Y_1)；
　　　%＊＊＊＊＊＊＊＊＊＊＊＊＊＊＊＊＊＊＊＊＊＊＊＊＊＊＊＊
　　end
　end
%＊＊＊＊＊＊＊＊＊＊＊＊＊＊＊＊＊＊＊＊＊＊＊＊＊＊＊＊＊＊＊＊＊
%＊＊＊＊＊＊＊＊＊＊＊＊＊＊＊＊图像加密＊＊＊＊＊＊＊＊＊＊＊＊＊
　for i＝1：2：N　　　％ 图像的行数

```
for j=1:2:N    % 图像的列数
   % * * * * * * * * * * * * * * T_map * * * * * * * * * * * * * *
   X_2=[P_1(i,j),P_1(i,j+1),P_1(i+1,j),P_1(i+1,j+1)]';
   Y_2=T_1*X_2;
   Y_2=mod(Y_2,256);
   p(i,j)=Y_2(1);    p(i,j+1)=Y_2(2);
   p(i+1,j)=Y_2(3);  p(i+1,j+1)=Y_2(4);
   % * * * * * * * * * * * * * * * * * * * * * * * * * * * * * * * *
   end
  end
  Q_1=p;
end
% * * * * * * * * * * * * * * * * * * * * * * * * * * * * * * * *
imwrite(p,'encrypt_double_precision_gray_image.jpg','jpg')
figure(6)
imshow(p/255)
Xlabel('Encrypt double precision gray image','fontsiZe',16,'fontname','times new roman','Font-
tAngle','normal');
% * * * * * * * * * * * * * * * * * * * * * * * * * * * * * * * *
% * * * * * * * * 图像置乱和加密后的统计分布直方图 * * * * * * * *
figure(7)
imhist(p/255)
Xlabel('gray value','fontsiZe',16,'fontname','times new roman','FontAngle','italic');
Ylabel('Distribution','fontsiZe',16,'fontname','times new roman','FontAngle','italic');
% * * * * * * * * * * * * * * * * * * * * * * * * * * * * * * * *
% * * * * * * * * * * * * * * 图像解密和反置乱 * * * * * *
% * * * * * * * * * * * * * * 图像解密参数 * * * * * *
%T_3=[ 2,-1,-2,-1;
%    -3,2,3,1;
%    -2,1,3,1;
%     4,-2,-4,-1];
T_3=[ 17,   23,   18,    5;
     110,  149,  117,   31;
     257,  348,  274,   72;
     432,  585,  460,  122];
%T_3=[14,    30,    52,   15;
%  77,  163,  286,   84;
%  98,  207,  364,  107;
%  94,  199,  349,  103];
I_3=inv(T_3)
% * * * * * * * * * * * * * * * * * * * * * * * * * * * * * * * *
% * * * * * * * * * * * * * 图像反置乱参数 * * * * * * * *
  a=N-12;              % a 和 b 都应为小于 N 的正整数
```

```
    b=N-23;                    % a 和 b 都应为小于 N 的正整数
    a11=a*b+1; a12=a;
    a21=b;    a22=1;           % 正映射参数
%*******************************************************
U=L;                          % 图像解密和反置乱 U 轮
for k=1:U
%****************图像解密****************
  for i=1:2:N                  % 图像的行数
    for j=1:2:N                % 图像的列数
      %********** inverse_T_map ***********
      Y_3=[p(i, j), p(i, j+1), p(i+1, j), p(i+1, j+1)]';
      X_3=I_3*Y_3;
      X_3=mod(X_3, 256);
      Image_1(i, j)=X_3(1);   Image_1(i, j+1)=X_3(2);
      Image_1(i+1, j)=X_3(3); Image_1(i+1, j+1)=X_3(4);
      %*****************************************
    end
  end
%***************图像反置乱**************
  Picture_1=Image_1;
  for i=1:N                    % 图像的行数
    for j=1:N                  % 图像的列数
      %********** inverse_cat_map ***************
      X_4=a11*i+a12*j;
      Y_4=a21*i+a22*j;
      X_4=mod(X_4, N);
      Y_4=mod(Y_4, N);
      X_4=X_4+1;
      Y_4=Y_4+1;
      Picture(X_4, Y_4)=Picture_1(i, j);
      %*****************************************
    end
  end
  p=Picture;
end
imwrite(Picture, 'inverse_scrambling_double_precision_gray_image.jpg', 'jpg')
figure(8)
imshow(Picture/256)
Xlabel('Inverse scrambling double precision gray image', 'fontsiZe', 16, 'fontname', 'times new ro-
man', 'FontAngle', 'normal');
  %*****************************************
```

习 题 7

7-1 根据例7-1给定的参数，试编写一个 MATLAB 程序实现数字图像的加密和解密。

7-2 根据例7-1给定的参数，试编写一个 MATALB 程序，并利用试探法寻找加密轮数，使得加密后的图像又恢复出了原样。

参 考 文 献

[1] 姜丹，钱玉美. 信息理论与编码. 合肥：中国科学技术大学出版社，1992.

[2] 傅祖芸，赵建中. 信息论与编码. 北京：电子工业出版社，2006.

[3] 傅祖芸. 信息论与编码学习辅导及习题详解. 北京：电子工业出版社，2004.

[4] 周荫清. 信息理论基础. 北京：北京航空航天大学出版社，1993.

[5] 朱华，黄辉宁，李永庆，等. 随机信号分析. 北京：北京理工大学出版社，1990.

[6] 李永庆，梅文博. 随机信号分析解题指南. 北京：北京理工大学出版社，1990.

[7] 毛明. 大众密码学. 北京：高等教育出版社，2005.

[8] 陈关荣，汪小帆. 动力系统的混沌化：理论、方法与应用. 上海：上海交通大学出版社，2006.